普通高等教育"十一五"国家级规划教材配套参考书　高等学校大学计算机课程系列教材

大学计算机学习与实验指导 第5版

○ 主　编　严　晖　刘卫国

中国教育出版传媒集团
高等教育出版社·北京

内容提要

本书是与《大学计算机》(第5版)(刘卫国主编，高等教育出版社出版)配套使用的教学参考书，分为学习篇与实验篇。学习篇内容包括操作系统应用与提高、办公软件应用与提高、数据库应用与提高、程序设计应用与提高。这部分内容突出操作能力的训练，是对课程学习的补充。实验篇围绕课程教学设置了26个实验，内容丰富全面，具有启发性和实用性，帮助学生加深对理论知识的理解，提高操作应用与问题求解的能力。

本书内容实用，重视操作能力和综合应用能力的培养，可以作为高等学校“大学计算机”课程的教学实验用书，也可供专业技术人员阅读参考。

图书在版编目（CIP）数据

大学计算机学习与实验指导 / 严晖，刘卫国主编. --5版. -- 北京 : 高等教育出版社，2022.8（2024.9重印）
ISBN 978-7-04-059218-4

Ⅰ. ①大… Ⅱ. ①严… ②刘… Ⅲ. ①电子计算机-高等学校-教学参考资料 Ⅳ. ①TP3

中国版本图书馆CIP数据核字（2022）第142585号

Daxue Jisuanji Xuexi yu Shiyan Zhidao

策划编辑 耿 芳　　责任编辑 耿 芳　　封面设计 张申申　　版式设计 王艳红
责任绘图 李沛蓉　　责任校对 吕红颖　　责任印制 赵 佳

出版发行 高等教育出版社
社　　址 北京市西城区德外大街4号
邮政编码 100120
印　　刷 北京中科印刷有限公司
开　　本 787 mm× 1092 mm 1/16
印　　张 15.75
字　　数 340千字
购书热线 010-58581118
咨询电话 400-810-0598
网　　址 http://www.hep.edu.cn
　　　　 http://www.hep.com.cn
网上订购 http://www.hepmall.com.cn
　　　　 http://www.hepmall.com
　　　　 http://www.hepmall.cn
版　　次 2005年8月第1版
　　　　 2022年8月第5版
印　　次 2024年9月第3次印刷
定　　价 30.00元

物 料 号 59218-B0

前　言

“大学计算机”是高等学校一门非常重要的公共基础课程，也是学习其他计算机课程的先导课程。该课程展示计算机科学的概貌，构建持续学习和应用计算机的知识框架和能力基础，使学生能够在自己的专业领域中有意识地借鉴、引入计算机科学中的原理、技术和方法，能够在一个较高的层次上应用计算机、分析并处理应用中出现的问题。作为大学新生的入门课程，上机实践也是很重要的环节。

本书是与《大学计算机》（第5版）（刘卫国主编，高等教育出版社出版）（以下称主教材）配套使用的教学参考书，并根据主教材的体系进行组织与编排。全书以计算思维能力培养为切入点，突出新一代信息技术的应用能力培养。

本书分为学习篇与实验篇。

学习篇是主教材相关章节的补充与提高，例如，主教材第5章介绍操作系统的概念及资源管理，本篇第1章则重点介绍Windows 10的应用和操作技巧。由于办公软件仍是部分高校的教学内容，因此，第2章办公软件应用与提高的内容，既可以供教师课堂讲授，也可以让学生自学，章末的5个综合实训更可以提高学生的综合操作能力。本篇第3章主要介绍Access 2016的操作，其中“SQL查询”是主教材的扩展。本篇第4章是Python编程的延伸。

实验篇与主教材的内容体系相对应，设置了26个实验，帮助学生加深对理论知识的理解，提高操作应用与问题求解的能力。26个实验与主教材的对应关系是：实验1对应第1章，实验2~实验10对应第2章，实验11对应第3章，实验12对应第5章，实验13~实验15对应第6章，实验16~实验22对应第7章，实验23~实验26对应第8章。实验设计做到循序渐进、由浅入深，每个实验都有具体的目标要求，学生能够通过上机操作，更好地理解利用计算机进行问题求解的方法。每个实验既有操作引导，又有问题思考，帮助学生举一反三、拓展思路，培养其创新思维能力。

本书由严晖、刘卫国任主编。参加编写的人员有曹岳辉、刘丽敏、何小贤、康松林、奎晓燕、周春艳、周肆清、李小兰、蔡旭晖、裘嵘、吕格莉、罗芳等。本书编写过程中得到了中南大学计算机基础教学中心全体教师的大力支持和协助，在此表示衷心的感谢。

由于编者水平有限，书中难免存在不足之处，恳请广大读者批评指正。

编　者

2022年6月于中南大学

目　录

学习篇

实 验 篇

学　习　篇

第 1 章　操作系统应用与提高

从实用角度出发，本章介绍 Windows 10 操作系统的高级应用和操作技巧。通过本章的学习，读者可掌握 Windows 操作系统的基本知识和应用技术，提高分析和解决问题的能力。

本章要点：

(1) 系统管理。

(2) 设备管理。

(3) 注册表。

(4) 系统备份与还原。

1.1　系统管理

在 Windows 10 中可以对系统进行管理，如系统的个性化设置、日期时间设置、输入法设置、分区管理等。

1.1.1　个性化设置

Windows 10 系统的个性化设置包括背景、颜色、锁屏界面、“开始”菜单等，用户可以根据自己的喜好设置不同的风格。

设置方法是：在系统桌面空白区域单击鼠标右键（以下简称右击），在其快捷菜单中选择“个性化”命令，打开“设置”窗口，单击相应的选项可以进行个性化设置。

①“背景”选项。在背景设置界面中，用户可以将背景更改为图片、纯色或者幻灯片放映。

②“颜色”选项。在颜色设置界面中，用户可以选择不同的“Windows 颜色”，也可以单击“自定义颜色”选项，在打开的对话框中自定义喜欢的主题颜色。

③“锁屏界面”选项。在锁屏界面设置中，用户可以设置锁屏背景、屏幕超时和屏幕保护程序。

④“主题”选项。在主题设置界面中，用户可以进行背景、颜色、声音和鼠标光标等主题设置。

⑤“开始”选项。在开始设置界面中，用户可以设置“开始”菜单中显示的应用软件图标等。

⑥“任务栏”选项。用户可以设置任务栏在屏幕上的位置和显示内容等。

1.1.2　日期时间设置

若系统的日期时间不是当前的日期时间，可将其设置为当前的日期和时间，还可对日期的格式进行设置。

单击“开始”菜单中的“设置”按钮，打开“设置”窗口，单击“时间和语言”选项，打开“日期和时间”设置窗口。在该窗口中可对系统提供的日期、时间和区域等进行设置。

1.1.3　输入法设置

在计算机中输入汉字时，需要使用汉字输入法，常用的汉字输入法有拼音输入法、五笔输入法等。

设置输入法的方法如下。

① 单击“开始”菜单中的“设置”按钮，打开“设置”窗口。

② 选择“时间和语言”→“语言”选项，在右侧“语言”窗口中单击“首选语言”→“中文(简体，中国)”选项，再单击“选项”按钮，打开“语言选项：中文(简体，中国)”窗口，在“键盘”栏中添加或删除输入法即可。

设置好输入法后，可以按微软徽标键 + 空格键，或者按 Ctrl+Shift 组合键切换输入法。

1.1.4　库的使用

在 Windows 10 中，库的功能类似于文件夹，但它只提供管理文件的索引，即用户可以通过库来直接访问，而不需要通过文件的保存位置去查找，所以文件并没有被真正地存放在库中。Windows 10 系统中自带了视频、图片、音乐和文档等多个库，用户可将这类常用文件资源添加到库中，也可以根据需要新建文件夹。

下面以新建“办公”库为例，将“表格”文件夹添加到“办公”库中，操作方法如下。

① 打开“此电脑”窗口，在导航窗格中单击“库”图标。

提示：如果在导航窗格中没有显示“库”图标，可以在“查看”→“窗格”组中单击“导航窗格”下拉按钮，勾选“显示库”选项。

② 在“主页”→“新建”组中单击“新建项目”下拉按钮，选择下拉列表中的“库”选项，输入库的名称“办公”，即可新建一个库。

③ 在导航窗格中选择“D:\办公\表格”文件夹(假定已创建)，右击，在其快捷菜单中选择“包

含到库中”→“办公”命令，即将该文件夹中的文件添加到“办公”库文件夹中。

1.1.5 将程序图标固定到任务栏

程序图标固定到任务栏后，用户可以通过图标快速启动程序。下面以系统自带的计算器应用程序 calc.exe 为例，说明将其图标固定到任务栏的操作方法。

① 单击任务栏中的搜索按钮，在文本框中输入“calc.exe”。

② 在搜索结果中选择 calc.exe 程序，右击，在其快捷菜单中选择“固定到任务栏”命令。

注意：将应用程序图标固定到任务栏后，不会改变程序原有的存储位置，若取消固定，也不会删除原程序文件。

1.1.6 分区管理

用户可对磁盘进行分区管理，可在程序向导的帮助下进行创建简单卷、删除简单卷、扩展磁盘分区、压缩磁盘分区等操作。

1. 创建简单卷

在磁盘管理窗口中新增一个磁盘，操作方法如下。

① 在“此电脑”窗口中，单击“计算机”→“系统”组中的“管理”按钮，打开“计算机管理”窗口，选择“磁盘管理”选项。

② 在动态磁盘中创建压缩卷，单击压缩后的可用空间(显示“未分配”)，选择“操作”→“所有任务”→“新建简单卷”命令，或在要创建简单卷的动态磁盘的可分配空间上右击，在其快捷菜单中选择“新建简单卷”命令，打开新建简单卷向导对话框，单击“下一步”按钮，在该对话框中指定卷的大小，继续单击“下一步”按钮。

③ 分配驱动器号和路径后，单击“下一步”按钮。

④ 设置需要的参数，格式化新建分区后，单击“下一步”按钮。

⑤ 显示设定的参数，单击“完成”按钮，即完成创建简单卷的操作。

2. 删除简单卷

在需要删除的简单卷上右击，在其快捷菜单中选择“删除卷”命令，或者选择“操作”→“所有任务”→“删除卷”命令，在弹出的提示对话框中单击“是”按钮，完成删除卷操作。删除后原区域显示为可用空间。

3. 扩展磁盘分区

在需要扩展的卷上右击，在其快捷菜单中选择“扩展卷”命令，或者选择“操作”→“所有任务”→“扩展卷”命令，打开扩展卷向导对话框，单击“下一步”按钮，指定磁盘的“空间量”参数，单击“下一步”按钮，继续单击“完成”按钮，退出扩展卷向导。此时，磁盘的容量将把可用空间扩展进来。

4. 压缩磁盘分区

在需要压缩的卷上右击，在其快捷菜单中选择“压缩卷”命令，或者选择“操作”→“所有任务”→“压缩卷”命令，打开压缩对话框，在该对话框中指定“输入压缩空间量”参数，单击“压缩”按钮。压缩后的磁盘分区将变成可用空间。

1.2 设备管理

在 Windows 10 系统中，使用设备管理器可以查看和更改设备属性、更新设备驱动程序、配置设备设置、卸载设备和重新安装设置等。

1.2.1 设备的查看

设备的查看也就是查看计算机中所安装的硬件设备的详细信息，如硬盘配置的详细信息，包括其状态、正在使用的驱动程序以及其他信息。了解这些信息，有助于安装和更新硬件设备的驱动程序、修改这些设备的硬件设置以及解决硬件故障。

设备的查看可通过系统提供的“设备管理器”来完成。设备管理器提供计算机中已安装硬件的详细信息。所有设备都通过设备驱动程序与 Windows 通信。

1. 设备管理器

右击“开始”按钮，在弹出的快捷菜单中选择“设备管理器”命令，打开“设备管理器”窗口，如图 1-1 所示。该窗口中显示了本地计算机安装的所有硬件设备，例如处理器、磁盘驱动器、存储控制器、监视器、键盘、网络适配器等。

默认情况下，设备管理器将会按照类型显示所有设备。单击每一种类型前面的图标 › 就可以展开该类型的设备，并查看属于该类型的具体设备。双击每个设备就可以打开该设备的属性对话框。在具体设备上右击，则可以在弹出的快捷菜单中直接执行相关的命令。

2. 设备管理器中的问题符号

在设备管理器中有时会出现下列问题符号。

① 红色的叉号：表示该设备已被停用。

② 黄色的问号或感叹号：若某个设备前显示了黄色的问号，表示该硬件未被操作系统识别；

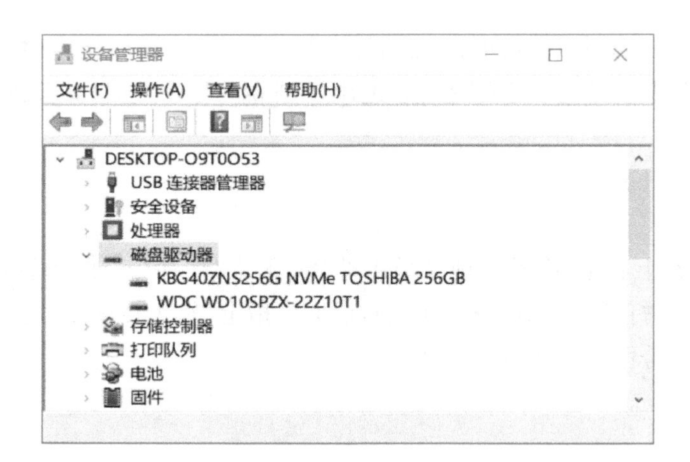

图 1-1　“设备管理器”窗口

若显示了感叹号，表示该硬件未安装驱动程序或驱动程序安装不正确。

③ 蓝色的感叹号：表示该硬件设备没有选择“自动设置”（一般很少出现）。若要选择“自动设置”，只要右击相应的硬件设备，通过快捷菜单打开“属性”对话框，选择“资源”选项卡，检查是否已选中“使用自动设置”复选框，如果未选中，手工选择即可。

④ 绿色的问号：表示该设备的某些功能不可用。这种情况一般出现在 USB 接口的 U 盘或移动硬盘设备上。

1.2.2　设备的设置

在 Windows 10 系统中，不少硬件设备需要用户手动添加才能正常使用，手动添加设备的方法是：单击“开始”菜单中的“设置”按钮，打开“设置”窗口，然后执行下面相应的操作。

1. 蓝牙和其他设备的设置

单击“设备”选项，打开“设备”设置窗口，如图 1-2 所示。在左侧“设备”栏中选择“蓝牙和其他设备”选项，再单击右侧的“添加蓝牙或其他设备”选项，打开“添加设备”对话框，可以添加新设备。单击“鼠标、键盘和笔”选项，再单击其中的“删除设备”按钮可以删除鼠标等设备。在“相关设置”选项下可以对设备和打印机、声音、显示器等进行设置。

2. 打印机和扫描仪的设置

在“设备”设置窗口中，在左侧“设备”栏中选择“打印机和扫描仪”选项。此时在右侧显示“打印机和扫描仪”界面，可以看到已安装的打印机和扫描仪列表。

选择“打印机和扫描仪”选项中的某一个打印机，单击“管理”按钮，打开该打印机的管理设备窗口，选择“打印机属性”选项，可以进行打印机属性设置。

图 1-2　“设备”设置窗口

单击“添加打印机或扫描仪”选项可添加新打印机。

单击“相关设置”栏下的“打印服务器属性”选项，打开“打印服务器 属性”对话框，在此可以对纸张规格、端口、驱动程序、安全等进行设置。

3. 鼠标的设置

在“设备”设置窗口中选择“鼠标”选项，右侧出现“鼠标”界面，在此可以进行鼠标的相关设置，如选择主按钮、光标速度、滚动鼠标滚轮即可滚动的行数等参数，单击“其他鼠标选项”，弹出“鼠标 属性”对话框，可以对鼠标键配置、双击速度、指针样式、移动速度、滚轮等进行调整。

将鼠标的左键设为主按钮可以完成选中并单击对象、指定文档中鼠标光标的位置、拖动对象以及实现其他许多有用的操作；鼠标右键可以显示随右键单击对象不同而相应变化的命令菜单，该菜单包括单击鼠标时所在区域的通用菜单命令，可通过它快速完成相关操作。

4. 键盘的设置

在“设备”设置窗口中选择“输入”选项，右侧出现“输入”界面，在此可以进行键盘输入的相关设置，如硬件键盘、多语言文本建议等。单击“更多键盘设置”栏下的“高级键盘设置”选项，打开“高级键盘设置”窗口，在此可以进行“替代默认输入法”“切换输入法”“表情符号面板”等参数设置。单击“切换输入法”栏下的“语言栏选项”或“输入语言热键”选项，打开“文本服务和输入语言”对话框，可以进行语言栏和高级键设置。

1.2.3 安装设备及其驱动程序

设备驱动程序是一种可以用于计算机和设备通信的特殊程序，相当于硬件的接口，操作系统通过该接口控制硬件设备的工作，若某设备的驱动程序未能正确安装，它便不能正常工作。常见的设备驱动程序安装方法有以下两类。

1. 安装即插即用设备的驱动程序

Windows 10 支持即插即用（plug and play，PnP）设备，当用户插入新硬件后，Windows 将搜索适当的设备驱动程序包，并自动对该硬件进行配置并安装驱动程序，且不影响其他设备的运行。如果需要查看系统设备是否正常安装，可以使用以下方法。

① 在“开始”按钮的快捷菜单中选择“设备管理器”命令，打开“设备管理器”窗口。选中某个设备后单击“操作”→“扫描检测硬件改动”命令，计算机将检测系统连接的设备，配置并自动安装设备驱动程序。

② 如果出现一些带感叹号、惊叹号的设备，表示未正确安装驱动程序。此时使用鼠标右击这些设备，选择快捷菜单中的“更新驱动程序”命令即可安装驱动。

2. 安装非即插即用设备的驱动程序

对于非即插即用设备，Windows 10 不能自动识别其驱动程序，这时可通过下列方法安装设备的驱动程序。

① 利用设备附带的驱动程序，手动从磁盘进行安装。

② 在“设备管理器”窗口中单击“操作”→“添加过时硬件”命令，打开“添加硬件”向导对话框。

③ 单击“下一步”按钮，打开“这个向导可以帮助你安装其他硬件”对话框，选择“搜索并自动安装硬件（推荐）”单选按钮。

④ 按向导提示执行操作，完成安装。

1.2.4 设备的禁用、启用或卸载

从节省系统资源和提高启动速度角度来考虑，对于不经常使用的设备可暂时禁用；对于不再使用的设备或异常设备应卸载；禁用的设备在需要时也可以重新启用。操作步骤是：在“设备管理器”窗口中，右击要停用、启用或卸载的设备，从弹出的快捷菜单中选择“禁用设备”“启用设备”或“卸载设备”命令即可，如图 1–3 所示。

在“设备管理器”窗口中还可对设备进行“更新驱动程序”和“扫描检测硬件改动”等操作。

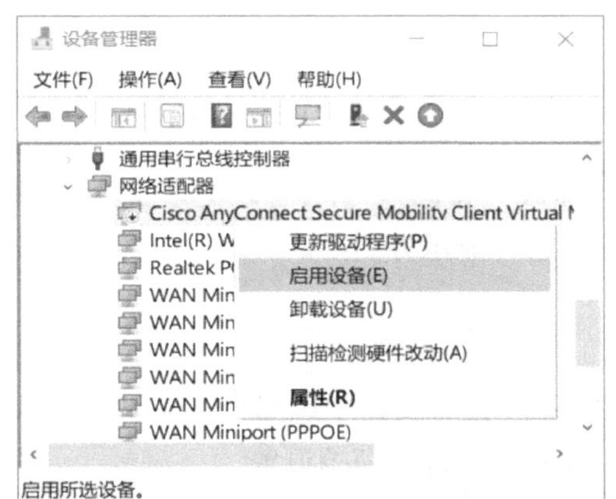

图 1-3　禁用 / 启用 / 卸载设备的快捷菜单

1.2.5　系统设置

Windows 安装时，系统会自动检测计算机中的硬件设备和已安装的各种软件，并将系统设置调整到最佳的使用状态。当然，用户也可以根据实际情况对系统进行重新设置和修改。

1. 系统配置信息

在“开始”按钮的快捷菜单中选择“系统”命令，打开“系统”设置窗口。选择“关于”选项，右侧出现“关于”界面，可以查看有关计算机的基本信息。

(1) 设备规格：包括设备名称、处理器、机带 RAM、设备 ID、产品 ID、系统类型等信息。单击“重命名这台电脑”按钮，打开“重命名你的电脑”对话框，在此可以将计算机命名为所要求的名称。

(2) Windows 规格：包括本计算机的 Windows 版本、版本号、安装日期、操作系统内部版本等信息。单击“更改产品密钥或升级 Windows”选项，打开“激活”界面，在此可以激活或升级 Windows。

(3) 相关设置：单击“高级系统设置”选项，打开“系统属性”对话框，并自动选中“高级”选项卡。

①“性能”选项组，可以设置视觉效果、处理器计划、内存使用和虚拟内存。

②“用户配置文件”选项组，可以创建用户配置文件。用户配置文件存储桌面设置和其他与用户账户有关的信息。

③“启动和故障恢复”选项组，可以设置启动计算机时将使用的操作系统以及系统意外终止时将执行的操作。

2. 屏幕设置

Windows 10 可以对屏幕、声音、电源等进行设置。

在“开始”按钮的快捷菜单中选择“系统”命令，打开“系统”设置窗口。单击左侧的“屏幕”选项，窗口右侧显示“屏幕”界面，在此可以进行亮度和颜色、缩放与布局和多显示器等设置。

在“缩放与布局”栏下，可以更改文本、应用等项目的大小（如显示比例为125%），调整显示器分辨率，选择显示方向等。

3. 声音设置

在“系统”设置窗口中选择“声音”选项，窗口右侧显示“声音”界面，在此可以进行声音的输出、输入和高级声音选项等设置。

在“输出”或“输入”栏下单击“设备属性”选项，打开“设备属性”窗口，在此可以设置声音输出设备或输入设备的空间音效、均衡或音量。单击“管理声音设备”选项，打开“管理声音设备”窗口，在此可以测试、启用或禁用所选的设备。

单击“高级声音选项”栏下的“应用音量和设备首选项”选项，打开“应用音量和设备首选项”窗口，在此可以调整主音量和应用音量。

4. 电源设置

在“系统”设置窗口左侧选择“电源和睡眠”选项，窗口右侧显示“电源和睡眠”界面，在此可以进行屏幕关闭或睡眠时间参数设置。

1.3 注册表

Windows操作系统的注册表实际上是一个庞大的数据库，它包含了应用程序和计算机系统的配置及其初始化信息，应用程序和文档的关联关系，硬件设备的说明、状态和属性等。

注册表中存放着各种参数，直接控制着系统的启动、硬件驱动程序的装载以及一些系统应用程序的运行，在整个系统中发挥着核心作用。

注册表包括以下内容。

(1) 软硬件的配置和状态信息，应用程序和资源外壳的初始条件、首选项和卸载数据。

(2) 联网计算机系统的设置和各种许可，文件扩展名与应用程序的关联信息，硬件部件的描述、状态和属性。

(3) 性能记录和其他底层的系统状态信息，以及其他数据。

如果注册表被破坏，轻者可使系统的启动过程出现异常，重者将会导致整个系统瘫痪。因此正确地认识和使用注册表，特别是及时备份注册表，以便在出现故障时恢复注册表，在计算机的应用中是十分重要的。

1. 注册表的特点

(1) 允许对硬件、系统参数、应用程序和设备程序进行跟踪配置。

(2) 记录硬件部分数据并支持高版本的即插即用功能。当系统检测到有新设备时，就把有关的数据添加到注册表中，以避免新设备与原设备之间发生资源冲突。

(3) 管理人员和用户通过注册表可以在网络中检查系统的配置和设置，实现远程管理。

2. 注册表编辑器

注册表编辑器是一个用来查看、更改系统注册表的高级工具，它包含计算机的运行信息。系统提供的注册表编辑器为 Regedit.exe。

按 Win+R 键打开“运行”对话框，在“打开”框中输入“Regedit”，单击“确定”按钮，即可进入注册表编辑器窗口，如图 1–4 所示。

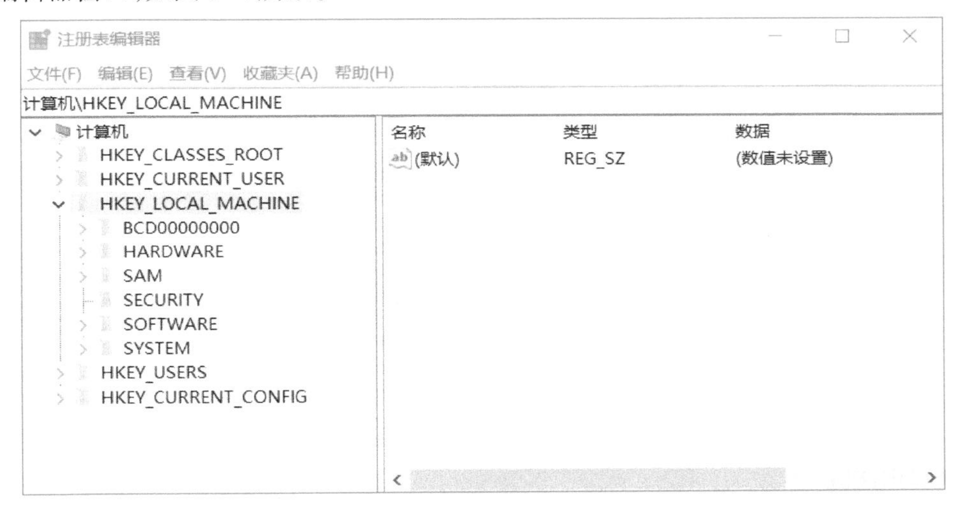

图 1–4　“注册表编辑器”窗口

3. 注册表结构

注册表按层次结构来组织，由项（主键）、子项（子键）、配置单元（根键）和键值项组成。

从图 1–4 可以看出，“计算机”以下有 5 个分支，每个分支名都以 HKEY 开头，称之为项，右侧窗格显示的是所选项内包含的一个或多个键值项。

键值项由名称、类型及数据三部分组成。每个项可包括多级子项，注册表中信息就是按层级结构组织起来的。注册表的每个分支中都保存了该计算机软硬件设置中某一方面的特定信息与数据。

在“注册表编辑器”窗口的底部是状态栏，当选定一个项或子项时，状态栏中会显示出当前选项的路径。

注册表根键名及含义如表 1-1 所示。

表 1-1 注册表根键名及含义

根键名	含义
HKEY_CLASSES_ROOT	定义系统中所有已注册的文件扩展名、类型和图标等
HKEY_CURRENT_USER	定义当前用户的所有权限，实际上就是 HKEY_USERS \ .DEFAULT 下面的一部分内容，也包含了当前用户的登录信息
HKEY_LOCAL_MACHINE	定义本地计算机的软硬件的全部信息。当系统的配置和设置发生变化时，下面的登录项也会随之改变
HKEY_USERS	定义所有用户的信息，其中部分分支将映射到 HKEY_CURRENT_USER 中，它的大部分设置可以通过控制面板来修改
HKEY_CURRENT_CONFIG	定义计算机的当前配置情况

4. 注册表中的键值项数据

注册表通过主键和子键来管理各种信息。但是注册表中的所有信息都是以某种形式的键值项数据来保存的。在“注册表编辑器”右侧窗格中显示的是键值项数据。这些键值项数据可以分为 3 种类型。

(1) 字符串值

在注册表中，字符串值一般用来描述文件或标识硬件，通常由字母和数字组成，也可以是汉字，长度不超过 255 个字符。

(2) 二进制值

在注册表中二进制值是没有长度限制的，二进制数据以十六进制的方式显示。

(3) DWORD 值

DWORD（double word）值是一个 32 位（4 B）的数值。在“注册表编辑器”中也是以十六进制的方式显示的。

例 1-1 禁用“屏幕保护程序设置”。

操作步骤如下。

① 运行并打开“注册表编辑器”窗口。

② 展开 HKEY_CURRENT_USER\SOFTWARE\Microsoft\Windows\CurrentVersion\Policies 子项，单击“编辑”→“新建”→“项”命令，新建子项 System。

③ 右击 System 子项，在快捷菜单中选择“DWORD（32 位）值”命令，新建 NoDispScrSavPage，将数值设为 1 时，表示禁用屏幕保护程序，将不能打开“屏幕保护程序设置”对话框。若将其值设为 0 或无数值时，则表示允许使用屏幕保护功能。

例 1-2 清除“添加或删除程序”中残留项目。

用户可以使用“设置”→“应用”中的“应用和功能”选项卸载应用程序。但有时由于操作错误，导致一些应用程序无法通过"应用和功能"进行卸载，仍然保留在安装程序的列表中，通过修改注册表可以将这些残留项清除。操作步骤如下。

① 运行并打开"注册表编辑器"窗口。

② 展开 HKEY_LOCAL_MACHINE\SOFTWARE\Microsoft\Windows\CurrentVersion\Uninstall 子项，这个项目下面的若干子项对应"应用和功能"列表中的项目，将需要卸载的应用程序的对应子项删除即可。

1.4　系统备份与还原

用户在使用计算机时最担心出现系统问题，经常重装系统也很麻烦，如何在 Windows 系统中对自己当前的系统做好备份，以便需要的时候进行恢复呢？Windows 10 提供了备份和还原功能。

1.4.1　备份 Windows 操作系统

系统备份指备份系统文件、引导文件以及系统分区安装的程序。只有同时将系统文件与引导文件备份后，在下一次进行系统还原时才能确保系统能正常工作。如果只备份了这两者之一，那么在系统还原后可能仍无法使系统正常工作。备份系统的操作步骤如下。

① 打开"设置"窗口，单击"更新和安全"选项，打开"更新和安全"窗口。

② 选择窗口左侧的"备份"选项，在右侧"备份"界面中选择"转到'备份和还原'（Windows 7)"选项。

③ 打开"备份和还原(Windows 7)"窗口，选择"备份"栏中的"设置备份"选项。

④ 打开"设置备份"对话框，选择备份文件保存的位置，可以是本机磁盘，也可以是光盘，还可以将备份保存到 U 盘等设备中。这里使用 Windows 推荐的位置。

⑤ 单击"下一页"按钮，确认信息备份无误后，单击"保存设置并运行备份"按钮，等待系统备份完成，单击"关闭"按钮完成备份操作。

1.4.2　还原 Windows 操作系统

系统还原是备份操作的逆操作，用于帮助用户在系统不稳定或系统崩溃的情况下恢复系统。其目的是在不需要重新安装系统，也不会在破坏数据文件的前提下使系统恢复到正常工作状态。系统还原还有助于解决使计算机运行缓慢或停止响应的问题。

如果出现磁盘数据丢失或操作系统崩溃的现象，可以通过控制面板来还原以前备份的数据。操作步骤如下。

(1) 在"设置"→"更新和安全"窗口中单击"恢复"选项，在右侧"恢复"界面中单击"还原我的文件”按钮。

(2) 打开“还原文件”对话框，单击“浏览文件夹”按钮，在打开的“浏览文件夹或驱动器的备份”对话框中选择已保存的备份文件，单击“添加文件夹”按钮。

(3) 返回“还原文件”对话框，其中显示了需要还原的文件夹，单击“下一步”按钮。

(4) 在打开的窗口中选择还原文件的保存位置后，单击“还原”按钮。系统将开始执行还原操作，并显示成功还原文件的信息，最后单击“完成”按钮。

1.5 其他操作系统

常用的操作系统除了 Windows 操作系统外，还有 MS DOS 操作系统、UNIX/Linux 操作系统、Ubuntu 操作系统等，它们在计算机的发展进程中以及应用方面起着非常重要的作用。这些操作系统通常使用命令行界面(command line interface，CLI)。命令行界面是在图形用户界面(graphical user interface，GUI)得到普及之前使用最为广泛的用户界面，它通常不支持鼠标，用户通过键盘输入指令，计算机接收到指令后予以执行。

通常认为，CLI 没有 GUI 操作方便。但是 CLI 较 GUI 占用计算机系统资源更少，操作速度更快。所以，在图形用户界面的操作系统中，都提供命令行界面操作方式。

1.5.1 MS DOS 操作系统

MS DOS 是微软磁盘操作系统，是 Windows 操作系统以前的个人计算机(PC)及兼容机中普遍使用的操作系统，工作于命令行界面。

1. MS DOS 操作系统概述

MS DOS 从 1981 年不支持硬盘分层目录的 DOS 1.0 开始，到后来广泛流行的 DOS 3.3，再到支持 CD-ROM 的 DOS 6.22，以及后来隐藏到 Windows 9X 下的 DOS 7.X，经历了 40 多年的发展，在今天的 Windows 时代仍然活跃着它的身影。

微软公司推出 Windows 操作系统以后，所有操作都可以通过鼠标来完成，不必再去记忆繁杂的命令，也省去了键盘输入“命令行”的操作。这种用户友好的操作界面，使 Windows 操作系统很快就占据了 PC 舞台的主角位置。但是，为了一些特定的需要，Windows 操作系统里保留了 DOS 命令形式，需要时在系统的内存中拿出 640 KB 的区域，开辟一个虚拟 DOS 运行的环境(“虚拟机”)来执行 DOS 命令。这种在 Windows 操作系统里开辟的 DOS 运行环境，只是 Windows 操作系统中的一个窗口而已，它与 Windows 操作系统出现之前 DOS 独占系统的全部资源的情况已大不相同。

2. MS DOS 常用操作

当需要使用 MS DOS 命令时，应打开“命令提示符”窗口，可以单击“开始”→“Windows 系统”→“命令提示符”命令打开，如图 1–5 所示。也可以按 Win+R 组合键，打开“运行”对话框，输入“cmd”命令打开“命令提示符”窗口。

命令提示符是提示进行命令输入的一种符号。在“命令提示符”窗口中，有一个闪烁的光标，光标前面的符号就称为命令提示符，表示可以从这里开始输入命令。同时命令提示符向用户显示了当前盘以及当前目录信息，例如，图 1–5 中表示当前盘为 C 盘，当前目录为 Users 下的二级子目录 dell。当用户对文件进行操作时，必须明确当前盘和当前目录。

图 1–5　“命令提示符”窗口

DOS 命令的一般格式是命令名后面跟一个或多个参数，在命令中可以使用通配符“?”和“*”。DOS 命令分为两类：内部命令和外部命令。对于内部命令，只要系统启动了就可以直接使用命令名进行操作；而对于外部命令，必须确认命令对应的程序文件已在系统盘中，否则将无法执行。命令输入完毕后，按 Enter 键后执行。上一条命令执行完后，才能继续输入下一条新命令，如此反复。所以，MS DOS 是一个单任务的操作系统。

表 1–2 给出了一些 DOS 常用内部命令的使用说明。在示例中，“>”符号及前面的内容为系统提示信息，不需要用户输入。

表 1–2　DOS 常用内部命令

命令名	功能描述	示例及含义
DIR	显示指定路径下的文件及子目录	D:\>DIR D:\ABC*.TXT（列出 D 盘 ABC 目录下的所有文本文件）
CLS	清除屏幕上显示的所有信息	D:\>CLS
盘符:	改变指定磁盘为当前磁盘	D:\>C:(将当前盘改为 C 盘）
CD	显示与改变当前目录	D:\>CD ABC（进入当前目录的下一级子目录 ABC）
MD	创建目录	D:\>MD XY（在当前盘当前目录下建立子目录 XY）

续表

命令名	功能描述	示例及含义
RD	删除空子目录	D:\>RD XY(删除当前目录的下级子目录 XY)
COPY	复制文件	D:\>COPY C:\XY\ABC.TXT D:\ABC(将 C 盘根目录下 XY 子目录下的 ABC.TXT 复制到 D 盘根目录 ABC 子目录下,不改变文件名)
TYPE	显示或打印文本文件的内容	D:\>TYPE ABC.TXT(在屏幕上显示当前目录下的文本文件 ABC.TXT 的内容)

说明:表中括号内的内容是对前面命令的说明,不需要输入。

读者可以在 DOS 命令提示符下练习使用一些常用的 DOS 命令,尽管实际应用中不常用,但通过和 Windows 的操作做一些比较,可以体会 Windows 图形界面操作的具体含义和在操作上的优势。

1.5.2 Linux 操作系统

Linux 操作系统是 UNIX 操作系统发展的一个分支。Linux 操作系统作为一个多任务、多用户的操作系统,以其很好的稳定性能赢得了广大用户的信赖,并迅速发展成为操作系统的主流。

1. Linux 操作系统概述

1991 年,莱纳斯·托瓦尔兹(Linus Torvalds)在芬兰赫尔辛基大学开发了 Linux 操作系统。Linux 操作系统的出现打破了 Windows 操作系统一统天下的格局。

Linux 操作系统是包含内核、系统工具、完整开发环境和应用的类 UNIX 操作系统,可运行在许多平台之上。它是一种免费软件,用户不用支付任何费用就可使用这种操作系统及其源代码。这个系统最终是由全世界各地成千上万的程序员共同设计和实现的。其目的是建立不受任何商品化软件版权制约的、全世界都能自由使用的 UNIX 兼容产品。

Linux 操作系统具有 UNIX 操作系统的全部功能,具有多任务、多用户的特点。Linux 操作系统可在 GPL 公共许可权限下免费获得,是一个符合可移植操作系统接口(POSIX)标准的操作系统。Linux 操作系统软件包不仅包括完整的 Linux 操作系统,还包括了文本编辑器、高级语言编译器等应用软件。另外,Linux 还包括带有多个窗口管理器的 X-window 图形用户界面,如同 Windows 一样,它允许用户使用窗口、图标和菜单对系统进行操作。

2. Linux 操作系统的组成

Linux 操作系统大致可分为三层:靠近硬件的底层是内核和系统调用,即 Linux 操作系统常驻内存部分;中间层是内核之外的 Shell 和库函数,亦即操作系统的系统程序部分;最高层是应用层,即用户程序部分,包括各种正文处理程序、语言编译程序以及游戏程序等,如图 1-6

所示。

(1) Linux 操作系统的内核

内核是 Linux 操作系统的主要部分，它具有进程管理、内存管理、文件系统管理、设备驱动和网络系统等功能，从而为核外的所有程序提供运行环境。Linux 操作系统内核结构框图如图 1–7 所示。

(2) Shell 和库函数

Shell 是系统的用户界面，提供了用户与内核进行交互操作的一种接口。它接收用户输入的命令，并把它送入内核去执行。库函数则为程序设计语言提供了有关系统通用功能的接口调用函数。

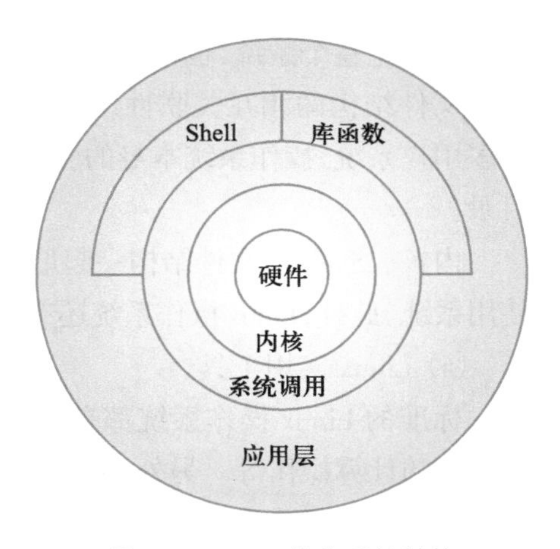

图 1–6　Linux 操作系统结构

Shell 实际上是一个命令解释器，它解释由用户输入的命令并且把它们送到内核。不仅如此，Shell 有自己的编程语言用于编辑命令，允许用户编写由 Shell 命令组成的程序。Shell 编程语言具有普通编程语言的很多特点，比如它也有循环结构和分支控制结构等。

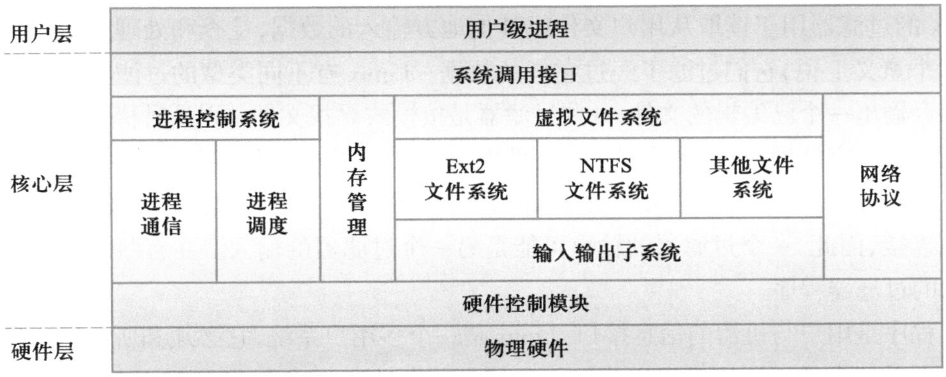

用户层
用户级进程
系统调用接口
核心层
进程控制系统
进程通信
进程调度
内存管理
虚拟文件系统
Ext2 文件系统
NTFS 文件系统
其他文件系统
输入输出子系统
网络协议
硬件控制模块
硬件层
物理硬件

图 1–7　Linux 操作系统内核结构框图

Linux 操作系统提供了像 Windows 那样的可视的命令输入界面 X–window 的图形用户界面。它提供了很多窗口管理器，其操作可以像 Windows 一样，有窗口、图标和菜单，所有的管理都是通过鼠标控制的。现在比较流行的窗口管理器是 KDE 和 GNOME。

每个 Linux 系统的用户可以拥有自己的用户界面或 Shell，用以满足他们自己专门的 Shell 需要。

(3) Linux 操作系统的文件结构

文件结构是文件存放在磁盘等存储设备中的组织形式，主要体现在对文件和目录的组织上，目录提供了管理文件的一个方便而有效的途径。使用 Linux 操作系统，用户可以设置目录和文件的权限，以便允许或拒绝其他人对其进行访问。Linux 操作系统的目录采用多级树形结构，用户可以浏览整个系统,也可以进入任何一个已授权进入的目录,访问其中的文件。

文件结构的相互关联性使共享数据变得容易,几个用户可以访问同一个文件。Linux 是一个多用户系统,操作系统本身的驻留程序存放在以根目录开始的专用目录中,有时被指定为系统目录。

内核、Shell 和文件结构一起形成了基本的操作系统结构,以便用户运行程序、管理文件以及使用系统。此外,Linux 操作系统还有许多被称为实用工具的程序,辅助用户完成一些特定的任务。

(4) Linux 实用工具

标准的 Linux 操作系统都有一套称为实用工具的程序,它们是专门的程序,例如编辑器、执行标准的计算操作等。另外,用户也可以生成自己的工具。

实用工具可分为以下三类。

① 编辑器:用于编辑文件。

② 过滤器:用于接收数据并过滤数据。

③ 交互程序:允许用户发送信息或接收来自其他用户的信息。

Linux 的编辑器主要有 Ed、Ex、Vi 和 Emacs。Ed 和 Ex 是行编辑器,Vi 和 Emacs 是全屏幕编辑器。

Linux 的过滤器用于读取从用户文件或其他地方输入的数据,检查和处理数据,然后输出结果。从这个意义上说,它们过滤了经过它们的数据。Linux 有不同类型的过滤器:一些过滤器用行编辑命令输出一个已编辑的文件;一些过滤器是按模式寻找文件并以这种模式输出部分数据;一些过滤器执行字处理操作,如检测一个文件中的格式,输出一个格式化的文件。过滤器输入的可以是一个文件,也可以是用户从键盘输入的数据,还可以是另一个过滤器输出的数据。过滤器可以相互连接,因此,一个过滤器的输出可能是另一个过滤器的输入。在有些情况下,用户可以编写自己的过滤器程序。

交互程序是用户与机器的信息接口。Linux 是一个多用户系统,它必须和所有用户保持联系。信息可以由系统中的不同用户发送或接收。信息的发送有两种方式:一种是与其他用户一对一地连接进行对话;另一种是一个用户与多个用户同时连接进行通信,即所谓广播式通信。

3. Linux 常用命令

Linux 操作系统的命令行工作方式使用 Linux 命令对系统进行管理。对于 Linux 系统来说,无论是中央处理器、内存、磁盘驱动器、键盘、鼠标,还是用户等都是文件,Linux 系统管理的命令是它正常运行的核心。

下面介绍几个常用命令,由于每个命令都有很多选项,所以在介绍命令时只介绍命令的常用选项。

(1) cat 命令

功能:查看文件内容,从键盘读取数据、合并文件等。

命令格式:cat[-b][-A][-E][-T][-n][-s][-v]文件名

选项说明：

-b　不显示文件中的空行。

-A　相当于 -v-E-T(或 -vET)。

-E　在文件的每一行行尾加上“$”字符。

-T　将文件中的 Tab 键用字符“^”来显示。

-n　在文件的每行前面显示行号。

-s　将连续的多个空行用一个空行显示。

-v　显示除 Tab 和 Enter 之外的所有字符。

(2) cp 命令

功能：复制文件。

命令格式：cp[选项]源文件名 目标文件名

选项说明：

-R　复制整个目录。

-f　删除已存在的目标文件。

-i　使用 -f 遇到删除文件时给出提示。

(3) ls 命令

功能：浏览目录，查看当前目录下的文件和文件名。

命令格式：ls[选项]

选项说明：

-a　显示所有文件(包括隐藏文件)。

-l　显示文件的详细信息。

-k　显示文件大小，以 KB 为单位。

-d　将根目录作为文件显示。

-color　显示文件时用不同颜色加以区分文件类型。

(4) rename 命令

功能：批量修改文件名。

命令格式：rename from to 文件名

选项说明：

from　源字符。

to　目标字符。

文件名　要改名的文件。

(5) rm 命令

功能：删除文件或者目录。

命令格式：rm[-d][-i][-r][-v][-f]文件名或目录名

选项说明：

-d 使用这个选项后,rm 命令类似 unlink 命令。

-i 删除每个文件时给用户提示。

-r 删除整个目录,包括文件和子目录。

-v 删除每个文件时给出提示,删除后还提示文件已删除。

-f 强制删除,并且不给提示。

提示:在 Linux 中,当要查找一个命令的用法时,可以通过 Linux 的在线帮助 man 命令来获得命令的详细说明。

第2章　办公软件应用与提高

办公软件是指能完成文字处理、表格处理、演示文稿制作等方面工作的一类应用软件，其应用范围非常广泛，大到社会统计、专业出版，小到简单运算、文字记录，都离不开办公软件的支持。熟练使用办公软件是对计算机应用人员的一个基本要求。

WPS(word processing system)是金山软件公司推出的办公软件，它出现于1989年，从最初DOS下的单一文字处理软件，发展到现在支持电子文档、电子表格、演示文稿、PDF文件等多种办公文档处理，并集成一系列云服务，提升办公效率。本章以WPS Office(教育版)为基础介绍办公软件的操作方法与应用技巧。

本章要点：

(1) WPS文字操作方法与高级应用。

(2) WPS表格操作方法与高级应用。

(3) WPS演示文稿操作方法与高级应用。

2.1　WPS文字的操作与应用

WPS文字是WPS Office办公套件的重要组件，是一个功能强大的文字处理软件。它不仅具有文本编辑、格式排版等基本功能，还能制作出图文并茂的文档，以及对长文档进行特殊版式的编排等。基于对中文办公场景的深刻理解，WPS提供了文字工具、段落布局、斜线表头、横向页面插入等诸多特色功能，让用户更加便捷高效地进行文字处理。

2.1.1　文档编辑与排版

在WPS中进行文字处理工作，首先要创建或打开一个文档，用户输入文档的内容，然后进行编辑和排版，工作完成后将文档以文件形式保存，以便日后使用。文档编辑是指对文档的内容进行增加、删除、修改、查找、替换、复制和移动等一系列操作。在WPS环境下，不论进行何种操作，都必须遵循“先选定，后操作”的原则。当编辑处理完一份文档后，需要进一步设置文档的格式，从而美化文档，便于读者阅读和理解文档的内容。

1. 特殊文本对象的输入

WPS 文档内容主要由文本、表格、图片等对象组成。其中,常规文本对象可通过键盘进行输入,但对于特殊文本对象则需要借助“插入”选项卡才能完成。

(1) 符号的插入

将光标定位到待插入点,单击“插入”选项卡中的“符号”按钮,打开“符号”对话框。从“字体”“子集”下拉列表中选择需插入符号的字体和所属子集。选中符号后,单击“插入”按钮,即可将该符号插入到指定位置。

(2) 公式的插入与编辑

单击“插入”选项卡中的“公式”按钮,在下拉列表中选择“插入新公式”命令,此时弹出公式编辑区和“公式工具”选项卡。利用“公式工具”选项卡中的符号或样式输入完公式后,单击公式编辑区外的任意位置,即可完成公式的插入。

也可以在“公式”下拉列表中选择“公式编辑器”命令,弹出“公式编辑器”对话框,在其中利用公式模板编辑公式,如图 2–1 所示,其中的公式需要使用分式和根式、下标和上标模板。公式输入完成后,关闭“公式编辑器”对话框,即在文档中插入了公式。

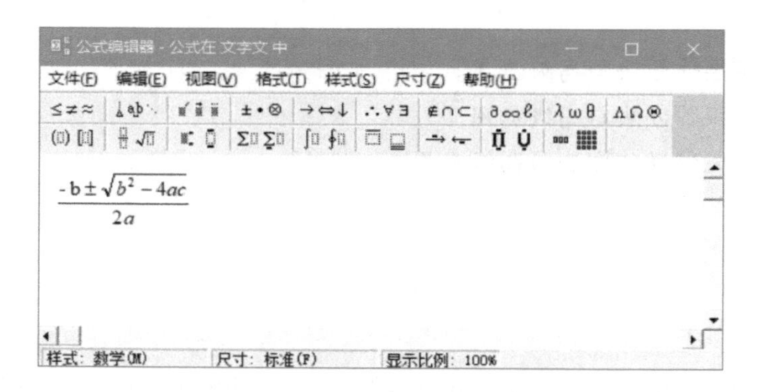

图 2–1 “公式编辑器”对话框

除了用上述方法打开“公式编辑器”对话框外,还可以单击“插入”选项卡中的“附件”按钮,在下拉列表中选择“对象”命令,此时弹出“插入对象”对话框,在其中的“对象类型”列表框中选择“WPS 公式 3.0”选项,如图 2–2 所示,最后单击“确定”按钮,即可打开“公式编辑器”对话框。

2. 查找与替换

查找与替换操作不仅可以帮助用户快速定位到查找的内容,还可以批量修改文档中的内容。

(1) 查找文本

单击“开始”选项卡中的“查找替换”按钮,打开“查找和替换”对话框。在“查找内容”文本输入框中输入需要查找的文本,单击“查找上一处”或“查找下一处”按钮即可。

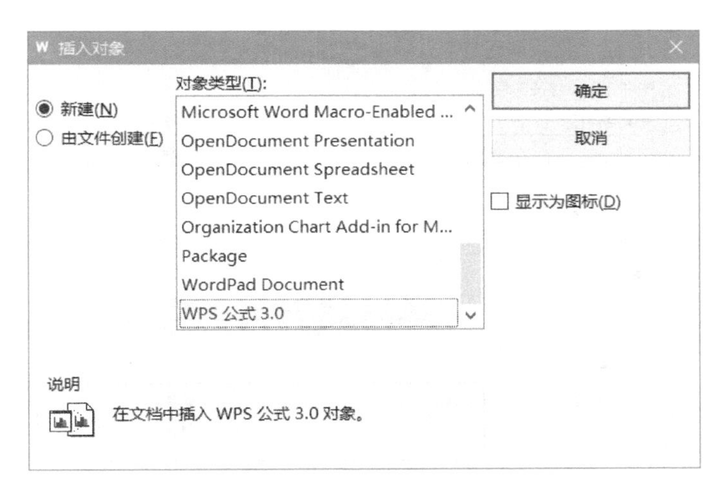

图 2-2　"插入对象"对话框

(2) 替换文本

单击"开始"选项卡中的"查找替换"按钮,打开"查找和替换"对话框。在该对话框中单击"替换"选项卡,在"查找内容"文本框中输入需要查找的文本,在"替换为"文本框中输入要替换的文本。单击"全部替换"按钮,替换所有的文本。也可以连续单击"替换"按钮,逐个查找并替换。

除了上述的替换操作外,还可以进行字符模糊替换、格式替换等复杂的替换操作。

3. 字符排版

字符排版是指对文本对象进行格式设置,常见的格式化设置包括字体、字号、间距等设置。在选定文本对象后,就可以进行字符排版了。

(1) 使用"字体"工具

在"开始"选项卡中的"字体"工具中,用户能完成绝大部分的字符格式设置,如字体、字号、字体颜色、上下标、各种文字效果等,如图 2-3 所示。

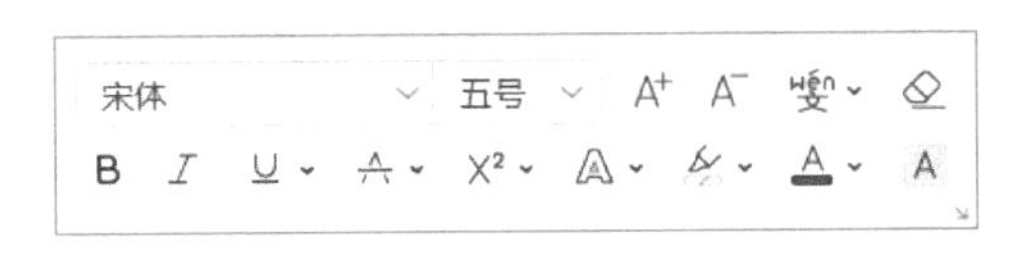

图 2-3　"字体"工具

(2) 使用"字体"对话框

在"开始"选项卡中单击"字体"对话框启动器按钮,在打开的"字体"对话框中进行设置,如图 2-4 所示。

图 2-4 “字体”对话框

“字体”对话框中“字体”选项卡的各项设置与“开始”选项卡中的“字体”工具大致相同，还可以通过“预览”框查看设置后的效果。在“字符间距”选项卡中，用户可以设置字符的缩放比例、间距和位置等。

注意：利用“开始”选项卡中的“格式刷”工具可以快速复制对象的格式。复制时，首先选定作为样本的对象，单击“格式刷”按钮，鼠标指针变为形状时按住鼠标左键选中目标对象，然后松开，目标对象的格式即修改为样本对象的格式，同时鼠标指针还原至常规状态。若双击“格式刷”按钮，则可以进行多次格式复制，直到再次单击“格式刷”按钮或按 Esc 键才终止。

4. 段落排版

段落是字符、图形或其他项目的集合，通常以“段落标记”作为一段结束的标记。段落的排版是指对整个段落外观的更改，包括对齐方式、缩进、段间距和行间距等设置。

(1) 设置对齐方式

对齐方式是段落内容在文档的左右边界之间的横向排列方式。常用的对齐方式包括左对齐、居中对齐、右对齐、两端对齐和分散对齐。

在设置段落对齐方式的过程中，应先选中要设置对齐方式的段落或将光标定位到段落中，再单击“开始”选项卡中相应的对齐方式按钮。

(2) 设置段落缩进

段落缩进是用来调整正文与页面边距之间的距离。常见的缩进方式有 4 种:文本之前缩进、文本之后缩进、首行缩进和悬挂缩进。

单击“开始”选项卡中的“减少缩进量”按钮或“增加缩进量”按钮,可进行文本之前缩进量的增加或减少,但如果需要设置其他缩进或设置精确缩进量,则必须使用“段落”对话框。设置方法如下。

① 在“开始”选项卡中单击“段落”对话框启动器按钮,打开“段落”对话框,如图 2–5 所示。

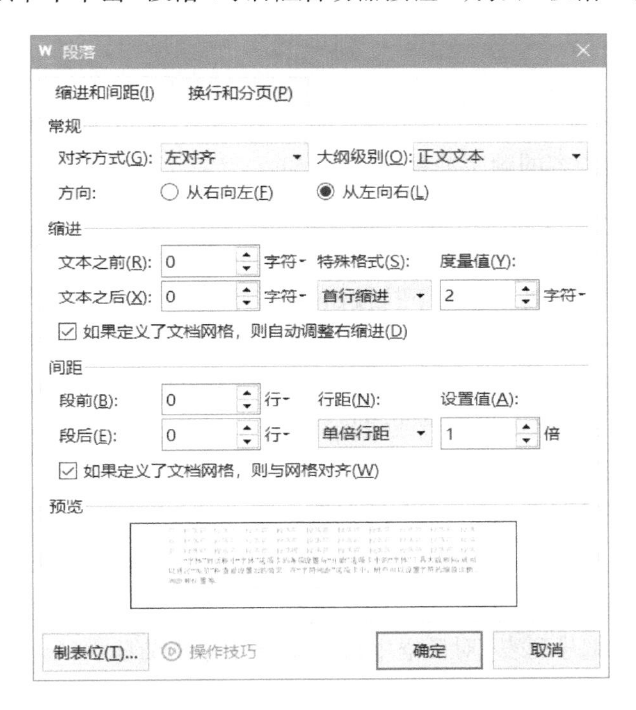

图 2–5　“段落”对话框

② 选择“缩进和间距”选项卡,在“缩进”选项区域中可设置文本之前、文本之后和特殊格式的缩进量。

a. 文本之前缩进或文本之后缩进:设置段落左端或右端距离页面左边界或右边界的位置。设置文本之前缩进或文本之后缩进时,只需在“文本之前”或“文本之后”文本框中分别输入左缩进或右缩进的值即可。

b. 首行缩进:将段落的第一行从左向右缩进一定的距离,首行外的各行都保持不变。设置首行缩进时,单击“特殊格式”下拉按钮,在下拉列表中选择“首行缩进”选项,再在右侧输入缩进值,通常情况下设置缩进值为“2 字符”。

c. 悬挂缩进:除首行以外的文本从左向右缩进一定的距离。设置悬挂缩进时,单击“特殊格式”下拉按钮，在下拉列表中选择“悬挂缩进”选项，再在右侧输入缩进值即可。

(3) 设置段间距和行间距

段间距是指相邻两段之间的距离，即前一段的最后一行与后一段的第一行之间的距离。行间距是指本段中行与行之间的距离。默认情况下，行与行之间的距离为“单倍行距”，段前和段后距离为“0 行”。

设置段间距和行间距的方法与设置缩进方法类似，可在“段落”对话框的“间距”选项区域中进行设置；还可以使用“开始”选项卡中的“行距”按钮快速设置行间距。

注意：缩进、间距的默认单位为“磅”，也可以修改为“厘米”“毫米”“字符”等。

5. 项目符号和编号

添加项目符号和编号是为了使文档条理分明、层次清晰，项目符号用于表示段落内容的并列关系，编号用于表示段落内容的顺序关系。

(1) 添加项目符号或编号

在文档中选择要添加项目符号或编号的若干段落，单击“开始”选项卡中的“项目符号”按钮或“编号”按钮，或者单击其下拉按钮，从“项目符号”或“编号”中进行选择。

当用户为某一段落添加了项目符号或编号之后，按 Enter 键开始一个新段落时，WPS 就会自动产生下一个段落的项目符号或编号。如果要结束自动创建项目符号或编号，可以连续按两次 Enter 键或按 Backspace 键删除项目符号或编号。

(2) 自定义添加项目符号或编号

如果内置的“项目符号”和“编号”中没有符合要求的类型，则可以单击“项目符号”或“编号”按钮的下拉按钮，在下拉列表中选择“自定义项目符号”或“自定义编号”命令，在打开的“项目符号和编号”对话框中选择任意项目符号或编号，再单击“自定义”按钮，在“自定义项目符号列表”对话框或“自定义编号列表”对话框中自定义项目符号或编号。

(3) 删除项目符号和编号

如果要结束自动创建项目符号或编号，可以连续按两次 Enter 键或按 Backspace 键删除项目符号或编号。添加的项目符号或编号若要全部删除，则选择已添加项目符号或编号的段落后，再次单击“开始”选项卡中的“项目符号”按钮或“编号”按钮即可。

6. 设置首字下沉

段落第一行的第一个字变大，并且向下一定的距离，其他部分保持原样，这种效果称为首字下沉，它是书报刊物中常采用的一种排版方式，其设置过程如下。

① 将光标定位到需要设置首字下沉的段落中。

② 单击“插入”选项卡中的“首字下沉”按钮，打开如图 2-6 所示的“首字下沉”对话框中，选择下沉类型，设置字体、下沉行数以及下沉后的文字与正文之间的距离，再单击“确定”按钮，即可完成设置。

图 2-6　“首字下沉”对话框

7. 分栏

分栏用来实现在一页上以两栏或多栏的方式显示文档内容，广泛应用于报纸和杂志的排版中。分栏的操作方法如下。

选中要分栏的文本，单击“页面”选项卡中的“分栏”下拉按钮，在下拉列表中选择一种分栏方式。

若设置超过 3 栏的文档分栏，则需选择下拉列表中的“更多分栏”命令，在打开如图 2-7 所示的“分栏”对话框中，设置栏数、宽度和间距、分隔线、应用范围等，设置完成后，单击“确定”按钮完成分栏操作。

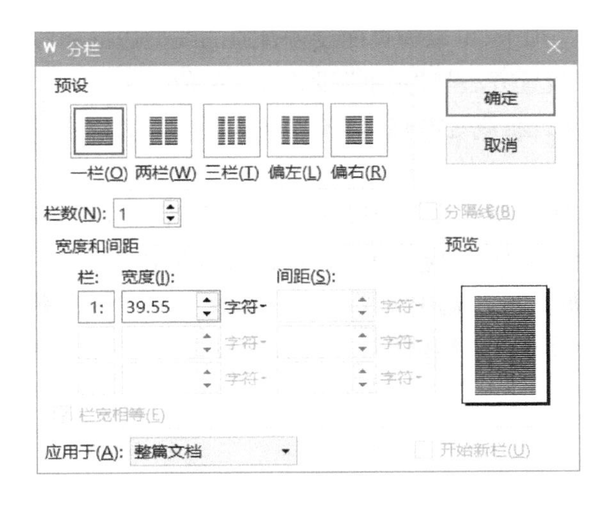

图 2-7　“分栏”对话框

8. 设置边框与底纹

为了使重要的内容更加醒目或页面效果更美观，可以为字符、段落、图形或整个页面设置边框和底纹效果。设置方法如下。

① 单击“开始”选项卡中的“边框”下拉按钮 ，在下拉列表中选择“边框和底纹”命令，打开“边框和底纹”对话框，如图 2-8 所示。

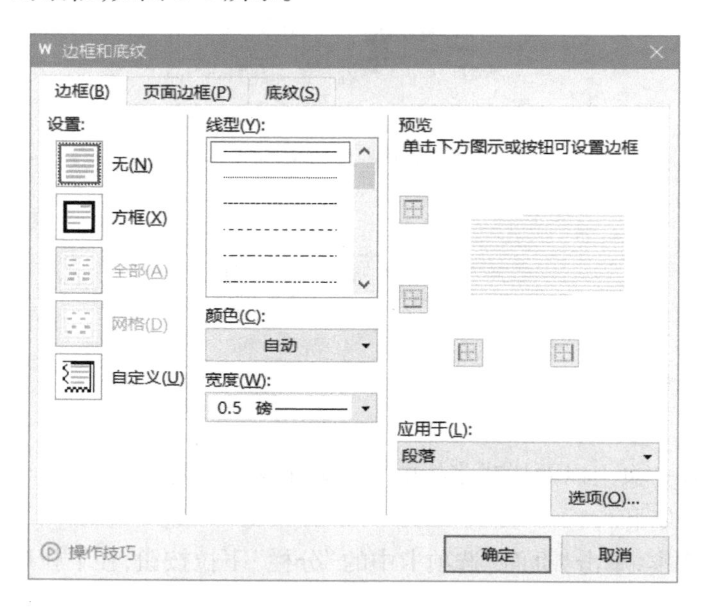

图 2-8　“边框和底纹”对话框

② 选择“边框”选项卡，可以设置边框线的样式、线型、颜色、宽度等。在设置过程中，右侧的“预览”栏中即时显示设置效果。

③ 选择“页面边框”选项卡，可以为页面设置普通的线型边框和各种艺术型边框，使文档更富有表现力。“页面边框”设置方法与“边框”设置方法类似。

注意：如果需要对个别边框线进行调整，还可以通过单击、、、按钮，分别设置或取消上、下、左、右 4 条边框线。

④ 在“底纹”选项卡中，可以为文字或段落设置填充颜色、图案或颜色。

在“边框和底纹”对话框中，“应用于”是指设置效果作用的范围。在“边框”和“底纹”选项卡中，“应用于”的范围包括选中的文字或选中文字所在的段落，而“页面边框”选项卡中“应用于”的范围则包括整篇文档或节。因此，在设置过程中应根据具体要求进行应用范围的选择。

9. 添加水印

WPS 的水印功能可以为文档添加任意的图片和文字背景，设置方法如下：单击“页面”选项卡中的“水印”下拉按钮，在下拉列表中选择所需预设水印，或者选择“插入水印”命令，打开如图 2-9 所示的“水印”对话框。

图 2-9　“水印”对话框

在“水印”对话框中，可以设置文字或图片作为文档的背景。如果需要设置图片水印，则勾选“图片水印”复选框，再单击“选择图片”按钮，在打开的“选择图片”对话框中选择目标图片文件。如果需要设置文字水印，则勾选“文字水印”复选框，在“内容”文本框中输入作为水印的文字，还可以设置文字的颜色、字号等。

要取消文档中的水印效果，可以在“水印”下拉列表中选择“删除文档中的水印”命令。

10. 页面设置与文档打印

用户经常需要将编辑好的 WPS 文档打印出来，以便携带和阅读。在编排或打印文档之前，往往需要进行适当的页面设置。

(1) 页面设置

WPS 采用“所见即所得”的编辑排版工作方式，而文档最终一般需要以纸质的形式呈现，所以需要进行页边距、纸张方向、纸张大小等页面格式的设置。设置方法是：在“页面”选项卡中选择有关按钮进行设置；也可以在“页面”选项卡中单击“页面设置”对话框启动器按钮，在打开的“页面设置”对话框中进行设置。

(2) 文档打印

在打印文档前，单击“文件”→“打印”→“打印预览”命令，通过 WPS 的打印预览功能快速查看打印效果。

在经预览并确认无误后，即可进行打印方式的设置和打印操作。单击“文件”→“打印”→“打印”命令，弹出“打印”对话框，在其中可以进行各种打印设置。完成设置后，单击“确定”按钮，即可开始打印。

由于特殊要求，有时在打印时需要将一些文本内容隐藏。WPS 文字内置的“套打隐藏文字”功能可以在打印时不显示隐藏文本，将隐藏文本的位置也保留下来，避免发生打印后的文档版式错位等情况。操作方法如下：在“打印”对话框中，单击“选项”按钮，弹出“选项”对话框。再单击“隐藏文字”下拉列表中的“套打隐藏文字”命令。最后单击“确定”按钮即可。这样，打印后的文档在保留原有隐藏文字的前提下，也保留了隐藏文字的位置。

2.1.2 表格与图形功能

WPS 文字具有很强的表格制作、修改和处理表格数据的功能。制作表格时，表格中的每个小格称为单元格，WPS 文字将一个单元格中的内容作为一个子文档处理。表格中的文字也可用设置文档字符的方法设置字体、字号、颜色等。

在 WPS 文字中使用的图形有图形文件、用户绘制的自选图形、艺术字以及由其他绘图软件创建的图片等，这些图形可以直接插入 WPS 文档中，丰富了文档内容，增强了文档的表现力。

1. 插入表格

在 WPS 文字中，在“插入”选项卡中的“表格”下拉列表中提供了 5 种插入表格的方法，它们分别是使用鼠标移动、“插入表格”命令、“绘制表格”命令、表格与文本的相互转换以及插入内容型表格。

① 使用鼠标移动。将光标定位到插入点，单击“插入”选项卡中的“表格”按钮，在下拉列表中的“插入表格”下面移动鼠标指针以选择需要的行数和列数，单击鼠标左键即可创建一个具体行数和列数的表格。

② 使用“插入表格”命令。在“表格”下拉列表中选择“插入表格”命令，打开“插入表格”对话框，在“表格尺寸”选项中输入列数和行数，在“列宽选择”选项中进行列宽设置，单击“确定”按钮即可创建一个指定行数和列数的表格。

③ 使用“绘制表格”命令。在“表格”下拉列表中选择“绘制表格”命令，此时鼠标指针变成铅笔形状，按住鼠标左键拖曳，可自由绘制表格。

④ 表格与文本的相互转换。把文本转换为表格的操作方法是：文本各行之间用段落标记符换行，在各列之间插入分隔符，如逗号、空格等。选定需要转换的文本，在“表格”下拉列表中选择“文本转换成表格”命令，打开“将文字转换成表格”对话框，设置表格的“行数”“列数”等参数，单击“确定”按钮完成转换。

将表格转换成文本的操作方法是：选定需要转换的表格，在“表格”下拉列表中选择“表格转换成文本”命令，打开“表格转换成文本”对话框，设置文字分隔符的形式，单击“确定”按钮完成转换。如果转换的表格中有嵌套表格，必须先选中“转换嵌套表格”复选框。

⑤ 插入内容型表格。WPS 文字提供了具有一定样式的表格模板，可以利用表格模板来生产表格。将光标定位到插入点，在“表格”下拉列表中选择各种表格模板即可插入表格。

注意：有时候会出现从页面顶格创建表格后，导致无法输入标题文字的情况，此时将光标置于第一个单元格内的第一个字符前再按 Enter 键，则会在表格前插入一个空行，再输入标题文字即可。

2. 表格的格式编排

在创建表格后，通常还要改变表格的形式，对表格进行修饰美化，即进行表格格式的编排。

(1) 表格的编辑

表格的编辑方法很多，在此主要介绍行、列的插入或删除，以及单元格的合并与拆分等操作。

① 行、列的插入或删除。将光标置于需要插入行、列的位置，在“表格工具”上下文选项卡中单击“插入”按钮，在下拉列表中选择“在上方插入行”“在下方插入行”“在左侧插入列”“在右侧插入列”按钮插入新行或新列；将光标置于需要删除行、列的位置，单击“删除”按钮，从下拉列表中选择“单元格”“行”“列”“表格”命令。

② 合并单元格。合并单元格是将多个邻近的单元格合并成一个单元格，用于制作不规则表格。选中要合并的单元格后，常用两种方法进行合并：一是在“表格工具”上下文选项卡中单击“合并单元格”按钮；二是在选择范围上右击，在弹出的快捷菜单中选择“合并单元格”命令。

③ 拆分单元格。与合并单元格相反，拆分单元格是将一个单元格分成若干个新单元格。将光标定位到要拆分的单元格，常用两种方法进行拆分：在“表格工具”上下文选项卡中单击“拆分单元格”按钮，打开“拆分单元格”对话框，输入要拆分的列数和行数，单击“确定”按钮完成拆分；或者在需要拆分的单元格上右击，在弹出的快捷菜单中选择“拆分单元格”命令，打开“拆分单元格”对话框，输入要拆分的列数和行数，单击“确定”按钮完成拆分。

④ 拆分表格。拆分表格是把一个表格分成两个或多个表格。拆分方法是：将光标定位到需要拆分位置的行或列中，即把光标置于拆分后形成的新表格的第一行或第一列，再单击“表格工具”上下文选项卡中的“拆分表格”按钮，从下拉列表中选择“按行拆分”或“按列拆分”命令，原表格即拆分成两个新表格。

(2) 设置表格属性

表格属性主要用于调整表格的行高、列宽、对齐方式以及文本在表格中的对齐方式等。

① 用鼠标拖曳设置。如果没有指定行高，表格中各行的高度将取决于该行中单元格的内容以及段落文本前后的间距。如果只需要粗略调整行高、列宽，则可以通过拖动边框线或表格右下角的“表格大小控制点”来调整表格的高度和宽度。

② 在功能区设置。如需要精确设置表格的行高和列宽，则可以用“表格工具”上下文选项卡中的“表格行高”按钮和“表格列宽”按钮进行设置；也可以单击“表格工具”上下文选项卡中的“表格属性”按钮，在打开的“表格属性”对话框中进行设置，如图 2-10 所示。

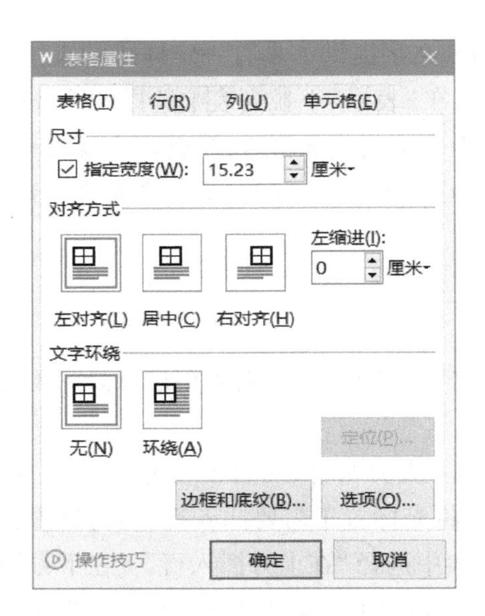

图 2-10 “表格属性”对话框

“表格属性”对话框中有“表格”“行”“列”“单元格”4 个选项卡。在“表格”选项卡中,“尺寸”选项用于设定整个表格的宽度。当选中“指定宽度”复选框时,可以输入表格的宽度值;“对齐方式”用于确定表格在页面中的位置;“文字环绕”选项用于设置表格和正文的位置关系;“行”“列”和“单元格”3 个选项卡分别用于设置行高、列宽和单元格的宽度以及文本在单元格内的对齐方式等。

单元格文本对齐方式也可以在选定需要设置的单元格后,在“表格工具”上下文选项卡中单击有关的对齐方式按钮,例如水平居中按钮、垂直居中按钮等。

如果要使某些行、列具有相同的行高或列宽,可首先选定这些行或列,然后在“表格工具”上下文选项卡中,单击“自动调整”下拉列表中的“平均分布各行”或“平均分布各列”命令,则平均分布所选行、列之间的高度和宽度。

(3) 表格的格式化

表格的格式化操作即美化表格,包括表格边框、底纹、样式等设置。

① 设置边框和底纹。边框和底纹不但可以应用于文字,还可以应用于表格。表格或单元格中边框与底纹的设置方法与在文本中的设置方法类似:在“开始”选项卡中,单击底纹按钮和边框按钮进行设置,也可以选中需要设置边框的单元格或表格,在“表格样式”上下文选项卡中,单击“边框”下拉按钮,在下拉列表中选择相应的命令,即可直接进行简单的增减框线的操作。单击“边框”下拉列表中的“边框和底纹”命令,在如图 2-11 所示的“边框和底纹”对话框中进行较复杂的设置。

在设置过程中,首先应选择“设置”区域的一个选项,然后依次选择线条的“线型”“颜色”和“宽度”,再在“预览”区选择该效果对应的边线,即可设置较复杂的边框线。

图 2-11　“边框和底纹”对话框

设置底纹的方法与设置边框的方法类似，选中需要设置底纹的单元格或表格，在“表格样式”上下文选项卡中，单击“底纹”下拉按钮，选择需要的底纹颜色。同样，如果需要进行更复杂的底纹设置，则在表格“边框和底纹”对话框的“底纹”选项卡中设置。

② 表格样式。样式是字体、颜色、边框和底纹等格式设置的组合。选择表格或将光标置于表格内，在“表格样式”上下文选项卡中，单击主题样式右侧的下拉按钮，在下拉列表中选择所需表格样式。

③ 绘制斜线表头。单击要绘制斜线表头的单元格，单击“表格样式”上下文选项卡中的“斜线表头”按钮，在“斜线单元格类型”对话框中选定一种类型，单击“确定”按钮。

3. 表格中数据的计算与排序

在 WPS 文字中不仅可以创建表格，还可以对表格中的数据进行计算和排序等操作。

(1) 表格中数据的计算

为了方便表格的计算，WPS 文字用列标和行号的组合给单元格命名，表格的列标从左至右用英文字母 A,B,C 等表示，行号从上到下用数字 1,2,3 等表示。在进行计算时，提取单元格名称所对应的实际数据进行计算。下面举例说明，表 2-1 是学生成绩表，假设操作测试和理论测试分别占总成绩的 40% 和 60%，计算每个学生的总成绩。

表 2-1　学生成绩表

学号	姓名	操作测试	理论测试	总成绩
S1001	李东	85	90	

续表

学号	姓名	操作测试	理论测试	总成绩
S1002	黄南	80	85	
S1003	刘西	90	80	
S1004	严北	75	70	

操作步骤如下。

① 将插入点定位到“总成绩”列的第一个单元格中。

② 在“表格工具”上下文选项卡中，单击“公式”按钮 fx 公式，打开如图 2-12 所示的“公式”对话框。在“公式”文本框中输入公式“=C2*40/100+D2*60/100”。其中 C2 代表位于第 3 列第 2 行的单元格，即李东的操作测试成绩，同样 D2 代表位于第 4 列第 2 行的单元格，即李东的理论测试成绩，单击“确定”按钮，则在当前单元格中插入计算结果。

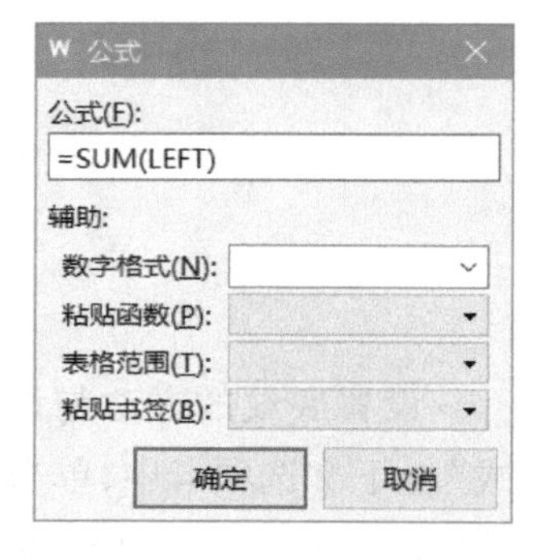

图 2-12 “公式”对话框

③ 按照同样的方法，可以计算出其他学生的总成绩。

需要注意的是，函数名称前的等号“=”不能省略。另外，当单元格的数据发生改变时，计算结果不能自动更新，必须选定结果，然后按功能键 F9 更新域，才能更新计算结果。如果有必要，还可以在“数字格式”下拉列表中设置计算结果的显示格式，如设置小数位数等。

在表格数据的计算过程中，用户可以根据实际情况使用有关函数。函数名可以在“公式”对话框中的“公式”文本框中自行输入，也可以在“粘贴函数”下拉列表中进行选择。常用的函数有求和函数 SUM( )、求平均值函数 AVERAGE( )、求最大值函数 MAX( )、求最小值函数 MIN( )等。使用函数时需要提供函数参数(表格范围)，常用的函数参数有 ABOVE(上面所有数字单元格)、LEFT(左边所有数字单元格)、RIGHT(右边所有数字单元格)、BELOW(下面所有数字单元格)，也可以用单元格地址表示表格操作范围，如“A1 :C5”是指 A1 单元格到 C5 单元格的连续矩形区域。需要注意的是，如果以这种单元格地址表示形式作为函数参数，则不能采用更新域的方法更新计算结果。所以，若要进行复杂的数据计算，使用 WPS 表格更方便。

(2) 表格数据的排序

排序是指以关键字为依据，将原本无序的记录序列调整为有序的记录序列的过程。例如，在计算表 2-1 学生成绩表的总成绩后，将总成绩从低到高排序。操作步骤如下。

① 将光标置于表格任意单元格中。

② 在“开始”选项卡中单击“排序”按钮 A↓，打开“排序”对话框。根据需要选择关键字、排

序类型和排序方式。这里依次选择“主要关键字”为“列 5”，即“总成绩”列，排序类型为“数字”，排序方式为“升序”，如图 2-13 所示。根据需要，还可以选择“次要关键字”、排序类型和排序方式。设置各个选项后单击“确定”按钮完成排序。

图 2-13　“排序”对话框

4. 图表的生成

图表能直观、清晰地表达各种数据之间的关系。WPS 文字提供了多种类型的图表，如柱形图、饼图、折线图等。生成图表的方法是：选择要插入图表的位置，单击“插入”选项卡中的“图表”按钮，打开“图表”对话框，在对话框的左侧选择图表类型，在右侧选择图表的形式。此时，在文档中插入图表，并打开“图表工具”选项卡，在其中单击“编辑数据”按钮，自动进入 WPS 表格程序。复制要生成图表的表格内容，并从 WPS 表格工作表的 A1 单元格开始粘贴，此时，WPS 文字窗口中将同步显示图表结果，最后关闭 WPS 表格窗口。

5. 图形功能

WPS 文字强大的编辑和排版功能，除了体现在对文本、表格对象的处理上，还体现在图形功能上。

(1) 图形的插入

① 插入形状。在“插入”选项卡中单击“形状”按钮，在打开的形状列表中选择形状，可以绘制线条、矩形、基本形状等。

② 插入图片。先将光标定位到插入点，单击“插入”选项卡中的“图片”下拉按钮，单击目标图片即可完成图片的插入。也可以在“图片”下拉列表中选择“本地图片”命令，随后在“插入图片”对话框中选择目标图片文件，然后单击“打开”按钮即完成图片的插入。

③ 插入艺术字。艺术字是经过加工的汉字变形字体，具有装饰性。先将光标定位到插入点，在“插入”选项卡中单击“艺术字”按钮，弹出艺术字样式列表，单击所需样式，然后在文本编辑区输入所需艺术字文字。

(2) 图形的格式设置

① 缩放图形。在文档中插入图形后，常常需要调整大小。操作方法是：单击图形，四周将出现 8 个控制手柄，移动鼠标指针到控制手柄位置，鼠标指针变成双向箭头形状，此时按住鼠标左键拖曳到合适位置，则可调整图形大小。如果需要保持其长宽比，则拖曳图形四角的控制手柄。

除利用鼠标调整图形大小外，还可以通过对话框进行设置：选中图形，单击“图片工具”上下文选项卡，直接输入高度和宽度值，或单击“大小和位置”设置对话框启动器按钮，打开“布局”对话框，在“大小”选项卡中进行设置，如图 2-14 所示。

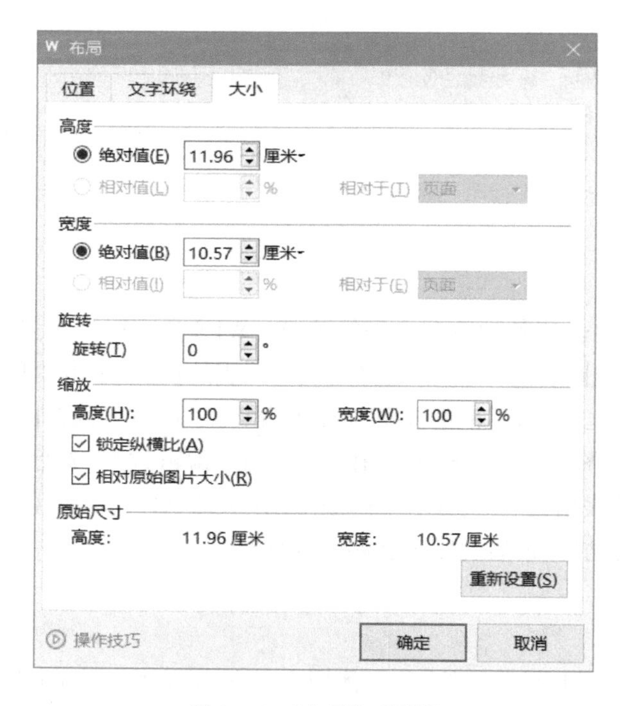

图 2-14 “布局”对话框

通常，在缩放图形时不希望因改变长宽比例而造成图像失真，则应选中“锁定纵横比”复选框。

② 裁剪图形。WPS 文字还提供图片的裁剪功能，但不能裁剪形状、艺术字等图形。图片裁剪方法是：选中需要裁剪的图片，在“图片工具”上下文选项卡中单击“裁剪”下拉按钮，再选择“矩形”下的矩形形状，拖动图片的控制手柄，鼠标拖曳的部分则被裁剪掉，如图 2-15 所示的图

片将被裁掉图片的四周部分。

如果需要裁剪出固定的形状（如椭圆形状），则单击“裁剪”下拉按钮，再选择“基本形状”下的椭圆形状，裁剪后效果如图 2–16 所示。

图 2–15　裁剪图片

图 2–16　裁剪成椭圆形状

注意：WPS 文字裁剪图形实质上只是将图片的一部分隐藏起来，而并未真正裁去。可以使用“裁剪”按钮工具反向拖动进行恢复。

③ 去除图形背景。WPS 提供了智能抠除背景和设置透明色两种去除图片背景的功能。操作方法是：选定图形，在“图片工具”上下文选项卡中单击“抠除背景”下拉按钮，选择“抠除背景”命令利用“智能抠图”操作去除背景；或者选择“设置透明色”命令，再单击图片上要去除背景的地方来去除背景。

(3) 设置图形与文字混合排版

① 设置图形与文字环绕方式。文字环绕方式是图形和周边文本之间的位置关系描述，常用的有嵌入型、四周型、紧密型、衬于文字下方、衬于文字上方、上下型、穿越型等。设置图形环绕方式的操作方法是：选中图形，在“图片工具”上下文选项卡中单击“环绕”按钮，在展开的下拉列表中选择所需环绕方式。

如果需要进行更复杂的设置，则右击图片，选择快捷菜单中的“文字环绕”→“其他布局选项”命令，打开“布局”对话框，在该对话框的“文字环绕”选项卡中进行设置。可以根据需要设置“环绕方式”“环绕文字”方式以及距正文的距离，如图 2–17 所示。选择不同的环绕方式会产生不同的图文混排效果。

② 设置图形在页面上的位置。设置图形在页面上的位置是指插入的图形在当前页的布局情况，可在“布局”对话框的“位置”选项卡中根据需要设置“水平”和“垂直”位置以及相关选项。

图 2-17 设置文字环绕

2.1.3 长文档的编辑与操作

像毕业论文、书籍、杂志这样一些长文档的编辑排版，从提高文档编辑和处理的工作效率出发，有一些特殊的编辑和排版要求，包括设置样式、添加注释、页面排版、创建目录等。

1. 设置样式

样式是被命名并保存的一系列格式的集合，是 WPS 文字中常用的格式设置工具。使用样式能够准确、快速实现长文档的格式设置，减少了长文档编排过程中大量重复的格式设置操作。

样式有内置样式和自定义样式两种。内置样式是指 WPS 文字自带的标准样式，自定义样式是指用户根据文档需要而设定的样式。

(1) 应用内置样式

WPS 文字提供了丰富的样式类型。单击“开始”选项卡，在快速样式库中显示了多种内置样式，其中“正文”“标题 1”“标题 2”“标题 3”等都是内置样式名称。应用内置样式方法简单，只要把光标置于要应用样式的文字中，单击样式即可。单击各种样式时，光标所在段落或选中的对象就会自动呈现出当前样式应用后的视觉效果，单击样式右边的下拉按钮会弹出样式列表。

(2) 修改样式

内置样式和用户新建的样式都能进行修改。可以先修改样式再应用，也可以在样式应用之后再修改。

下面以修改“标题 1”样式为例进行说明。将内置“标题 1”样式的章标题段落修改为：居中、段前和段后间距均为 10 磅，行距 36 磅；将正文所有段落首行缩进 2 字符。操作方法是：在“开始”选项卡中右击“标题 1”样式，在弹出的快捷菜单中选择“修改样式”命令，打开“修改样式”对话框，如图 2-18 所示。

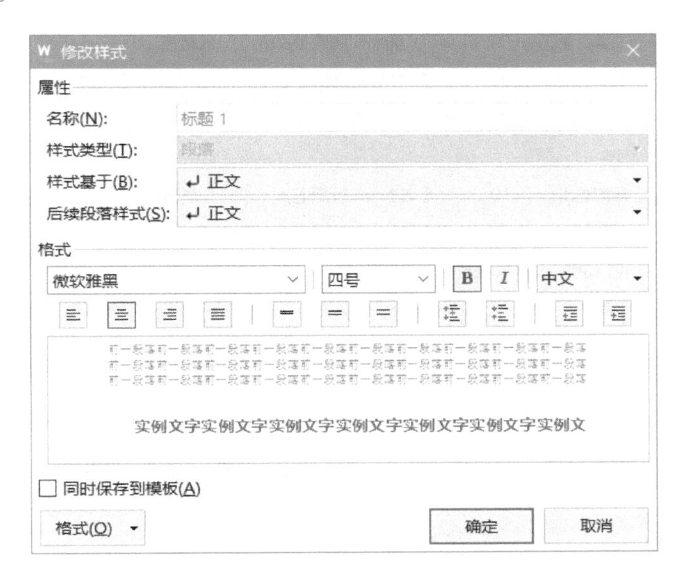

图 2-18　“修改样式”对话框

在“修改样式”对话框中的“格式”选项区进行字体和段落格式修改。同时在预览区域中显示了当前样式的字体和段落格式。单击“格式”按钮，在弹出的选项中选择“段落”命令，在打开的“段落”对话框中进行如图 2-19 所示的设置，单击“确定”按钮，回到“修改样式”对话框。

最后单击“确定”按钮，“标题 1”样式已经成了修改后的样式。

(3) 新建样式

在应用内置样式的基础上进行修改就可实现所需样式的设置，但也可以根据需要自定义新样式。新建样式操作方法是：在“样式”下拉列表中选择“新建样式”命令，打开如图 2-20 所示的“新建样式”对话框。

在“名称”框中输入新建样式的名称，在“样式类型”下拉列表中选择“段落”“字符”等样式类型中的一种。如果要使新建样式基于已有样式，可在“样式基于”下拉列表中选择原有的样式名称。“后续段落样式”则用来设置在当前样式段落按 Enter 键后，下一段落的样式，其他设置与修改样式方法相同。

设置完成后，单击“确定”按钮。新建的样式名称将出现在“样式和格式”任务窗格中。在“开始”选项卡中的样式库中也将出现新建的样式名称。

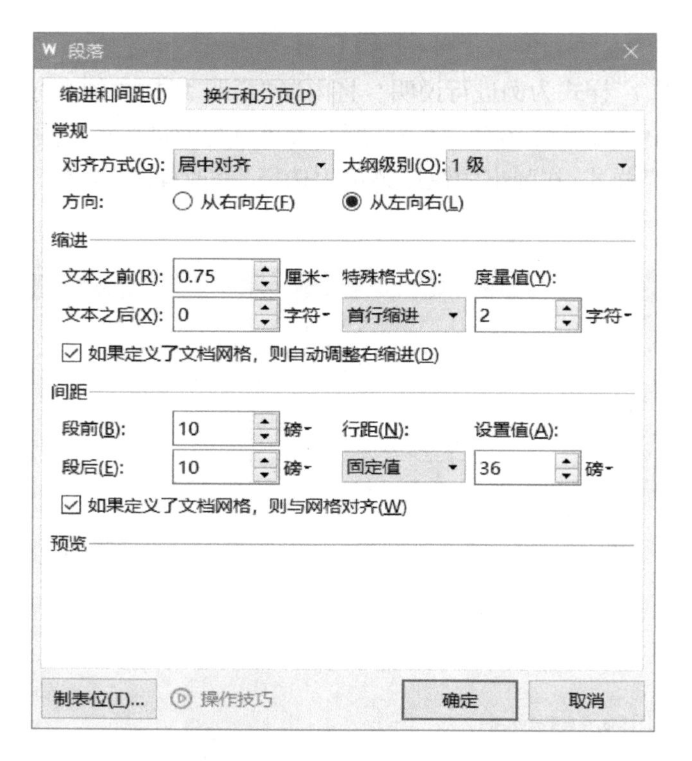

图 2–19 “段落”对话框

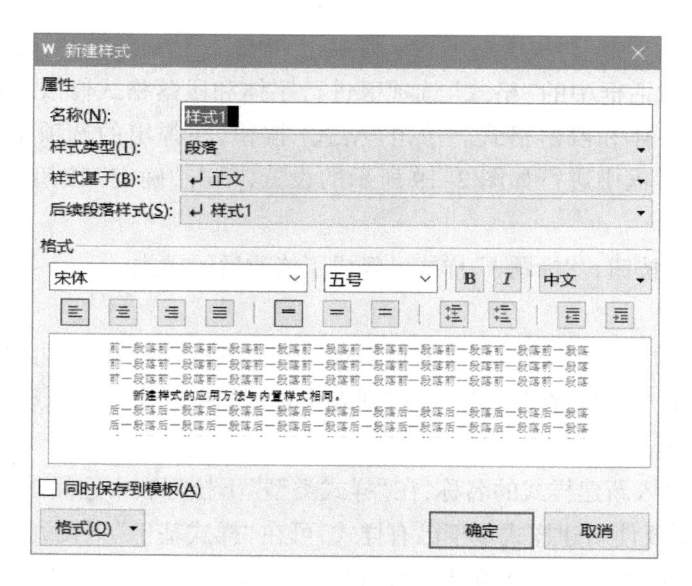

图 2–20 “新建样式”对话框

新建样式的应用方法与内置样式相同。

2. 添加注释

注释是指对有关字、词、句进行补充说明，提供有一定重要性、但写入正文将有损文本条理和逻辑的解释性信息。如脚注、尾注，添加到表格、图表、公式或其他项目上的名称和编号标签都是注释对象。

(1) 插入脚注和尾注

脚注和尾注主要用于对文本进行补充说明，如名词解释、备注说明或提供文档中引用内容的来源等。脚注通常位于页面的底部，尾注位于文档结尾处，用来集中解释需要注释的内容或标注文档中所引用的其他文档名称。脚注和尾注都由两部分组成：引用标记与注释内容。

脚注和尾注的插入、修改或编辑方法完全相同，区别在于它们出现的位置不同。下面以脚注为例介绍其相关操作。

① 插入脚注。将光标定位到插入脚注的位置，在“引用”选项卡中单击“插入脚注”按钮，此时，在光标位置右上角出现上标 1。在页面底部闪烁的光标处输入注释内容即完成脚注的插入。

② 删除脚注。要删除单个脚注，只需选定文本右上角的脚注引用标记，按 Delete 键即可。如果需要一次性删除所有脚注，方法是：单击“开始”选项卡中“查找替换”下拉列表中的“替换”命令，打开“查找和替换”对话框。将光标定位在“查找内容”文本框中，单击“特殊格式”按钮，选择“脚注标记”选项，单击“全部替换”按钮，即一次性删除所有脚注，如图 2-21 所示。

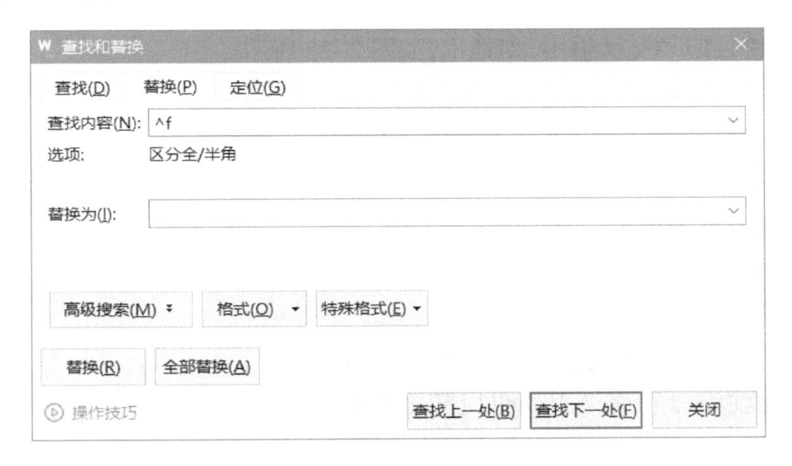

图 2-21 删除所有脚注

(2) 插入题注与交叉引用

题注是添加到表格、图表、公式或其他项目上的名称和编号标签，由标签及编号组成。使用题注可以使文档条理清晰，方便阅读和查找。交叉引用是在文档的某个位置引用文档另外一个位置的内容，例如引用题注。

① 插入题注。题注插入的位置因对象不同而不同，一般情况下，题注插在表格的上方、图片对象的下方。定义并插入题注的操作方法是：将光标定位到插入题注的位置，单击“引用”选项

卡中的“题注”按钮，打开“题注”对话框，如图 2-22 所示。根据添加的具体对象，在“标签”下拉列表中选择相应标签，如表、图、图表、公式等，单击“确定”按钮返回。

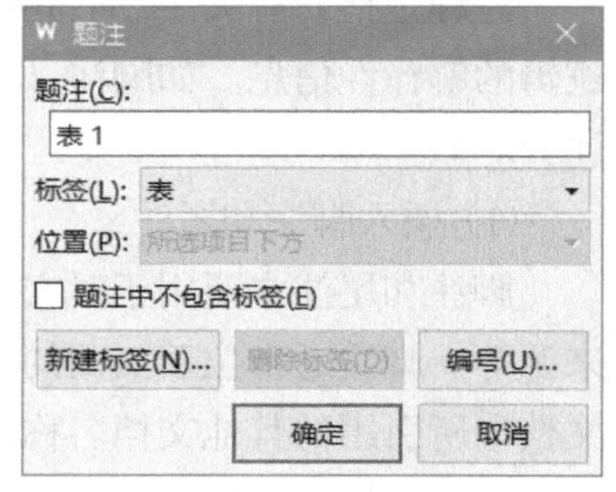

图 2-22 “题注”对话框

如果需要在文档中使用自定义的标签，则在“题注”对话框中单击“新建标签”按钮，在打开的“新建标签”对话框中输入新标签名称，例如新建标签“表格”，单击“确定”按钮返回“题注”对话框。设置完成后单击“确定”按钮，即可将题注添加到相应的文档位置。

在插入题注时，还可以将编号和文档的章节序号联系起来。单击“题注”对话框中的“编号”按钮，在打开的“题注编号”对话框中选中“包含章节编号”复选框，例如，选择“章节起始样式”下拉列表中的“标题 1”选项，单击“确定”按钮返回“题注”对话框，再单击“确定”按钮完成题注的插入。

② 交叉引用。在 WPS 文字中，可以在多个不同的位置使用同一个引用源的内容，这种方法称为交叉引用。可以为标题、脚注、书签、题注等项目创建交叉引用。交叉引用实际上就是在要插入引用内容的地方建立一个域，当引用源发生改变时，交叉引用的域将自动更新。

创建交叉引用的操作方法是：将光标定位到要创建交叉引用的位置，单击“引用”选项卡中的“交叉引用”按钮，打开“交叉引用”对话框，如图 2-23 所示。

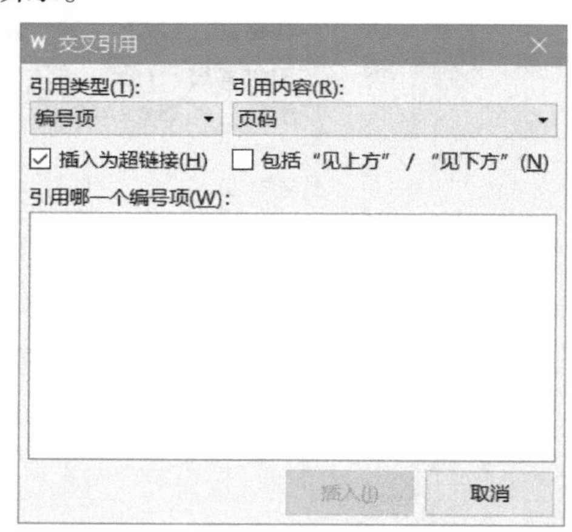

图 2-23 “交叉引用”对话框

在“引用类型”下拉列表中选择要引用的项目类型，如选择“图”选项，在“引用内容”下拉列表中选择要插入的信息内容，如选择“只有标签和编号”选项，在“引用哪一个题注”列表框中选择要引用的题注，然后单击“插入”按钮，题注编号自动添加到文档中的插入点。单击“取消”按钮，退出交叉引用的操作。

在文档中被引用项目发生变化后，如添加、删除或移动了题注，则题注编号和交叉引用也应随之发生改变。但在上述有些操作过程中，系统并不会自动更新，此时就必须采用如下手动更新的方法：

a. 若要更新单个题注编号和交叉引用，则选定对象；若要更新文档中所有的题注编号和交叉引用，则选定整篇文档。

b. 按 F9 功能键同时更新题注和交叉引用。也可以在所选对象上右击，在弹出的快捷菜单中选择“更新域”命令，即可实现所选范围题注编号和交叉引用的更新。

3. 页面排版

通常情况下，当文档的内容超过纸型能容纳的空间时，WPS 文字会按照默认的页面设置产生新的一页。但如果用户需要在指定的位置产生新页，则只能利用插入分隔符的方法强制分页。

(1) 分页

① 插入分页符。分页符位于上一页结束与下一页开始的位置。将光标定位到需要分页的位置，单击“页面”选项卡中的“分隔符”下拉按钮，在下拉列表中选择“分页符”命令，在插入点位置插入一个分页符。也可以采用组合键 Ctrl+Enter 实现快速手动分页。

② 分页设置。WPS 文字不仅允许用户手动分页，并且还允许用户调整自动分页的有关属性，例如，用户可以利用分页选项避免文档中出现“孤行”，避免在段落内部、表格中或段落之间进行分页等，其设置方法是：选定需分页的段落，在“开始”选项卡中单击“段落”对话框启动器按钮↘，打开“段落”对话框。选择“换行和分页”选项卡，可以设置各种分页控制。

(2) 分节

“节”是文档的一部分，是一段连续的文档块。所谓分节，可理解为将 WPS 文字文档分为几个子部分，对每个子部分可单独设置页面格式。插入分节符的操作方法是：将光标定位在需要分节的位置，单击“页面”选项卡中的“分隔符”下拉按钮，在下拉列表中选择相关分节命令。

在实际操作过程中，往往需要根据具体情况插入不同类型的分节符，WPS 文字共提供以下 4 种分节符，功能各不相同。

① 下一页分节符：插入一个分节符并分页，新节从下一页开始。

② 连续分节符：插入一个分节符，新节从当前插入位置开始。

③ 偶数页分节符：插入一个分节符，新节从下一个偶数页开始。

④ 奇数页分节符：插入一个分节符，新节从下一个奇数页开始。

注意：分页符是将前后的内容分隔到不同的页面，如果没有分节，则整个 WPS 文字文档所有页面都属于同一节。而分节符是将不同的内容分隔到不同的节。一页可以包含多节，一节也可以包含多页。同节的页面可以拥有相同的页面格式，而不同的节可以有不同的格式，互不影响。因此，要对文档的不同部分设置不同的页面格式，必须进行分节操作。

(3) 设置页眉和页脚

页眉和页脚通常用于显示文档的附加信息，如日期、页码、章标题等。其中，页眉在页面的顶部，页脚在页面的底部。

① 插入相同的页眉页脚。在默认情况下，在文档中任意一页插入页眉或页脚，则其他页面都生成与之相同的页眉或页脚。插入页眉的方法是：将光标定位到文档中的任意位置，单击“插入”选项卡中的“页眉页脚”按钮，打开“页眉页脚”上下文选项卡，同时页眉和页脚处于编辑状态。在页眉或页脚处添加所需文本，此时为每个页面添加相同页眉或页脚。单击“页眉页脚”上下文选项卡的“页眉”下拉按钮，选择一种页眉样式，则当前文档的所有页面都添加了同一样式页眉。

类似地，在“页眉页脚”上下文选项卡中，单击“页眉页脚切换”按钮，单击“页脚”下拉按钮，选择一种页脚样式，则当前文档的所有页面都添加了同一样式页脚。

页眉页脚的删除与页眉页脚的插入过程类似，分别在“页眉”下拉列表中或“页脚”下拉列表中选择“删除页眉”和“删除页脚”命令即可。

② 插入不同的页眉页脚。在长文档的编辑过程中，经常需要对不同的页面设置不同的页眉页脚。如首页与其他页页眉页脚不同，奇数页与偶数页页眉页脚不同等。

a. 设置首页不同。“首页不同”是指在当前节中，首页的页眉页脚和其他页不同。设置方法是：在需要设置首页不同的节中，双击该节任意页面的页眉或页脚区域，此时出现“页眉页脚”上下文选项卡，单击“页眉页脚选项”按钮，弹出“页眉/页脚设置”对话框。勾选“首页不同”复选框，这样首页就可以单独设置页眉页脚了，如图 2–24 所示。

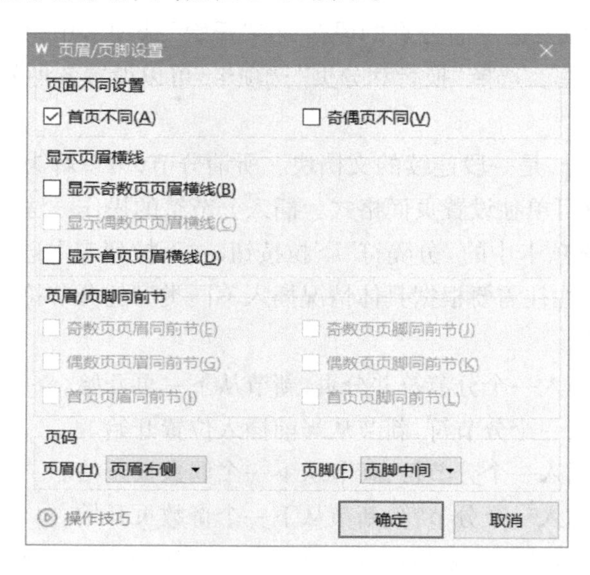

图 2–24 “页眉 / 页脚设置”对话框

b. 设置奇偶页不同。“奇偶页不同”是指在当前节中，奇数页和偶数页的页眉页脚不同。默认情况下，同一节中所有页面的页眉页脚都是相同的(首页不同除外)，不论是奇数页还是偶数页，修改任意页的页眉页脚，其他页面都进行了修改。只要在如图 2–24 所示“页眉 / 页脚设置”对话框中，勾选“奇偶页不同”前面的复选框，就可以分别为奇数页和偶数页设置不同的页眉页脚。此时，只需修改某一奇数页或偶数页页眉页脚，所有奇数页或偶数页的页眉页脚都会随之发生相应的改变(首页不同除外)。

c. 为不同节设置不同页眉页脚。当文档中存在多个节时，默认情况下，“页眉页脚”选项卡中的“同前节”按钮为选定状态。若需要为不同的节设置不同的页眉页脚，则需单击“同前节”按钮，将其选定状态取消，从而断开前后节的关联，才能为各节设置不同的页眉页脚。

注意：“页眉页脚”不属于正文，因此在编辑正文时，页眉页脚以淡色显示，此时页眉页脚不能编辑。反之，当编辑页眉页脚时，正文不能编辑。

③ 插入页码。页码是一种放置于每页中标明次序、用以统计文档页数、便于读者检索的编码或数字。加入页码后，WPS 文字可以自动而迅速地编排和更新页码。页码可以置于页眉、页脚、

页边距或当前位置，通常显示在文档的页眉或页脚处。插入页码的方法是：单击“插入”选项卡中的“页码”下拉按钮，在下拉列表中可以选择页码放置的位置和样式。

在页眉页脚编辑状态下，可以对插入的页码格式进行修改。在“页眉页脚”上下文选项卡中单击“页码”下拉按钮，在下拉列表中选择“页码”命令，打开如图 2–25 所示“页码”对话框。在该对话框中的“样式”下拉列表中，可为页码设置多种编号格式，同时，在“页码编号”栏中还可以重新设置页码编号的起始页码。单击“确定”按钮完成页码的格式设置。

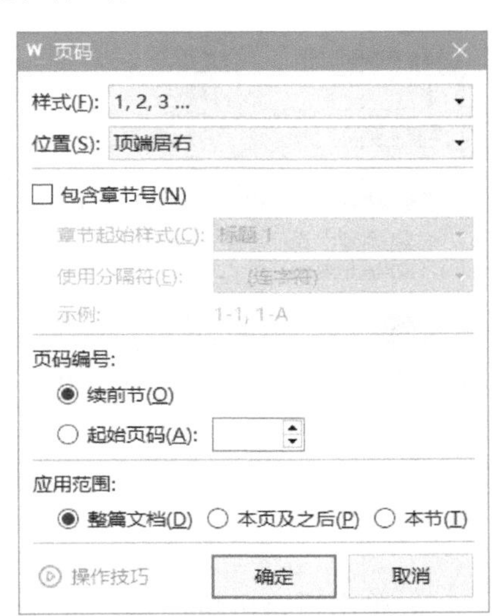

图 2–25　“页码”对话框

4. 创建目录

目录是文档中指导阅读、检索内容的工具，通常是长篇幅文档不可缺少的内容，它列出了文档中的各级标题及其所在的页码，便于用户快速查找到所需的内容。

(1) 创建标题目录

要在较长的文档中添加目录，应事先正确设置标题样式，例如“标题 1”至“标题 9”样式。尽管还有其他的方法可以添加目录，但采用带级别的标题样式是最方便的一种。

① 使用“目录样式库”创建目录。WPS 文字提供了一个“目录样式库”，其中有多种目录样式供选择，从而使插入目录的操作变得非常简单。插入目录的方法是：打开已设置标题样式的文档，将光标定位在需要建立目录的位置（一般在文档的开头处），单击“引用”选项卡中的“目录”按钮，在下拉列表中选择一种满意的目录样式，WPS 文字将自动在指定位置创建目录。

目录生成后，只需在按住 Ctrl 键的同时，单击目录中的某个标题行，就可以跳转到该标题对应的页面。

② 使用自定义目录创建目录。如果应用的标题样式是自定义的样式，则可以按照如下方法来创建目录。

将光标定位在目录插入点，单击“引用”选项卡中的“目录”按钮，在下拉列表中选择“自定义目录”命令，打开如图 2–26 所示的“目录”对话框。

在该对话框的“目录”选项卡中单击“选项”按钮，打开“目录选项”对话框，如图 2–27 所示。

在“有效样式”区域中查找应用于文档中的标题样式，在样式名称右侧的“目录级别”文本框中，输入相应样式的目录级别。如果仅使用自定义样式，则可删除内置样式的目录级别数字。单击“确定”按钮，返回“目录”对话框。

在“打印预览”区域中显示插入后的目录样式，单击“确定”按钮完成所有设置。

③ 目录的更新与删除。在创建好目录后，如果进行了添加、删除或更改标题或其他目录项，目录并不会自动更新。更新文档目录的方法有以下几种。

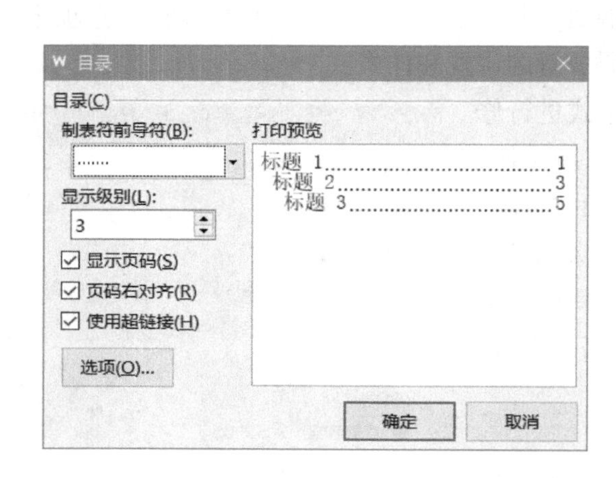

图 2-26 “目录”对话框

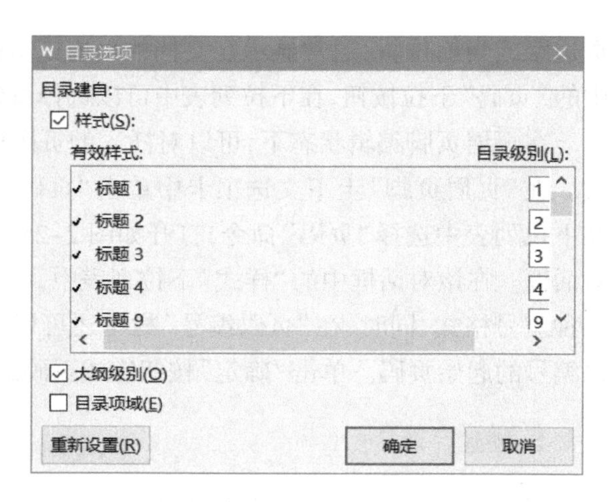

图 2-27 “目录选项”对话框

a. 单击目录区域任意位置,此时在目录区域左上角出现浮动按钮“更新目录”,单击该按钮,打开“更新目录”对话框,选择“更新整个目录”按钮,单击“确定”按钮完成目录更新。

b. 选择目录区域,按功能键 F9。

c. 单击目录区域的任意位置,单击“引用”选项卡中的“更新目录”按钮。

若要删除创建的目录,操作方法是:单击“引用”选项卡中的“目录”下拉按钮,选择下拉列表中的“删除目录”命令;或者选择整个目录后按 Delete 键进行删除。

(2) 创建图表目录

除上述标题目录外,图表目录也是一种常见的目录形式,图表目录是针对文档中的图、表、公式等对象编制的目录。创建图表目录的操作方法是:将光标定位到目录插入点,单击“引用”选项卡中的“插入表目录”按钮,打开“图表目录”对话框,如图 2-28 所示。

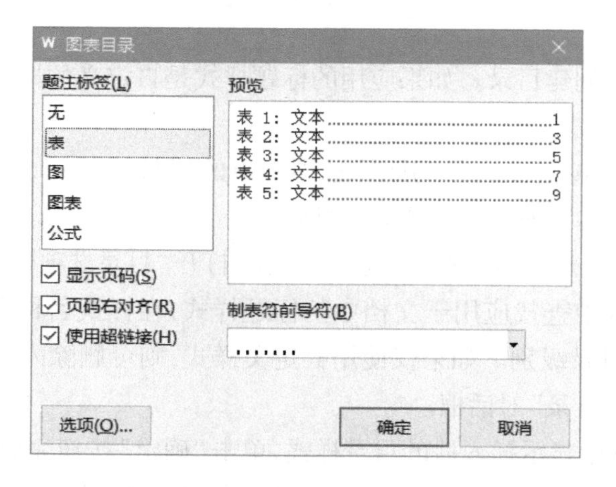

图 2-28 “图表目录”对话框

在“题注标签”下拉列表中选择不同的题注类型,例如选择“图”。在该对话框中还可以进行其他设置,设置方法与标题目录设置类似。最后单击“确定”按钮,完成图表目录的创建。

图表目录的操作还涉及图表目录的修改、更新及删除,操作方法和标题目录的操作方法类似。

2.1.4 文档审阅与邮件合并

在与他人一同处理文档的过程中,审阅、跟踪文档的修订状况是最重要的环节之一,方便用户及时了解其他用户更改了文档的哪些内容,以及为何要进行这些更改。

在编辑文档时,通常会遇到这样一种情况,文档的主体内容相同,只是一些具体的细节文本稍有变化,如邀请函、准考证、成绩报告单、录取通知书等。在制作大量格式相同、只需修改少量文字、而其他文本内容不变的文档时,WPS 文字提供了强大的邮件合并功能。利用邮件合并功能可以快速、准确地完成这些重复性的工作。

1. 批注与修订

批注是文档的审阅者为文档附加的注释、说明、建议、意见等信息,并不对文档本身的内容进行修改。

修订用来标记对文档所做的操作。启用修订功能,审阅者的每一次编辑操作都会被标记出来,用户可根据需要接受或拒绝每处的修订。只有接受修订,对文档的编辑修改才会生效;否则文档内容保持不变。

(1) 批注与修订的设置

用户在对文档内容进行批注与修订操作之前,可以根据实际需要事先设置批注与修订的用户名、位置、外观等内容。

① 用户名设置。在文档中添加批注或进行修订后,用户可以查看到批注者或修订者的姓名。系统默认姓名为安装软件时注册的用户名,但可以根据以下方法对用户名进行修改:单击“审阅”选项卡中的“修订”下拉按钮,在下拉列表中选择“更改用户名”命令,打开“选项”对话框,在“用户信息”选项的“用户信息”文本框中输入新用户名,在“缩写”文本框中修改用户名的缩写,选中“在修订中使用该用户信息”复选框,单击“确定”按钮。

② 位置设置。在默认情况下,添加的批注位于文档右侧,修订则直接在文档修订的位置。批注及修订还可以“垂直审阅窗格”或“水平审阅窗格”形式显示,设置方法是:单击“审阅”选项卡中的“显示标记”按钮,从下拉列表中选择批注框的显示方式。同样,单击“审阅”下拉列表中的“审阅窗格”选项,可从中选择显示修订信息的位置。

③ 外观设置。外观设置主要是对批注和修订标记的颜色、边框、大小的设置。单击“审阅”选项卡中的“修订”下拉按钮,在下拉列表中选择“修订选项”命令,在“选项”对话框中,根据用

户的实际需要，可以对相应选项进行设置。

(2) 批注与修订的操作

① 添加批注。在文档中选择要添加批注的文本，单击“审阅”选项卡中的“插入批注”按钮。选中的文本背景将被填充颜色，旁边为批注框，直接在批注框中输入批注内容，再单击批注框外的任何区域，即可完成添加批注操作。

② 查看批注。添加批注后，将鼠标指针移至文档中添加批注的对象上，鼠标指针附近将出现批注者姓名、批注日期和内容的浮动窗口。

单击“审阅”选项卡中的“上一条批注”按钮或“下一条批注”按钮，可使光标在批注之间移动，以查看文档中的所有批注。

③ 编辑批注。如果对批注的内容不满意可以进行编辑和修改，其操作方法是：单击要修改的批注框，光标停留在批注框内，直接进行修改，单击批注框外的任何区域完成修改。

④ 删除批注。可以选择性地进行单个或多个批注的删除，也可以一次性删除所有批注，根据删除的对象不同，方法也有所不同。将光标置于批注框内，单击“审阅”选项卡中的“删除批注”下拉按钮，在下拉列表中选择“删除批注”命令，则删除当前的批注。若选择“删除文档中的所有批注”命令则删除所有批注。

⑤ 修订文档。当用户在修订状态下修改文档时，WPS 文字将跟踪文档中所有内容的变化状况，把用户在当前文档中修改、删除、插入的每一项内容都标记下来，这样可以查看文档的所有修订操作，并根据需要进行确认或取消修订操作。修订文档的方法是：打开要修订的文档，单击“审阅”选项卡中的“修订”按钮，即可开启文档的修订状态。用户在修订状态下直接插入和修改的文档内容会通过颜色标记出来。

(3) 审阅修订和批注

文档修订完成后，用户还需要对文档的修订和批注状况进行最终审阅，根据需要对修订内容进行接受或拒绝处理。如果接受修订，则单击“审阅”选项卡中的“接受”下拉按钮，从下拉列表中选择相应的命令。如果拒绝修订，则单击“拒绝”下拉按钮，再从下拉列表中选择相应的命令。

2. 比较文档

文档经过最终审阅后，用户可以通过对比的方式查看修订前后两个文档版本的变化情况，进行比较的具体操作方法是：单击“审阅”选项卡中的“比较”下拉按钮，在下拉列表中选择“比较”命令，打开“比较文档”对话框，如图 2-29 所示。

在“比较文档”对话框中，在“原文档”下拉列表中选择修订前的文件，在“修订的文档”下拉列表中选择修订后的文件。还可以通过单击其右侧的“打开”按钮，在“打开”对话框中分别选择修订前和修订后的文件。单击“更多”按钮，展开比较选项，可以对比较内容、修订的显示级别和显示位置进行设置。

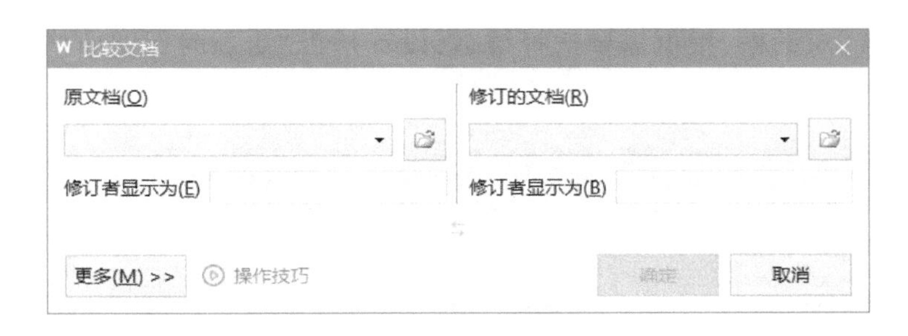

图 2-29　“比较文档”对话框

最后单击“确定”按钮，WPS 文字将自动对原文档和修订后的文档进行精确比较，并以修订方式显示两个文档的不同之处。默认情况下，比较结果显示在新建的文档中，被比较的两个文档内容不变。

比较文档窗口分为 3 个区域，分别显示两个文档的内容、比较结果文档。此时可以对比较生成的文档进行审阅操作，单击“保存”按钮可以保存审阅后的文档。

3. 构建并使用文档部件

文档部件是对指定文档内容（文本、图片、表格、段落等文档对象）进行封装的一个整体部分，能对其进行保存和重复使用。

（1）自动图文集

一个 WPS 文件中的某个表格很有可能在撰写其他同类文档时被再次使用，现在将其保存为文档部件，并命名为“选定范围”。操作方法是：选中文件中的表格，单击“插入”选项卡中的“文档部件”下拉按钮，从下拉列表中选择“自动图文集”→“将所选内容保存到自动图文集库”命令。打开如图 2-30 所示的“新建构建基块”对话框，为新建的文档部件修改名称为“选定范围”，并在“库”类别下拉列表中选择“自动图文集”选项。单击“确定”按钮，完成文档部件的创建工作。

图 2-30　“新建构建基块”对话框

使用文档部件的操作方法是：在当前文档或打开其他文档，将光标定位在要插入文档部件的位置，单击“插入”选项卡中的“文档部件”下拉按钮，从下拉列表中选择“自动图文集”→“选定范围”命令，即在当前文档中插入一个与“选定范围”表格完全相同的表格，根据实际需要修改表格内容即可。

（2）插入域

域是能够嵌入在文档中的一组代码，在文档中体现为数据占位符。通过域可以自动插入文字、图形、页码或其他信息。在文档中创建目录、插入页码时，WPS 会自动插入域。利用“文档部件”可以手动插入域，通过域自动处理文档。操作方法是：单击要在文档中插入域的位置，再单击“插入”选项卡中的“文档部件”下拉按钮，从下拉列表中选择“域”命令，打开如

图 2–31 所示的“域”对话框，根据需要选择域名，设置是否“更新时保留原格式”，单击“确定”按钮。

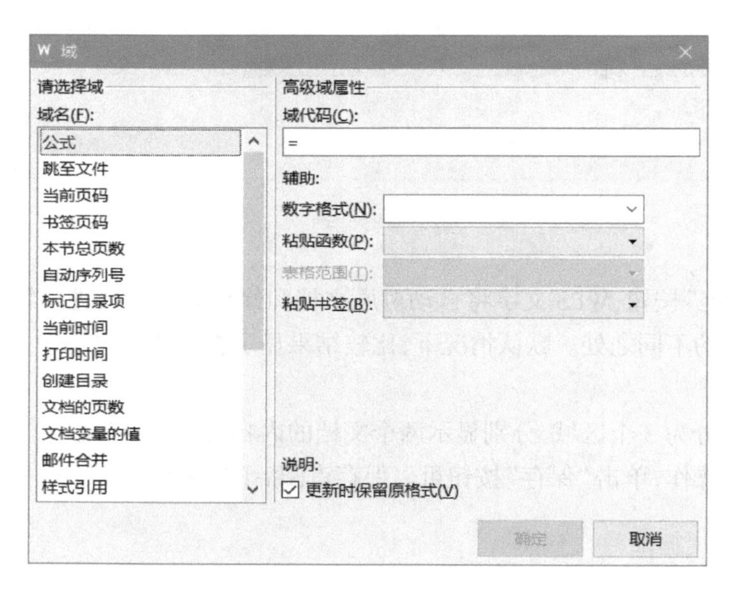

图 2–31 “域”对话框

4. 邮件合并

要实现邮件合并功能，通常需要以下 3 个关键步骤。

① 创建主文档：主文档是一个 WPS 文档，包含了文档所需的基本内容，并设置了符合要求的文档格式。主文档中的文本和图形格式在合并后都固定不变。

② 创建数据源：数据源可以是用 WPS 表格、WPS 文字、Access 等软件创建的多种类型的文件。

③ 关联主文档和数据源：利用 WPS 文字提供的邮件合并功能，将数据源关联到主文档中，得到最终的合并文档。

下面以“计算机考试成绩通知单”为例介绍邮件合并操作。

(1) 创建主文档

在 WPS 文字中，任何一个普通文档都可以作为主文档使用，因此，建立主文档的方法与建立普通文档的方法基本相同。如图 2–32 所示即为“计算机考试成绩通知单”的主文档，其主要制作过程如下。

① 设计通知单的内容及版面格式，并预留文档中相关信息的占位符。

② 设置文本的字体、大小，段落的对齐方式等。

③ 设置双线型页面边框。

④ 设置完成后，以“计算机考试成绩通知单 .docx”为文件名进行保存。

计算机考试成绩通知单

________学院________同学(学号：________)参加了计算机考试，

成绩为：________。

考试中心

2024 年 1 月 30 日

图 2–32　主文档

(2) 创建数据源

邮件合并处理后产生的批量文档中，相同内容之外的其他内容由数据源提供。可以采用多种格式的文件作为数据源。不论何种形式的数据源，邮件合并操作都相似。需要注意的是，数据源文件中的第 1 行必须是标题行。

这里采用 WPS 表格文件作为数据源，表格第 1 行为标题行，其他行为记录行，如图 2–33 所示，表格以“计算机考试成绩 .et”为文件名进行保存。

	A	B	C	D	E
1	学号	姓名	成绩	专业	学院
2	S1001	张亦	90	计算机	计算机
3	S1002	王尔	87	自动化	自动化
4	S1003	刘伞	85	计算机	计算机
5	S1004	李思	75	通信工程	计算机
6	S1005	陈武	95	软件工程	计算机

图 2–33　数据源

(3) 关联主文档和数据源

在主文档和数据源准备好之后，就可以利用邮件合并功能，实现主文档与数据源的关联，从而完成邮件合并操作，其操作步骤如下。

① 打开已创建的主文档“计算机考试成绩通知单 .docx”，单击“引用”选项卡中的“邮件”按钮，出现“邮件合并”上下文选项卡，单击“打开数据源”按钮，打开“选取数据源”对话框。

② 在对话框中选择已创建好的数据源文件“计算机考试成绩 .et”，单击“打开”按钮。如果数据源中有多个表，将打开“选择表格”对话框，选择数据所在的工作表，单击“确定”按钮，此时数据源已经关联到主文档中，“邮件合并”选项卡中的大部分按钮也因此处于可用状态。

③ 在主文档中将光标定位到“学院”下画线处，单击“邮件合并”选项卡中的“插入合并域”按钮，在弹出的“插入域”对话框中选择要插入的域“学院”，单击“插入”按钮。同样的方法分别

在相应位置插入“姓名”域、“学号”域和“成绩”域。

④ 单击“邮件合并”选项卡中的“查看合并数据”按钮，将显示主文档和数据源关联后的第一条数据结果。单击查看记录按钮，可逐条显示各条记录的数据。

⑤ 单击“合并到新文档”按钮，打开“合并到新文档”对话框，在该对话框中选择“全部”单选项，再单击“确定”按钮，WPS 文字将自动合并文档，并将合并的内容暂存在新建的“文档文稿1”中，这里将文档另存为“成绩通知单 .docx”。

2.2 WPS 表格的操作与应用

电子表格软件是为了解决大量的表格处理需求而开发出来的软件，人们利用电子表格软件可以对表格进行各种各样的统计分析。WPS 表格就是一个电子表格软件，具有很强的表格处理、数据管理和图表功能，广泛应用于行政管理、财务统计和经济分析等领域。

2.2.1 工作表的编辑与修饰

WPS 表格的基本功能就是创建工作表，在工作表中记录相关的数据。工作表数据的输入与编辑，是进行数据处理与分析的基础。掌握高效的数据输入与编辑方法，可以事半功倍、准确地完成数据处理工作。对工作表进行适当的修饰，能使数据有更好的表现形式，增强表格的可读性。

1. WPS 表格的基本概念

(1) 工作簿和工作表

工作簿是 WPS 表格中用来处理和存储数据的文件，一个扩展名为 .et 的 WPS 电子表格文件即是一个工作簿。在一个工作簿中，可以包含若干个工作表(sheet)。在默认情况下，包含一个工作表 Sheet1。

工作表是工作簿窗口中呈现的由若干行和列构成的表格。WPS 表格中数据的输入、编辑、处理等操作均在工作表中完成。工作表不能脱离工作簿独立存在，必须包含在某个工作簿中。

(2) WPS 表格操作界面

WPS 表格操作界面由两个窗口构成：一个是 WPS 表格程序窗口，该窗口中主要提供了 WPS 表格软件的各个功能选项卡和相应的按钮；另一个是 WPS 工作簿窗口，这是数据输入与编辑的主要工作区，由行、列交叉形成的单元格构成，即工作表。

工作表名称一般位于 WPS 表格窗口的左下角，默认工作表名为 Sheet1，Sheet2，Sheet3，…。单击工作表名称，可以在不同的工作表之间进行切换。当前正在编辑的工作表称为活动工作表。

(3) 单元格地址和活动单元格

工作表中每一行最左侧的数字表示该行的行号，顺序为 1，2，3…；工作表中每一列上方的大写英文字母表示该列的列标，顺序为 A，B，C，…。单元格所在的列标和行号共同构成单元格地址，如 C7 单元格，表示位于第 7 行 C 列的单元格。

当前正在编辑的单元格称为活动单元格。可以通过单击选中活动单元格，被选中的单元格将被绿色框标出。

(4) 名称框与编辑栏

名称框一般位于工作表的左上方，其中会显示出活动单元格的名称或已定义的单元格区域的名称。

编辑栏位于名称框的右侧，工作表的上方，用于显示、输入、编辑、修改活动单元格中的数据或公式。

(5) 全选按钮

全选按钮 ◢ 位于工作表左上角行号和列标的交叉处，用于选中工作表中的所有单元格。

2. 数据输入

WPS 的数据类型有多种，在工作表中可以输入文本、数值、日期等类型的数据。针对不同类型的数据，WPS 中提供了不同的输入方法，帮助用户高效、准确地输入数据。

在 WPS 中输入数据，首先需选中待输入数据的单元格，再由键盘进行数据输入。以下类型的数据在输入时需要特别注意。

(1) 输入数字字符串

如果输入的数据是文本且全部由数字字符构成，如学号、身份证号等，则在输入数据前需先输入一个单引号“’”，表明输入的数据为文本，如’21042018。特别是数字字符串的第一个字符为“0”时，如 010，如果在输入数据前没有输入单引号，输入的字符“0”不能正常显示。

(2) 输入分数

在单元格中输入分数时，为了区别于文本和日期数据，在输入数据时首先需输入数字 0，然后输入一个空格，再输入分数。例如，输入分数 3/4，单元格里正确的输入内容为“0 3/4”。

(3) 输入日期数据

在单元格中输入日期时，年、月、日之间可以用“/”分隔，也可以用“-”分隔。例如，在单元格中输入日期“2023/02/18”或“2023-02-18”，输入完成后，单元格中均默认显示日期“2023/2/18”。

3. 自动填充数据

序列填充是 WPS 最常用的快速输入方法。通过该方法，可以快速向 WPS 单元格中自动填充数据，实现高效、准确的数据输入。

(1) 序列填充的基本方法

在单元格中进行序列的自动填充，可以通过拖动填充柄实现，也可以使用“填充”命令。

填充柄是指活动单元格右下角的十字形小方块。首先在活动单元格中输入序列的第一个数据，然后沿数据的填充方向拖动填充柄即可填充序列。松开鼠标后填充区域的右下角会显示“自动填充选项”按钮 。通过该按钮中的选项，可更改选定区域的填充方式。

使用“填充”命令填充序列，首先输入序列的第一个数据，然后拖动选择要填入序列的单元格区域，单击“开始”选项卡中的“填充”按钮，在下拉列表中选择“序列”命令，在打开的“序列”对话框中根据需要进行设置即可完成序列的填充，如图 2-34 所示。

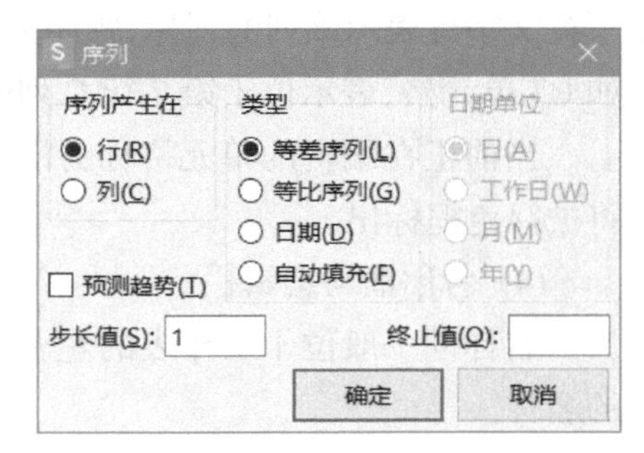

图 2-34 “序列”对话框

(2) 可填充的内置序列

在 WPS 中，以下几种序列用户不需要定义，可以通过填充柄或填充命令直接填充。

① 数字序列，如 1，2，3 等。

② 日期序列，如一月，二月，三月等；日，一，二等。

③ 文本序列，如一，二，三等。

以上几种序列在填充时默认的步长值为 1，如需改变步长值，可在图 2-34 所示的“序列”对话框中设置步长值，或输入序列前两个数据的值后再使用填充柄拖动填充。

④ 其他内置序列，如 Sun，Mon，Tue 等；子，丑，寅等。

(3) 自定义序列

自定义序列是 WPS 提供给用户定义个人经常需要使用、而系统又没有内置的序列的方法。选择“文件”→“选项”命令，在打开的“选项”对话框中选择“自定义序列”选项，如图 2-35 所示。在右侧“输入序列”列表框中输入新序列，输入完成后单击“确定”按钮，左侧的“自定义序列”列表框中将会添加新定义的序列。新序列自定义完成后，使用方法和内置序列一致。

4. 控制数据的有效性

在 WPS 中，为了保证输入数据的准确性，可以对输入数据的类型、格式、值的范围等进行设置，称为数据有效性设置。具体来说，数据有效性设置可实现如下常用功能。

① 限定输入数据为指定的序列，规范单元格输入文本的值。例如，要求工作表中 C 列的输入值仅能为“男”或“女”，则设置方法是：选中 C 列，在“数据”选项卡中单击“有效性”下拉按钮，在下拉列表中选择“有效性”命令，打开“数据有效性”对话框，进行如图 2-36 所示设置。注意：“来源”中的数据值应使用西文逗号“,”分隔。设置完成后，单击 C 列单元格右侧的下拉按钮，可选择输入值。

② 限定输入数据为某一个范围内的数值，如指定最大值、最小值、整数、小数、日期范围等。

③ 限定输入文本的长度，如身份证号长度、地址的长度等。

④ 出错警告，当发生输入错误时，弹出警告信息。

以上设置均可在“数据有效性”对话框中完成设置。

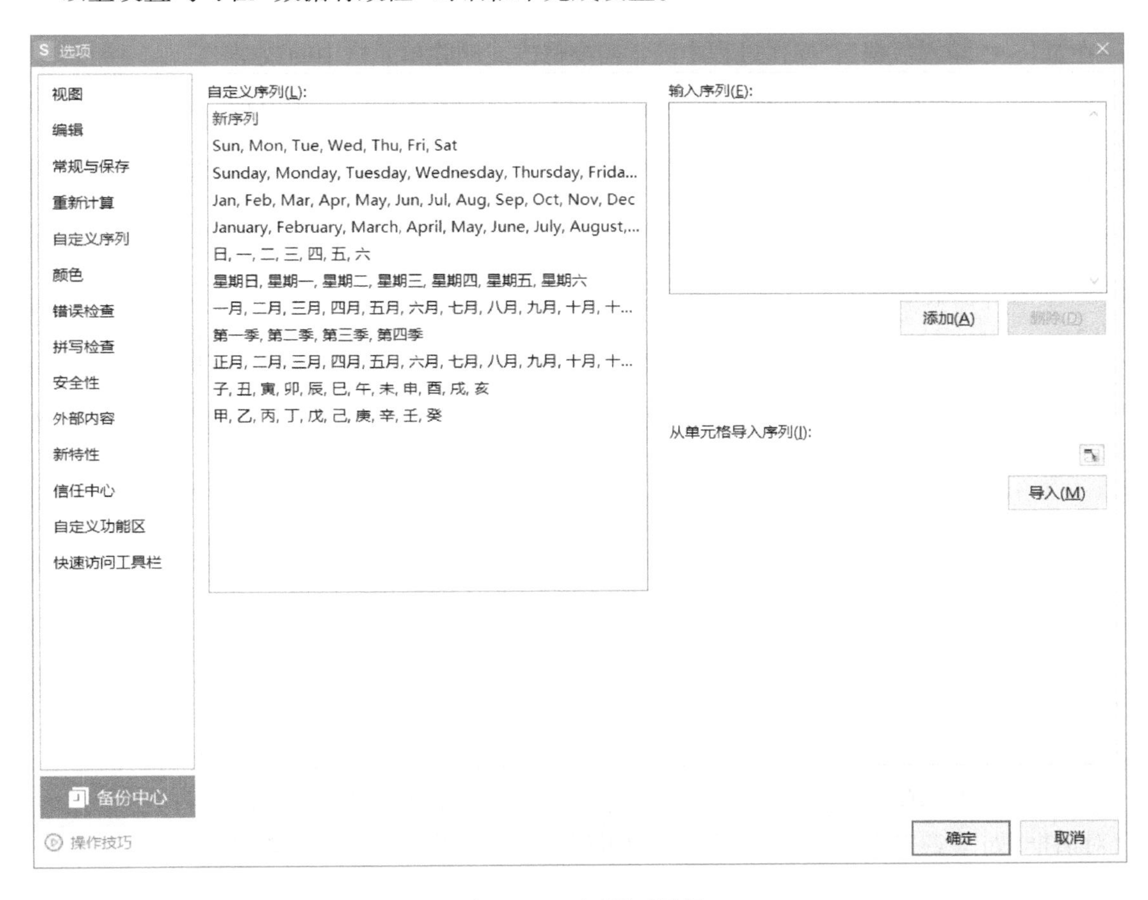

图 2–35 “选项”对话框

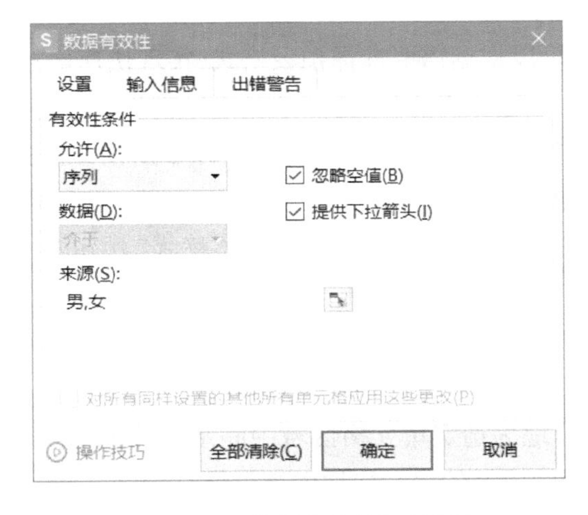

图 2–36 “数据有效性”对话框

5. 数据编辑

在 WPS 中输入数据后，操作过程中经常需要修改或删除单元格中的数据。

当单元格中的数据需要修改时，可双击单元格，修改单元格内的数据信息；或单击单元格，在编辑栏中修改单元格中的数据信息。

当单元格中的数据需要删除时，选中需要操作的单元格，按 Delete 键删除；或单击“开始”选项卡中的“清除”按钮 ，在下拉列表中选择要清除的对象。

6. 获取外部数据

用户在使用 WPS 表格进行工作时，不但可以使用在 WPS 表格中输入的工作表数据，还可以将准备好的外部数据导入其中。WPS 表格获取外部数据是通过“数据”选项卡中的“获取数据”功能来实现的，既可以导入文本文件的数据，也可以从数据库中导入数据。

7. 格式化工作表

格式化工作表包括对表格的行、列、单元格及单元格中的数据进行格式化设置。

(1) 行、列操作

行、列操作包括行、列的插入或删除，可在选中需设置的行、列后，使用右键快捷菜单中相应的命令完成。

(2) 设置单元格格式

右击需设置的单元格，在弹出的快捷菜单中选择“设置单元格格式”命令，打开“单元格格式”对话框，如图 2-37 所示。在该对话框中可以完成数字格式、对齐方式、文字的字体、表格的边框、单元格底纹图案等设置。

(3) 表格样式

WPS 提供了大量预置好的表格样式，可自动实现包括字体大小、表格边框和填充图案等单元格格式集合的应用，用户可以根据需要选择预设格式，实现快速格式化表格。

① 单元格样式。单击“开始”选项卡中的“单元格样式”按钮 ，打开预设样式列表，选择一个预设的样式，即可在选定单元格中进行应用；也可以单击预设样式列表下方的“新建单元格样式”按钮，将自定义一个单元格样式。

② 表格样式。单击“开始”选项卡中的“套用表格样式”按钮 ，打开预设样式列表，鼠标指向某一个样式，即可显示该样式名称，可在选定单元格区域中应用选中的样式；也可以单击预设样式列表下方的“新建表格样式”按钮，将自定义一个快速格式。

(4) 条件格式

条件格式功能可以快速地为选定单元格区域中满足条件的单元格设定某种格式。例如，设定成绩表中 90 及 90 分以上的成绩的单元格均用黄色填充、红色字体显示，设置方法是：单击“开始”选项卡中的“条件格式”下拉按钮，在下拉列表中选择“新建规则”命令，打开“新建格式规则”

对话框,在“选择规则类型”列表框中选择“只为包含以下内容的单元格设置格式”,按如图 2-38 所示进行设置。单击“格式”按钮,打开“单元格格式”对话框,设置字体及填充颜色。

图 2-37　“单元格格式”对话框

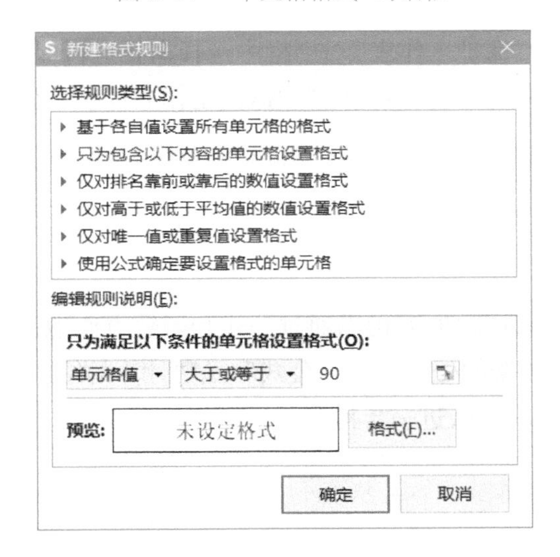

图 2-38　“新建格式规则”对话框

8. 工作表和工作簿操作

工作表和工作簿是 WPS 的两个基本操作对象,在 WPS 操作中,经常要面临对工作表或工作簿的操作。例如工作表的插入、工作簿的保护等。

(1) 插入新工作表

在 WPS 表格中，插入一个新的工作表，有以下两种方式。

① 单击工作表底部的“新建工作表”按钮 +。

② 右击工作表名称，在快捷菜单中选择“插入工作表”命令，在打开的“插入工作表”对话框中输入插入数量。

(2) 删除工作表

右击工作表名称，在快捷菜单中选择“删除工作表”命令。

(3) 移动或复制工作表

右击工作表名称，在快捷菜单中选择“移动”命令，在打开的“移动或复制工作表”对话框中选择移动后工作表的位置，单击“确定”按钮。如果需要复制工作表，则在对话框中选中“建立副本”复选框。

(4) 重命名工作表

右击工作表名称，在快捷菜单中单击“重命名”命令，然后输入新的工作表名称。

(5) 工作簿和工作表的保护

① 保护工作簿。选择“文件”→“文档加密”→“文档权限”命令，打开“私密文档保护”功能，即可完成对工作簿的保护。

② 工作表保护。单击“审阅”选项卡中的“保护工作表”按钮，输入密码，单击“确定”按钮，再次确认密码，即可完成对工作表的保护。受保护的工作表中，单元格的格式、行和列的插入、删除等操作都不能进行。可在“保护工作表”对话框中选择需要进行保护的选项。

工作表被保护后，“保护工作表”按钮变为“撤销工作表保护”按钮，单击输入密码即可撤消保护。

2.2.2 数据计算

WPS 提供了丰富的数据计算功能，可以通过公式和函数方便地进行求和、求平均值、计数等计算，从而实现对大量原始数据的处理。通过公式和函数计算的结果不仅准确，而且在原始数据发生改变后，计算结果能自动更新，进一步提高了工作效率。

1. 利用公式求单元格的值

公式是对工作表中的值执行计算的表达式。公式始终以等号“=”开头，可以包含常量、单元格的引用、函数和运算符。

(1) 公式的输入

在工作表中输入公式，首先单击待输入公式的单元格，输入一个等号“=”，表明正在输入的是公式，否则系统会判定其为文本数据而不会产生计算结果。然后输入公式的内容，按 Enter 键完成输入。输入单元格地址时,可以直接输入,也可用鼠标单击需要选定的单元格或单元格区域。例如,要在 C1 中输入 A1 和 B1 两个单元格中数据的乘积,则 C1 单元格中的输入内容为“=A1*B1”。

WPS 表格有以下常用运算符。

① 算术运算符:+(加法)、-(减法)、*(乘法)、/(除法)、^(乘方)、%(百分数)。

② 关系运算符:=(等于)、>(大于)、<(小于)、>=(大于或等于)、<=(小于或等于)、<>(不等于)。

③ 文本运算符:&(将两个文本连接起来产生一个新的文本。例如,"WPS " &"Office" 的结果为 "WPS Office"。

(2) 公式的修改

双击公式所在的单元格,进入编辑状态,则可在单元格或编辑栏中修改公式。修改完毕后,按 Enter 键即可。如果要删除公式,则单击公式所在单元格,按 Delete 键即可。

(3) 公式的复制与填充

输入到单元格中的公式可以像普通数据一样,通过拖曳填充柄进行公式的复制填充,此时填充的不是数据本身,而是复制公式。此操作也可通过选择“开始”选项卡中的“填充”按钮完成。

(4) 引用工作表中的数据

引用工作表中的数据往往通过单元格的引用来实现。单元格引用是指对工作表中的单元格或单元格区域的引用,以便给出需要计算的值或数据。

单元格引用方式分为以下 3 类:

① 相对引用。相对引用就是直接用“列标行号”来表示单元格的地址,如 A1、C5 等。相对引用所代表的单元格地址与公式所在单元格的位置有关,引用的单元格地址不是固定地址,而是与公式所在单元格的相对位置。例如,在 C1 单元格中输入公式“=A1*B1”,表示的是在 C1 单元格中引用它左边相邻的第一个和第二个单元格的值。当拖曳填充柄复制该公式到 C2 单元时,因与 C2 左边相邻的第一个和第二个单元格是 A2 和 B2,所以复制到 C2 中的公式就变成了“=A2*B2”。

② 绝对引用。绝对引用就是在单元格的列标和行号前面加“$”,即“$ 列名 $ 行号”。绝对引用与公式所在单元格的位置无关。在复制公式时,如果希望引用的位置不发生变化,则需要用绝对引用。例如,工作表 A1 到 A12 单元格数据为某公司每个月的销售额,A13 为全年总销售额,现需要在 B 列中求每个月销售额占全年销售额的百分比,则在 B1 单元格中输入公式“=A1/$A$13”,拖曳填充柄填充公式至 B12 单元格,设置 B 列的数字格式为百分比。其中,在输入的公式中,$A$13 表示绝对引用,在公式复制时,其地址不会变化,始终引用 A13 单元格的值(全年总销售额)。如 B2 单元格中的公式为“=A2/$A$13”。

③ 混合引用。WPS 表格中允许仅对某一个单元格的行或列进行绝对引用。当列标需要变化而行号不需要变化时,单元格地址应表示为“列标 $ 行号”,如 A$1。当行号需要变化而列标不需要变化时,单元格地址应表示为“$ 列标行号”,如 $B1。

(5) 引用其他工作表中的数据

在单元格引用的前面加上工作表的名称和感叹号(!),可以引用其他工作表中的单元格,具体表示为“工作表名称!单元格地址”。例如,Sheet2!E3 表示引用 Sheet2 工作表中 E3 单元格的数据。

2. 名称的定义与引用

名称是在 WPS 表格中代表单元格、单元格区域、公式或常量值的标识符。例如,为保存了商品价格的单元格区域 E1:E10 定义名称 Price,现在需要在 E11 单元格中求商品的最高价格,则输入公式可为“=MAX(E1:E10)”,也可以为“=MAX(Price)”。使用名称可以使公式更加容易理解和维护。

(1) 定义名称

名称中的第一个字符必须是字母、下画线(_)或反斜杠(\),其余字符可以是字母、数字、句点和下画线。在名称中不允许使用空格,不区分大小写,一个名称最多可以包含 255 个字符。

名称是有适用范围的。如果定义了一个名称 Sum_sales,其适用范围为 Sheet1,则该名称在没有限定的情况下只能在 Sheet1 中被识别,而不能在其他工作表中被识别。当需要在另一个工作表中识别该名称时,可以通过在前面加上名称所在工作表的名称来限定它,如 Sheet1!Sum_sales。如果定义了一个名称,其适用范围限于工作簿,则该名称对于该工作簿中的所有工作表都是可识别的,但对于其他任何工作簿是不可识别的。

定义名称可以使用以下 3 种方式。

① 利用编辑栏上的“名称框”定义名称。选择要命名的单元格或单元格区域,然后在“名称框”中输入名称,并按 Enter 键。该方式最适用于为选定区域创建工作簿级别的名称。

② 利用“公式”选项卡中的“指定”按钮定义名称。选择要命名的区域(必须包含要作为名称的单元格),单击“公式”选项卡中的“指定”按钮,在“指定名称”对话框中选择所选区域的名称,并单击“确定”按钮。

③ 利用“公式”选项卡中的“名称管理器”按钮定义名称。在“名称管理器”对话框中单击“新建”按钮,再在“新建名称”对话框中输入名称、范围和引用位置,并单击“确定”按钮。

此外,在“名称管理器”对话框中可以看到已定义的名称,并可以对这些名称进行编辑、删除等操作。

(2) 引用名称

名称可以直接用来快速选定已命名的区域,可以通过名称在公式中实现绝对引用。

① 通过“名称框”引用。单击“名称框”右侧的下拉箭头,在打开的下拉列表中将显示所有已被命名的单元格及单元格区域的名称。单击选择某一名称,该名称所引用的单元格或单元格区域将被选中。

② 在公式中引用。单击“公式”选项卡中的“粘贴”按钮,在“粘贴名称”对话框中单击需要引用的名称,并单击“确定”按钮。该名称将会出现在当前单元格的公式中,按 Enter 键确认输入。

3. 数组公式

在 WPS 表格中，数组是多个元素的集合，分为区域数组和常量数组。区域数组是指单元格区域，如 A1 :A10、A5 :D8 等；常量数组是用花括号括起来的数据集合，这些数据可以是不同类型的数据，如 {15,32,54,-43,22}、{32,3.14,TRUE,"abc"} 等。

数组公式是一种特殊的公式，它可以对多个单元格进行计算，并将结果输出到一个单元格中。输入数组公式时，首先选中用来存放结果的单元格或单元格区域，输入公式后按 Ctrl+Shift+Enter 组合键，WPS 表格自动在公式两边加上花括号“{}”。这个用花括号括起来的公式就是数组公式。注意：输入格式时不要自己加花括号。

看一个例子。有一个商品销售表，其中包含 15 件商品，第 E 列是商品单价，第 F 列是销售数量，要求在 G1 单元格显示出销售总额。利用数组公式很容易实现，只要先在 G1 单元格输入公式“=SUM(E2 :E16*F2 :F16)”，再按 Ctrl+Shift+Enter 组合键便能得到结果。公式“=SUM(E2 :E16*F2 :F16)”的含义是：数组 E2 :E16 与数组 F2 :F16 对应元素相乘，得到一个同样大小的数组，然后对该数组的全部元素求和。在公式编辑栏中选中“E2 :E16*F2 :F16”，按功能键 F9，可以看到公式的分步运算结果，即每件商品的单价乘以销售数量的结果。

4. 函数

函数可以对一个或多个数据执行某种运算，并返回一个或多个值。在公式中使用函数可以实现一些复杂的计算。

(1) 函数的基本使用方法

函数通常表示为：

函数名([参数 1],[参数 2], …)

函数可以有一个或多个参数，多个参数之间用逗号分隔，函数也可以没有参数。参数可以是常量、单元格地址、已定义的名称、函数调用、公式等。

一个函数调用实际上就是一个运算对象，可以单独作为公式使用，也可以作为公式中的一个操作数。用户在操作时可以直接输入函数，但更常用的方式是通过命令插入函数。

① 通过函数按钮插入。单击“公式”选项卡中的各类函数按钮，在下拉列表中选择要插入的函数名，打开“函数参数”对话框。设置函数参数后单击“确定”按钮，即可在当前单元格中插入选定函数。

② 通过“插入函数”按钮 *fx* 插入。单击“公式”选项卡中的“插入函数”按钮或在编辑栏中单击“插入函数”按钮，打开“插入函数”对话框，如图 2-39 所示。在“或选择类别”列表框中选择需要插入函数的类别，在“选择函数”列表框中双击需要插入的函数，打开“函数参数”对话框设置函数参数，单击“确定”按钮插入函数。

图 2-39　“插入函数”对话框

（2）数值计算函数

数值计算函数主要用于数值的计算和处理，在 WPS 表格中应用范围最广。下面介绍几种常用的数值计算函数。

① 求和函数 SUM（number1，number2，...）：求所有参数的数值之和。

number1 是必需的，后面参数是可选的，最多可包含 255 个参数。参数可以是数字或者是包含数字的名称或引用。例如，“=SUM（A1：A10）”将单元格区域 A1：A10 中的数值相加。

② 条件求和函数 SUMIF（range，criteria，sum_range）：对区域中符合指定条件的值求和。

range 是必需的参数，表示条件计算的单元格区域；criteria 是必需的参数，表示求和条件，用于确定对哪些单元格求和；sum_range 是可选参数，表示求和的实际单元格，省略时会对 range 参数指定的单元格求和。例如，“=SUMIF（A2：A7，"男"，C2：C7）”表示将单元格区域 A2：A7 中值为“男”的单元格区域 C2：C7 中的单元格的值相加。

③ 多条件求和函数 SUMIFS（sum_range，criteria_range1，criteria1，[criteria_range2，criteria2]，...）：对区域中满足多个条件的单元格求和。

sum_range 是必需的参数，表示要进行求和计算的区域；criteria_range1 是必需的参数，表示在其中计算关联条件的第一个区域；criteria1 是必需的参数，表示第一个求和条件，用来定义将对 criteria_range1 参数中的哪些单元格求和；criteria_range2，criteria2，…是可选参数，最多允许 127 个区域 / 条件对。例如，“=SUMIFS（B2：E2，B3：E3，">3%"，B4：E4，">=2%"）”表示单元格区域

B3 :E3 中,单元格的值大于 3% 并且单元格区域 B4 :E4 中单元格的值大于或等于 2% 时,对单元格区域 B2 :E2 中相应单元格的值相加。

④ 四舍五入函数 ROUND(number,num_digits):将某个数字四舍五入为指定的位数。

number 是必需的参数,表示要四舍五入的数字;num_digits 是必需的参数,表示四舍五入后保留的小数位数。例如,“=ROUND(3.14159,2)”表示对数值 3.14159 进行四舍五入,并保留两位小数,结果为 3.14。

如果需要始终向上舍入,可使用 ROUNDUP( )函数;需要始终向下舍入,可使用 ROUNDDOWN( )函数。例如,计算停车收费时,如果未满 1 小时均按 1 小时计费,这时需要向上舍入计时。如果未满 1 小时均不计费,则需要向下舍入计时。

⑤ 取整函数 INT(number):将数字向下舍入到最接近的整数。

number 是必需的参数,表示需要进行向下舍入取整的实数。例如,“=INT(3.14)”的结果为 3。

⑥ 求绝对值函数 ABS(number):返回数字的绝对值。

number 是必需的参数,表示需要计算绝对值的实数。例如,“=ABS(-2)”的结果为 2。

⑦ 取余函数 MOD(number,divisor):返回两数相除的余数,结果的正负号与除数相同。

number 是必需的参数,表示被除数;divisor 是必需的参数,表示除数。例如,“=MOD(3,2)”表示求 3 除以 2 的余数,函数返回值为 1。

⑧ 求平均值函数 AVERAGE(number1,number2,...):返回参数的算术平均值。

number1 是必需的,后面参数是可选的,最多可包含 255 个参数。例如,“=AVERAGE(A2 :A6)”表示求单元格区域 A2 :A6 中的数据的平均值。

当需要对满足条件的单元格区域求平均值时,可使用 AVERAGEIF( )函数(满足一个条件)或 AVERAGEIFS( )函数(满足多个条件),函数的使用方法和条件求和函数类似。

⑨ 最大值函数 MAX(number1,number2,...):返回一组值中的最大值。

number1 是必需的,后面参数是可选的,最多可包含 255 个参数。例如,“=MAX(A2 :A6)”表示求单元格区域 A2 :A6 中数据的最大值。

⑩ 最小值函数 MIN(number1,number2,...):返回一组值中的最小值。

number1 是必需的,后续数值是可选的,最多可包含 255 个参数。例如,“=MIN(A2 :A6)”表示求单元格区域 A2 :A6 中数据的最小值。

(3) 日期与时间函数

日期与时间函数主要用于对日期和时间进行计算和处理。

① 日期天数函数 DAY(serial_number):返回某日期的天数,用整数 1~31 表示。

serial_number 是必需的参数,表示要查找的那一天的日期。例如,“=DAY("2024/2/26")”的返回值为天数 26。

② 日期月份函数 MONTH(serial_number):返回某日期的月份,用整数 1~12 表示。

serial_number 是必需的参数,表示要查找月份的日期。例如,“=MONTH("2024/2/26")”的返回值为月份 2。

③ 日期年份函数 YEAR(serial_number):返回某日期的年份,值为 1900 到 9999 的整数。

serial_number 是必需的参数,表示要查找年份的日期。例如,“=YEAR("2024/2/26")”的返回值为年份 2024。

④ 当前日期函数 TODAY( ):返回当前日期。

该函数没有参数。假设某人是 1990 年出生,现要计算年龄,则可在单元格中输入公式“=YEAR(TODAY( ))–1990”,以 TODAY( )函数的返回值作为 YEAR( )函数的参数获取当前年份,然后减去出生年份 1990,最后得到年龄。

⑤ 星期函数 WEEKDAY(serial_number,return_type):返回某日期为星期几。默认情况下,其值为 1(星期日)到 7(星期六)的整数。

serial_number 是必需的参数,代表查找的那一天的日期;return_type 是可选参数,用于确定返回值类型的数字,其意义如表 2–2 所示。例如,输入“=WEEKDAY(TODAY( ),2)”,若当前日期为星期三,则返回值为 3。

表 2–2 return_type 参数的意义

参数值	参数值的意义
1 或省略	数字 1(星期日)到数字 7(星期六)
2	数字 1(星期一)到数字 7(星期日)
3	数字 0(星期一)到数字 6(星期日)
11	数字 1(星期一)到数字 7(星期日)
12	数字 1(星期二)到数字 7(星期一)
13	数字 1(星期三)到数字 7(星期二)
14	数字 1(星期四)到数字 7(星期三)
15	数字 1(星期五)到数字 7(星期四)
16	数字 1(星期六)到数字 7(星期五)
17	数字 1(星期日)到数字 7(星期六)

注意:WPS 将日期存储为可用于计算的序列号。默认情况下,1900 年 1 月 1 日的序列号是 1,而 2008 年 1 月 1 日的序列号是 39 448,这是因为它距 1900 年 1 月 1 日有 39 447 天。

(4) 文本函数

文本函数主要用于文本的处理。

① 取字符函数 MID(text,start_num,num_chars):返回文本中从指定位置开始的特定数目的字符。

text 是必需的参数,表示包含要提取字符的文本;start_num 是必需的参数,表示文本中要提取的第一个字符的位置;num_chars 是必需的参数,用于指定希望从文本中返回字符的个数。例如，“=MID(A2,1,5)”表示从 A2 单元格中数据的第一个字符开始，提取 5 个字符。

如果需提取文本最开始的一个或多个字符，可以使用 LEFT( )函数；如果需提取文本最后的一个或多个字符，可以使用 RIGHT( )函数。

② 求文本长度函数 LEN(text)：返回文本中的字符数。

text 是必需的参数，表示要查找其长度的文本(一个空格也是一个字符)。例如，“=LEN("WPS 办公软件 ")”的返回值为 7。

③ 删除空格函数 TRIM(text)：除了单词之间的单个空格外，清除文本中所有的空格。

text 是必需的参数，表示需要删除其中空格的文本。例如，“=TRIM("　　First　　Quarter Earnings　　")”的返回值为"First Quarter Earnings"，删除了文本首、尾空格，中间的空格只留一个。

(5) 统计函数

统计函数主要用于各种统计计算，在统计分析领域中有着广泛的应用。这里仅介绍几个常用的统计函数。

① 计数函数 COUNT(value1,[value2],...)：计算包含数字的单元格以及参数列表中数字的个数。

value1 是必需的参数，后续参数是可选的，最多可包含 255 个参数。例如，“=COUNT(A2 : A8)”表示计算单元格区域 A2 : A8 中包含数字的单元格的个数。

当对包含任何类型信息的单元格进行计数时，使用 COUNTA( )函数。

② 条件计数函数 COUNTIF(range,criteria)：对区域中满足单个指定条件的单元格进行计数。

range 是必需的参数，表示要对其进行计数的一个或多个单元格；criteria 是必需的参数，表示条件，用于定义将对哪些单元格进行计数。例如，“=COUNTIF(B2 : B5,"<>"&B4)”表示计算单元格区域 B2 : B5 中值不等于 B4 单元格值的单元格的个数。

若要根据多个条件对单元格进行计数时，使用 COUNTIFS( )函数。

③ 排位函数 RANK.AVG(number,ref,[order])：返回一个数字在数字列表中的排位。数字的排位是其大小与列表中其他值的比值。

number 是必需的参数，表示要查找排位的数字；ref 是必需的参数，表示对数字列表的单元格引用，ref 中的非数值型值将被忽略；order 是可选的参数，是一个表示排位方式的数字，0 或省略表示降序排位，非 0 表示升序排位。例如，“=RANK.AVG(D2,D$2 : D$10)”表示单元格 D2 的值在单元格区域 D2 : D10 值中的排位，返回的排位值是基于单元格区域 D2 : D10 值降序排列的结果。

RANK.EQ( )函数也能实现排位功能。区别在于：如果多个值具有相同的排位，RANK.AVG( )函数返回平均排位，而 RANK.EQ( )函数会返回实际排位。

(6) 条件函数与查找函数

① 条件函数 IF(logical_test,[value_if_true],[value_if_false])：根据测试条件来决定相应的返回值。

logical_test 是必需的参数，代表测试条件；value_if_true 是可选的参数，表示测试条件为 TRUE 时所要返回的值；value_if_false 是可选的参数，表示测试条件为 FALSE 时所要返回的值。例如，“=IF(F2<60," 不及格 "," 及格 ")”表示单元格 F2 中的值小于 60 时返回“不及格”，否则返回“及格”。

② 纵向查找函数 VLOOKUP(lookup_value, table_array, col_index_num, [range_lookup])：在指定单元格区域的第一列查找指定的值，并返回指定列的匹配值。

lookup_value 是必需的参数，表示要查找的值。table_array 是必需的参数，表示要查找的区域。查找的值必须在查找区域的第一列。col_index_num 是必需的参数，表示要返回的值位于查找区域的第几列。range_lookup 是可选参数，指定查找是精确匹配还是近似匹配，取 TRUE 或省略时是近似匹配，即如果找不到精确匹配值，则返回小于查找值的最大值；取 FALSE 时是精确匹配。注意：近似匹配时必须按升序排列查找区域第一列的值。

下面看一个例子。如图 2-40 所示，已知左侧的学生表，在右表中根据姓名填充出生日期。在 F2 单元格中输入公式“=VLOOKUP(E2, $A$2 : $C$5, 3, FALSE)”，公式使用精确匹配在第一列（A 列）中查找 E2 单元格的值，找到后返回同一行中第三列（C 列）的值。这里函数中的第一个参数 E2，表示要在第 A 列中查找的对象，即查找“罗丁”所在行。第二个参数，表示在 A2 : C5 单元格区域中进行查找。因为查找的区域是不变的，所以采用单元格的绝对引用。第三个参数 3，表示找到后返回同一行第三列的值，即“罗丁”的出生日期。第四个参数 FALSE 表示精确匹配查找。可以将公式复制到其他单元格，继续找到其他人的出生日期。

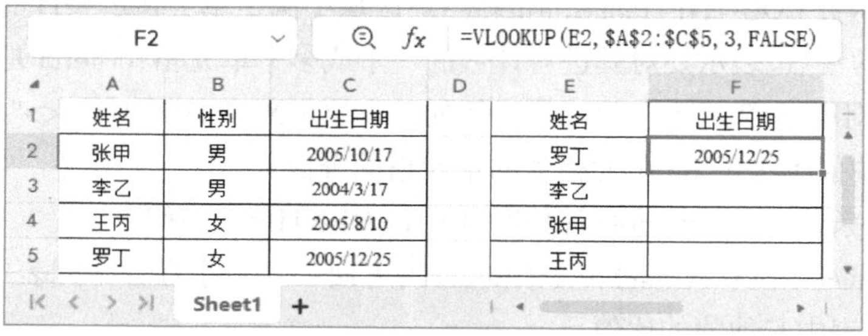

F2 =VLOOKUP(E2, $A$2:$C$5, 3, FALSE)

	A	B	C	D	E	F
1	姓名	性别	出生日期		姓名	出生日期
2	张甲	男	2005/10/17		罗丁	2005/12/25
3	李乙	男	2004/3/17		李乙	
4	王丙	女	2005/8/10		张甲	
5	罗丁	女	2005/12/25		王丙	

Sheet1

图 2-40 根据姓名填充出生日期

横向查询函数 HLOOKUP( ) 则是在指定单元格区域的第一行查找指定的值，并返回指定行的匹配值。

2.2.3 图表操作

数据图表能更加生动形象地表达数据之间的关系。WPS 表格提供了柱形图、条形图、折线图、雷达图、股价图、面积图、组合图、饼图或圆环图、散点图、气泡图等多种类型的图表来表示工作表中的数据。当修改工作表数据时，数据图表也会自动被更新。

1. 创建图表

在 WPS 表格中,可以通过以下步骤完成图表的创建。

① 选择数据源。数据源是指用于生成图表的数据对象,可以是一块连续或非连续的单元格区域内的数据。

② 单击“插入”选项卡中的“全部图表”按钮,在打开的“图表”对话框中选择需要插入的图表类型即可插入图表;也可在“插入”选项卡中直接选择要插入的图表类型。

创建图表后,默认情况下图表作为一个嵌入对象插入工作表中,也可以通过改变图表的位置,把图表插入一个单独的工作表中。

2. 图表的元素

WPS 图表包含许多元素。在插入图表后,用户可以通过对各个图表元素进行格式编辑,使图表呈现出更清晰的数据关系。

① 图表区:表示整个图表及其全部元素。

② 绘图区:通过轴来界定的区域。在二维图表中,绘图区包括所有数据系列。在三维图表中,绘图区包括所有数据系列、分类名、刻度线标志和坐标轴标题。

③ 数据系列和数据点:数据系列是指在图表中绘制的相关数据点,这些数据源自数据清单的行或列。图表中的每个数据系列具有唯一的颜色或图案,并且表示在图表的图例中。可以在图表中绘制一个或多个数据系列。数据点是指在图表中绘制的单个值,这些值由柱形、条形、折线、饼图或圆环图的扇面、圆点和其他被称为数据标记的图形表示。相同颜色的数据标记组成一个数据系列。

④ 坐标轴:坐标轴是界定图表绘图区的线条,用作度量的参照框架。y 轴通常为垂直坐标轴并包含数据,x 轴通常为水平轴并包含分类。数据沿着横坐标轴和纵坐标轴绘制在图表中。

⑤ 图例:图例是一个方框,用于标识为图表中的数据系列或分类指定的图案或颜色。

⑥ 图表标题:说明性的文本,由用户自己定义,可以自动与坐标轴对齐或在图表顶部居中显示。

⑦ 数据标签:用来标识数据系列中数据点的详细信息,为数据标记提供附加信息的标签。数据标签代表源于数据清单单元格的单个数据点或值。

注意:默认情况下图表中会显示一部分元素,其他元素可以根据需要添加。

3. 图表的编辑

在 WPS 表格中插入图表后,在功能区将会显示“图表工具”上下文选项卡,通过其中的按钮,用户可以方便地调整各个图表元素的格式,以达到更好的呈现效果。

(1) 更改图表的布局和样式

WPS 表格中提供了大量预定义的布局和样式,帮助用户快速更改图表的布局和样式。

单击图表区,打开“图表工具”上下文选项卡,单击“快速布局”按钮,可将选定的图表布局应用到图表中。如需改变图表样式,则单击“图表样式”列表框 ▾ 中的图表样式选项。

(2) 添加图表标题或数据标签

插入图表后,可能要给图表添加一个标题,表明图表所展现的大致内容。

① 添加图表标题。默认情况下,在图表区上方居中位置会显示一个“图表标题”,单击该“图表标题”,可对标题进行修改。

如果在图表区没有显示图表标题,则单击图表区,在“图表工具”上下文选项卡中单击“添加元素”下拉按钮,选择下拉列表中的“图表标题”→“图表上方”或“居中覆盖”命令,均可显示图表标题。

要删除图表标题,可单击图表标题边框选中图标标题,并按 Delete 键,或选择“添加元素”下拉列表中的“图表标题”→“无”命令。

注意:给坐标轴添加标题,其操作与添加图表标题类似。

② 添加数据标签。要给图表添加数据标签,首先需选定待添加数据标签的数据系列。这里需注意的是,单击的位置不同,选中的对象不同。若单击图表区,则选中所有数据系列。若单击某一个数据系列,则选中与这个数据系列相同颜色的所有数据系列。

选中对象后,在“图表工具”上下文选项卡中单击“添加元素”下拉按钮,选择下拉列表中的“数据标签”命令,在下级菜单中选择数据标签的位置,就可插入数据标签了。如需对数据标签进行格式设置,可选择“更多选项”命令,在“设置数据标签格式”任务窗格中对数据标签格式进行设置。

(3) 显示或隐藏图例

单击图表区,在“图表工具”上下文选项卡中单击“添加元素”下拉按钮,选择下拉列表中的“图例”命令,在下级菜单中选择添加图例的位置。如需隐藏图例,则选择“无”命令。要对图例进行格式设置,则选择“更多选项”命令,在“设置图例格式”任务窗格中进行设置。

注意:当图表显示图例时,可以通过编辑工作表上的相应数据来修改各个图例项。

(4) 显示或隐藏坐标轴或网格线

① 显示或隐藏坐标轴。单击图表区,在“图表工具”上下文选项卡中单击“添加元素”下拉按钮,选择下拉列表中的“坐标轴”命令,在下级菜单中选择添加主要横向坐标轴或主要纵向坐标轴。如需隐藏坐标轴,则单击相应命令。要对坐标轴进行格式设置,则选择“更多选项”命令,在“设置坐标轴格式”任务窗格中进行设置。

② 显示或隐藏网格线。单击图表区,在“图表工具”上下文选项卡中单击“添加元素”下拉按钮,选择下拉列表中的“网格线”命令,在下级菜单中选择添加网格线的类型。如需隐藏网格线,则单击相应命令。要对网格线进行格式设置,则单击“更多选项”命令,在“设置主要网格线格式”任务窗格中进行设置。

2.2.4　数据分析与管理

WPS 表格提供了强大的数据分析与管理功能，可以实现对数据的排序、筛选、分类汇总等操作，帮助用户有效地组织与管理数据。

1. 数据排序

对数据进行排序有助于快速直观地显示数据并更好地理解数据，有助于组织并查找所需要的数据，进而做出更有效的决策。

(1) 单一关键字排序

选择工作表数据清单中作为排序关键字的那一列数据，或者使活动单元格位于排序关键字列中。单击“数据”选项卡中的“排序”下拉按钮，在下拉列表中选择“升序”或“降序”命令，数据清单将会按所选列数据值的升序或降序排列。

如果需要按所选列数据的颜色或图标排序，则在“排序”下拉列表中选择“自定义排序”命令，打开如图 2-41 所示的“排序”对话框，在排序依据列表框中选择排序依据，单击“确定”按钮排序。当需要对排序条件进一步设置时，可单击“选项”按钮，在“排序选项”对话框中设置。

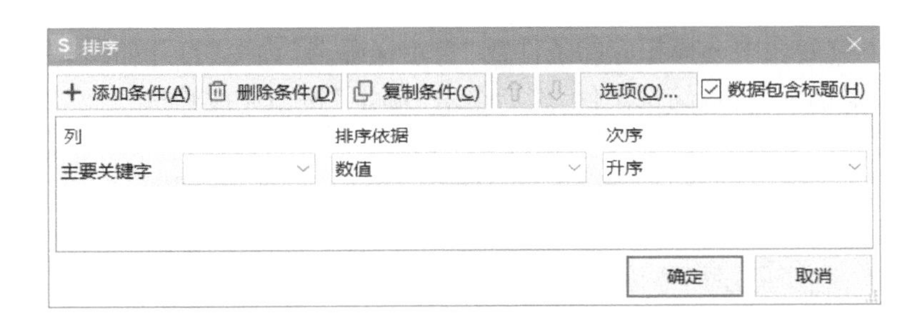

图 2-41　“排序”对话框

注意：数据类型不同，排序的依据不同。对文本进行排序，将按文本的字母顺序排列。对数值进行排序，将按数值大小排列。对日期或时间进行排序，将按日期或时间先后排列。

(2) 多关键字排序

很多情况下需要按多个关键字对数据进行排序。这时，可在图 2-41 所示的“排序”对话框中单击“添加条件”按钮，添加次要关键字并增加排序条件。

在多关键字排序中，数据清单首先按主要关键字的设定顺序排序，主要关键字值相同的数据，按第一次要关键字设定顺序排序，第一次要关键字值仍然相同的数据，按第二次要关键字设定顺序排序，依此类推。

(3) 按自定义序列排序

在工作表中，数据除了可以按照升序或降序排列外，还允许按用户定义的顺序进行排序。在

图 2–41 所示的“排序”对话框中，在“次序”下拉列表中选择“自定义序列”选项，打开“自定义序列”对话框选择一个序列。数据将按选中的序列顺序排序。需要注意的是，自定义序列需要预先定义好，且只能基于值（文本、数字、日期或时间）创建自定义序列，不能基于格式（单元格颜色、字体颜色或图标）创建自定义序列。

2. 数据筛选

数据筛选是在数据清单中显示出满足指定条件的行，而隐藏不满足条件的行。WPS 表格提供了自动筛选和高级筛选两种操作来实现数据筛选。

（1）自动筛选

自动筛选是一种简单方便的筛选方法，当用户确定了筛选条件后，它可以只显示符合条件的数据行。具体操作步骤如下：

① 选择数据清单中的任意一个单元格。

② 单击“数据”选项卡中的“筛选”按钮，这时在数据清单每一列的第一行会出现一个下拉按钮。

③ 单击要筛选列的下拉按钮，在下拉列表中提供了有关筛选和排序的详细选项，可以从中选择需要显示的项目。

④ 如果需要设定筛选条件，则可以单击“数字筛选”按钮（如果数据列的值为文本，则显示“文本筛选”），在下拉列表中选择相应的条件或“自定义筛选”命令，打开如图 2–42 所示的“自定义自动筛选方式”对话框，设置筛选条件，然后单击“确定”按钮完成筛选。

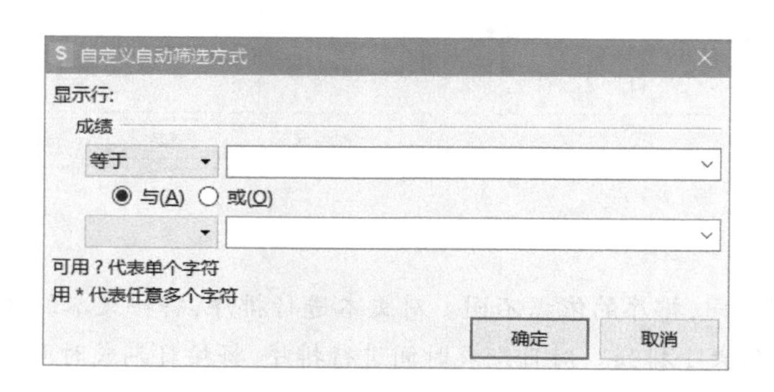

图 2–42 “自定义自动筛选方式”对话框

注意：当需要清除自动筛选结果时，再次单击“数据”选项卡中的“筛选”按钮即可，将显示所有数据。当需要显示全部数据时，单击“数据”选项卡中的“全部显示”按钮，但仍处在自动筛选状态。

（2）高级筛选

如果数据筛选需要更复杂的条件，则可以使用高级筛选。在“筛选”下拉列表中选择“高级筛选”命令，打开“高级筛选”对话框，如图 2-43 所示。在该对话框的“列表区域”框中指定要筛选的数据区域，在“条件区域”框中指定已定义好的高级筛选条件区域。

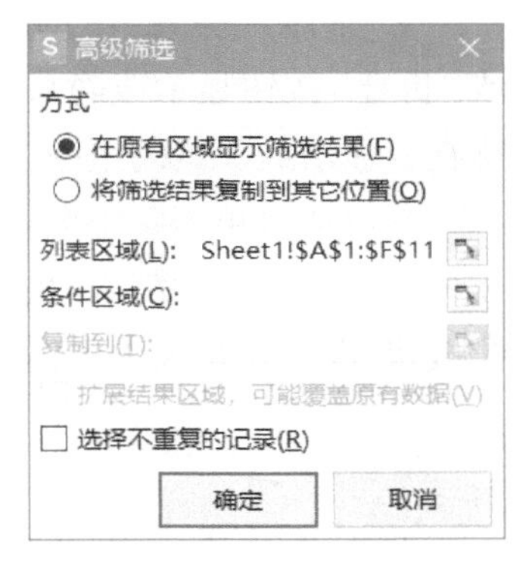

图 2-43　“高级筛选”对话框

需要注意的是，进行高级筛选的数据清单应有列标题，且在进行高级筛选之前，需要先创建高级筛选条件，其规则如下：

条件区域的第一行是作为筛选条件的列标题，该列需要满足的条件与列标题写在同一列；需要同时满足的条件，写在条件区域的同一行，不需要同时满足的条件，写在条件区域的不同行。

注意：当需要显示全部数据时，单击“数据”选项卡中的“全部显示”按钮即可。

3. 数据分类汇总

分类汇总是将数据清单中的数据先按一定的标准分组，然后对同组的数据应用分类汇总函数得到相应行的统计或计算结果。需要注意的是，在创建分类汇总之前，数据清单应已经以分类项作为主要关键字进行排序。

(1) 创建分类汇总

单击数据清单的任意一个单元格，再单击“数据”选项卡中的“分类汇总”按钮，在“分类汇总”对话框中设置分类字段、汇总方式以及选定汇总项，单击“确定”按钮创建分类汇总。

(2) 删除分类汇总

在已经创建分类汇总的数据清单中单击任意一个单元格，在“分类汇总”对话框中单击“全部删除”按钮，即可删除分类汇总。

(3) 分级显示数据

在工作表中，如果数据清单需要进行组合和汇总，则可以创建分级显示。分级最多为 8 个级别，每组一级。使用分级显示可以快速显示摘要行或摘要列，或每组的明细数据。

① 创建行的分级显示。在创建分级显示前，要确保需分级显示的每列数据在第一行都具有标题，在每列中都含有相似的内容，并且该区域不包含空白行或空白列。以用作分组依据的数据的列为关键字进行排序。

a. 创建分类汇总分级显示数据。对数据清单进行分类汇总后，工作表的最左侧会出现分级显示符号 1 2 3 及显示、隐藏明细数据按钮。

b. 通过组合分级显示数据。选中要组合的所有行，单击“数据”选项卡中的“创建组”按钮，即可将选中行创建为一个组。以同样的方式创建其他组，数据可实现分级显示。

也可以通过对数据列组合来创建列的分级显示，方法与创建行的分级显示类似，只是在选定数据时，需要选中数据列而不是数据行。

注意：分级显示符号是用于更改分级显示工作表视图的符号。通过单击代表分级显示级别的加号、减号和数字 1、2、3 或 4，可以显示或隐藏明细数据。明细数据是指在分类汇总和分级显示中,数据汇总或分组的数据行或列。

② 显示或隐藏组的明细数据。已经建立了分组的数据,可以单击“数据”选项卡中的“展开”或“折叠”按钮显示或隐藏分组数据。要注意的是,在显示或隐藏分组数据前,需确保活动单元格在要显示或隐藏的组中。

也可通过单击每组数据前的 + 或 - 按钮显示或隐藏数据。

③ 删除分级显示。使活动单元格位于分组数据中,单击“数据”选项卡中的“取消组合”下拉按钮,在下拉列表中单击“清除分级显示”命令,即可删除分级显示。

4. 数据合并计算

在 WPS 表格中,若要将多个工作表中的数据合并到一个工作表(主工作表)中,可以使用合并计算。

单击“数据”选项卡中的“合并计算”按钮,打开“合并计算”对话框,如图 2-44 所示。在对话框中单击“函数”项的下拉按钮,可以选择合并计算的方式(如求和、计数、求平均值等)。单击“引用位置”框的选择按钮,则可以选择要进行合并计算的数据。单击“添加”按钮,可以将前面选中的数据添加到“所有引用位置”框中。所有合并数据选择完毕后,单击“确定”按钮完成合并计算。

在数据的合并计算中,所合并的工作表可以与主工作表位于同一工作簿中,也可以位于其他工作簿中。

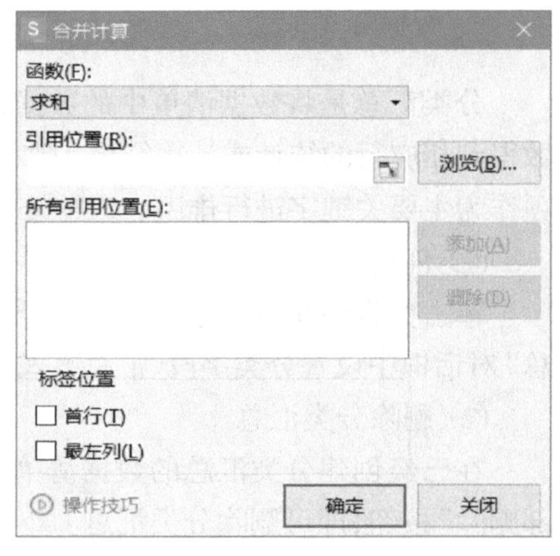

图 2-44　“合并计算”对话框

5. 数据透视表

数据透视表是一种快速汇总大量数据的交互式报表。若要对多种来源(包括 WPS 的外部数据)的数据进行汇总和分析,则可以使用数据透视表。

(1) 创建数据透视表

单击数据清单的任意一个单元格,再单击“插入”选项卡中的“数据透视表”按钮,打开“创建数据透视表”对话框,如图 2-45 所示。在“请选择单元格区域”框中输入或选择数据区域。在“请选择放置数据透视表的位置”处选择数据透视表是以一个新的工作表插入,还是插入到现有工作表中(如果是插入到现有工作表中,需要输入或选择插入的位置)。单击“确定”按钮,进行数据透视表布局。在数据透视表窗格的“将字段拖动至数据透视表区域”列表框中,将选择要布局的字段拖动到“筛选器”“列”“行”“值”列表框中,确定字段布局的位置或将要进行汇总的方式。此时,左边的数据透视表中将同步显示报表的布局变化情况。

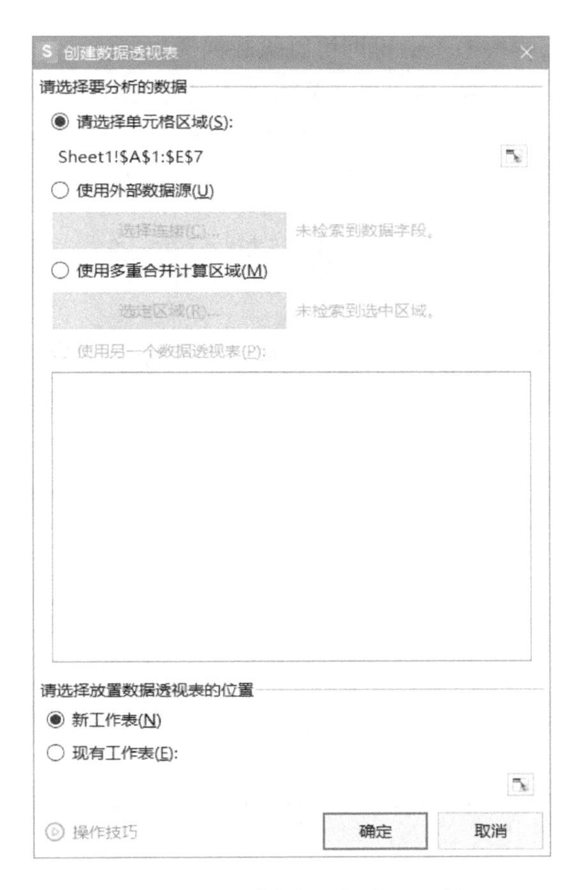

图 2-45 “创建数据透视表”对话框

(2) 数据透视表工具

插入数据透视表后，在 WPS 表格功能区中将会显示数据透视表“分析”“设计”上下文选项卡，通过其中的按钮，可对数据透视表的位置、数据源、计算方式等进行更改。

(3) 创建数据透视图

数据透视图提供数据透视表中的数据的图形表示形式。与数据透视表一样，数据透视图报告也是交互式的。

单击“插入”选项卡中的“数据透视图”按钮即可创建数据透视图，操作与创建数据透视表相似。也可在创建数据透视表后，在数据透视表“分析”上下文选项卡中单击“数据透视图”按钮，打开“图表”对话框，选择图表类型，插入数据透视图。

创建数据透视图后，选中图表，在“图表工具”上下文选项卡中可以对数据透视图的图表元素进行编辑，编辑方法和普通图表的编辑方法类似。

(4) 删除数据透视表

单击数据透视表，在数据透视表“分析”上下文选项卡中单击“选择”按钮，在下拉列表中单击“整个数据透视表”命令，再按 Delete 键即可删除数据透视表。

需要注意的是，删除数据透视表后，与之关联的数据透视图将变为普通图表，从数据源中取值。如果需要删除数据透视图，可在数据透视图的图表区单击，再按 Delete 键即可删除。

2.3 WPS 演示的操作与应用

使用集文字、图形、图像、声音以及视频等多媒体于一体的演示文档，并设置特殊的播放效果，能够生动形象地向观众表达观点、展示成果及传达信息。WPS 演示便是一个演示文稿制作软件，在课程教学、会议报告、产品展示等方面有十分广泛的应用。

2.3.1 演示文稿的内容编辑

WPS 演示生成的文件称为演示文稿文件，其扩展名为 .pptx。演示文稿的创建、编辑操作是使用 WPS 演示的基础。

1. 演示文稿的视图模式

单击“视图”选项卡，在“视图”功能区中有各种视图的按钮，单击按钮可切换到相应的视图。

(1) 普通视图

普通视图是 WPS 演示的默认视图，是主要的编辑视图，可用于撰写或设计演示文稿。普通视图主要分为 3 个窗格：左侧为视图窗格，右侧为编辑窗格，底部为备注窗格。

(2) 幻灯片浏览视图

在幻灯片浏览视图中，既可以看到整个演示文稿的全貌，又可以方便地进行幻灯片的组织，可以轻松地移动、复制和删除幻灯片，设置幻灯片的放映方式、动画特效和进行排练计时。

(3) 备注页视图

备注的文本内容虽然可通过普通视图的备注窗格输入，但是在备注页视图中编辑备注文字更方便。在备注页视图中，幻灯片和该幻灯片的备注页视图同时出现，备注页出现在下方，尺寸也比较大，用户可以拖动滚动条显示不同的幻灯片，以编辑不同幻灯片的备注页。

(4) 阅读视图

在阅读视图模式下，幻灯片在计算机上呈现全屏外观，用户可以在全屏状态下审阅所有的幻灯片。

2. 幻灯片的基本操作

一个演示文稿包含若干个页面，每个页面就是一张幻灯片。幻灯片是 WPS 演示操作的主体。制作演示文稿，实际上就是创建一张张幻灯片。

（1）选择幻灯片

在普通视图下，单击“大纲 / 幻灯片”窗格中的“幻灯片”选项卡下的缩略图，或单击“大纲 / 幻灯片”窗格中的“大纲”选项卡下的幻灯片编号后的图标，就可以选定相应的幻灯片。

在幻灯片浏览视图模式下，只需要单击窗口中的幻灯片缩略图即可选中相应的幻灯片。

（2）插入幻灯片

在 WPS 演示中用户可以根据需要在任意位置手动插入新的幻灯片。先选定当前幻灯片，单击“开始”选项卡中的“新建幻灯片”按钮，或者右击幻灯片缩略图，在弹出的快捷菜单中选择“新建幻灯片”命令，都会在当前幻灯片的后面快速插入一张版式为“标题和内容”的新幻灯片。

单击幻灯片缩略图下方的”+”按钮，则会弹出不同模板的展示页，选择所需要的模板也可创建一张幻灯片。

（3）移动幻灯片

移动就是将幻灯片从演示文稿的一处移到演示文稿中的另一处。选定要移动的幻灯片，单击“开始”选项卡中的“剪切”按钮，或者右击要移动的幻灯片，在快捷菜单中选择“剪切”命令，再选择目的位置，单击“粘贴”按钮，或者选择快捷菜单中的“粘贴”命令。

也可以利用鼠标拖曳操作移动幻灯片。选定要移动的幻灯片，按住鼠标左键拖动，这时窗格上会出现一条插入线，当插入线出现在目的位置时，松开鼠标左键完成移动。

（4）复制幻灯片

选定要复制的幻灯片，单击“开始”选项卡中的“复制”按钮，或者右击选择快捷菜单中的“复制”命令，再选择目的位置，单击“粘贴”按钮，或者选择快捷菜单中的“粘贴”命令。

也可以利用鼠标拖曳操作复制幻灯片。选定要复制的幻灯片，按住 Ctrl 键的同时按住鼠标左键进行拖动，这时窗格上会出现一条插入线，当插入线出现在目的位置时，松开 Ctrl 键和鼠标左键完成复制。

（5）删除幻灯片

选定要删除的幻灯片，右击选择快捷菜单中的“删除幻灯片”命令，或者按 Delete 键删除。

3. 在幻灯片中插入各种对象

在幻灯片中可以插入文本、图片、表格、图表、智能图形、艺术字等对象，从而增强幻灯片的表现力。

（1）插入文本

文本对象是幻灯片的基本要素之一，合理地组织文本对象可以使幻灯片更能清楚地说明问题，恰当地设置文本对象的格式可以使幻灯片更具吸引力。

① 插入文本的方法。

a. 利用占位符输入文本。通常，在幻灯片上添加文本的最简易的方式是直接将文本输入到幻灯片的任何占位符中。例如应用“标题幻灯片”版式，幻灯片上占位符会提示“空白演示”，单击之后即可输入文本。

b.利用文本框输入文本。如果要在占位符以外的地方输入文本，可以先在幻灯片中插入文本框，再向文本框中输入文本。单击“插入”选项卡中的“文本框”下拉按钮，在下拉列表中单击“横向文本框”或“竖向文本框”命令，并在幻灯片中拖动鼠标插入一个文本框，再向文本框中输入文本即可。

c.在“大纲 / 幻灯片”窗格中输入文本。在“大纲 / 幻灯片”窗格中单击“大纲”选项卡，定位插入点，直接通过键盘输入文本内容即可，按 Enter 键新建一张幻灯片。如果在同一张幻灯片上继续输入下一级的文本内容，按 Enter 键后，再按 Tab 键产生降级。相同级别的用 Enter 键换行，不同级别的可以使用 Tab 键降级和 Shift+Tab 键升级进行切换。

② 文本格式的设置。如同 WPS 文字一样，在 WPS 演示“开始”选项卡中的“字体”和“段落”功能区中，可设置文本格式，以及设置段落格式的项目符号、编号、行距，段落间距等。

(2) 插入图片

图片是 WPS 演示文稿最常用的对象之一，使用图片可以使幻灯片更加形象生动。图片可以来自文件，也可以是图片库中的图片；可使用图片占位符插入图片，也可直接向幻灯片中插入图片。

① 在带有图片占位符版式的幻灯片中插入图片。将要插入图片的幻灯片切换为当前幻灯片，插入一张带有图片占位符版式的幻灯片，如图 2-46 所示。然后在“单击此处添加文本”占位符中单击“插入图片”按钮，弹出“插入图片”对话框，选择要插入的图片，单击“打开”按钮。

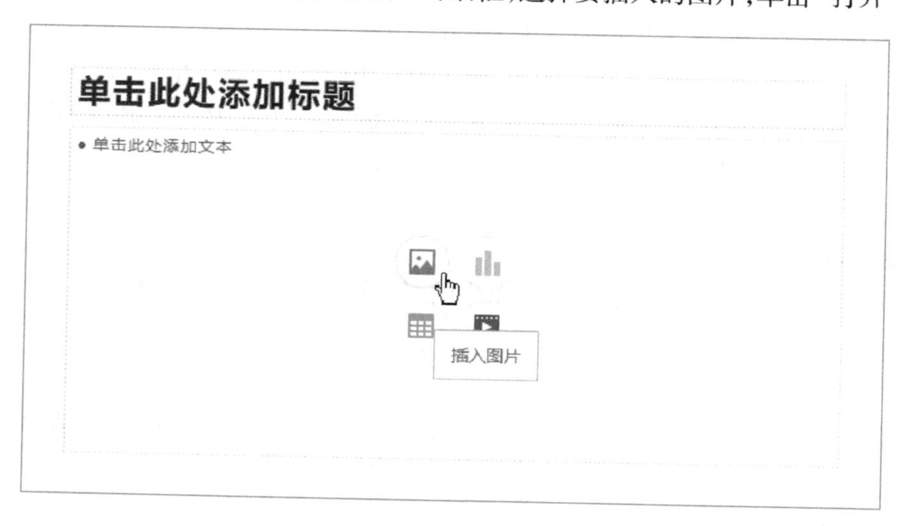

图 2-46　带有图片占位符版式的幻灯片

② 插入图片库中的图片。选定要插入图片的幻灯片，单击“插入”选项卡中的“图片”下拉按钮，在下拉列表中选择要插入的图片，单击该图片即可插入。

③ 直接插入来自文件的图片。选定要插入图片的幻灯片，单击“插入”选项卡中的“图片”下拉按钮，在下拉列表中选择“本地图片”命令，弹出“插入图片”对话框，选择要插入的图片，单

击“打开”按钮。

(3) 插入表格

在 WPS 演示中，可在带有表格占位符版式的幻灯片中插入表格，也可直接向幻灯片中插入表格。

① 在带有表格占位符版式的幻灯片中插入表格。插入一张“标题与内容”版式的幻灯片，然后在“单击此处添加文本”占位符中单击“插入表格”按钮，弹出“插入表格”对话框，如图 2–47 所示，输入“行数”和“列数”，单击“确定”按钮。

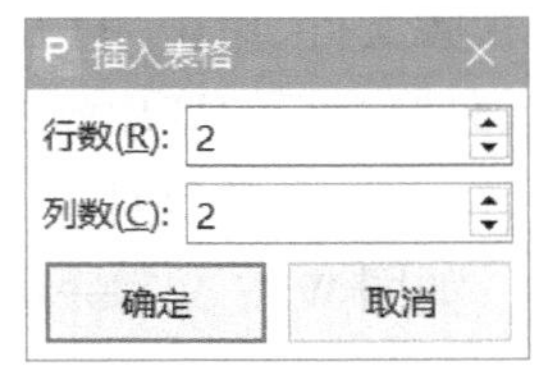

图 2–47　“插入表格”对话框

② 直接插入表格。选定要插入表格的幻灯片，单击“插入”选项卡中的“表格”下拉按钮，有 3 种插入表格的方法：拖动鼠标、“插入表格”命令、“绘制表格”命令。

(4) 插入图表

图表能比文字更直观地描述数据。可在带有图表占位符版式的幻灯片中插入图表，也可直接向幻灯片中插入图表。方法与插入表格类似。

在选择了包含有图表占位符版式的幻灯片中插入图表，只需单击“插入图表”按钮。弹出默认样式的图表，在其中选择一种图形，即插入图表在幻灯片中，打开“图表工具”选项卡，单击“编辑数据”按钮，自动进入 WPS 表格应用程序。在电子表格中输入相应的数据，即可把根据这些数据生成的图表插入到幻灯片中。

要编辑图表，只要双击该图表，即可弹出“对象属性”任务窗格，该窗格中可以对填充、效果、大小与属性等格式进行修改。

如果要更改图表的类型，重新编辑数据，可在图表中右击，在弹出的快捷菜单中选择相应的命令，或者通过“图表工具”上下文选项卡的各种按钮进行设置。

(5) 插入智能图形

WPS 演示提供了一种全新的智能图形，用来取代以前的组织结构图。在 WPS 演示中，可直接向幻灯片中插入智能图形。单击“插入”选项卡中的“智能图形”按钮，弹出“智能图形”对话框，在对话框中选择一种图形即可，接下来可以在插入的智能图形中输入文字。

(6) 插入艺术字

在 WPS 演示中，可直接向幻灯片中插入艺术字。选定要插入艺术字的幻灯片，单击“插入”选项卡中的“艺术字”下拉按钮，选定一种艺术字即可插入。

(7) 插入音频和视频

在 WPS 演示中，用户可以将音频和视频置于幻灯片中，这些音频和视频既可以是来自文件的，也可以来自 WPS 演示自带的剪辑管理器。

① 插入音频。在普通视图中，选中要插入声音文件的幻灯片，单击“插入”选项卡中的“音频”下拉按钮，在下拉列表中选择“嵌入音频”命令，弹出“插入音频”对话框，在对话框中找到所需声音文件，单击“打开”按钮即可。此时，幻灯片中显示出一个小喇叭图标，表示在此处已经插

入了一个音频。选中小喇叭图标，功能区中出现“音频工具”上下文选项卡，即可以对播放的时间、循环、淡入淡出效果等进行设置，还可以单击“裁剪音频”按钮，在弹出的“裁剪音频”对话框中对音频进行裁剪。

② 插入视频。在幻灯片中插入视频的方法与插入音频类似。单击“插入”选项卡中的“视频”下拉按钮，在下拉列表中选择“嵌入视频”命令，弹出“插入视频”对话框，在对话框中找到所需视频文件，单击“打开”按钮即可。此时，系统会将视频文件以静态图片的形式插入到幻灯片中，只有进行幻灯片放映时，才能看到视频。

(8) 插入其他对象

如同 WPS 文字一样，WPS 演示还可插入形状、公式等对象。

4. 幻灯片中对象的定位与调整

(1) 改变对象叠放层次

添加对象时，它们将自动叠放在单独的层中。当对象重叠在一起时用户将看到叠放次序，上层对象会覆盖下层对象的重叠部分。右击某一对象，在弹出的快捷菜单中选择“置于顶层”“置于底层”命令，可以调整对象的叠放层次。也可以选中对象以后，在“绘图工具”上下文选项卡中选择“上移”“下移”下拉按钮，在下拉列表中选择相应的命令。

(2) 对齐对象

选取至少两个要排列的对象，单击“绘图工具”上下文选项卡中的“对齐”下拉按钮，在下拉列表中选择相应的命令。

(3) 组合和取消组合对象

用户可以将几个对象组合在一起，以便能够像使用一个对象一样地使用它们，用户可以将组合中的所有对象作为一个对象来进行翻转、旋转、调整大小或缩放等操作，还可以同时更改组合中所有对象的属性。

① 组合对象。选择要组合的对象(按住 Ctrl 键依次单击要选择的对象)，在“绘图工具”上下文选项卡中单击“组合”下拉按钮，在下拉列表中选择“组合”命令。

② 取消组合对象。选择要取消组合的对象，在“组合”下拉列表中选择“取消组合”命令。

5. 插入页眉和页脚

单击“插入”选项卡中的“页眉页脚”按钮，弹出如图 2-48 所示的“页眉和页脚”对话框。

(1) “幻灯片”选项卡

“幻灯片包含内容”组用来定义每张幻灯片下方显示的日期、时间、幻灯片编号和页脚，其中“日期和时间”复选框下包含两个按钮，如果选中“自动更新”单选按钮，则显示在幻灯片下方的时间随计算机当前时间自动变化；如果选中“固定”单选按钮，则可以输入一个固定的日期和时间。“标题幻灯片不显示”复选框可以控制是否在标题幻灯片中显示其上方所定义的内容。选择完毕，可单击“全部应用”按钮或“应用”按钮。

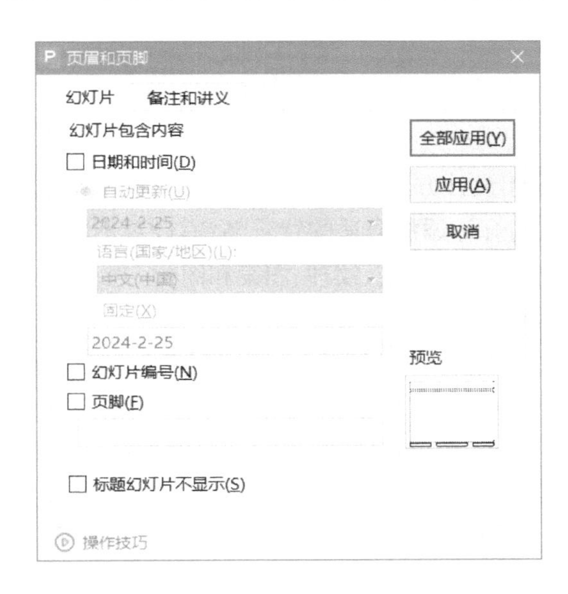

图 2-48　“页眉和页脚”对话框

(2)“备注和讲义”选项卡

“备注和讲义”选项卡主要用于设置供演讲者备注使用的页面包含的内容,在此选项卡设置的内容只有在幻灯片以备注和讲义的形式进行打印时才有效。

选择完毕,单击“全部应用”按钮用于将设置的信息应用于当前演示文稿中的所有备注和讲义中。

2.3.2　演示文稿的外观设计

演示文稿内容编辑实现了幻灯片内容的输入以及幻灯片各种对象的插入,而通过使用幻灯片的设计方案设置、背景设置以及幻灯片母版设计等功能,可以对整个幻灯片进行统一调整,从而快速制作出风格统一、画面精美的幻灯片。

1. 幻灯片的设计方案与配色方案设置

为幻灯片应用不同的设计方案,可以增强演示文稿的表现力。WPS 演示提供大量的内置方案可供选择,必要时还可以自己设计背景颜色、字体搭配以及其他展示效果。

(1) 应用设计方案

打开“设计”选项卡,选择所需要的设计方案。如果功能区中没有所需要的方案,则单击“更多设计”按钮,弹出多种设计方案,在其中选择所需要的方案。

(2) 应用配色方案

单击“设计”选项卡中的“配色方案”下拉按钮,在下拉列表中选择所需要的方案,幻灯片上的对象会随着变化。

2. 幻灯片的背景设置

在 WPS 演示中，没有应用设计方案的幻灯片背景默认是白色的，为了丰富演示文稿的视觉效果，用户可以根据需要为幻灯片添加合适的背景颜色，设置不同的填充效果。WPS 演示文稿提供了多种幻灯片的填充效果，包括渐变、纹理、图案和图片。

(1) 设置幻灯片的背景颜色

单击“设计”选项卡中的“背景”下拉按钮，在下拉列表中选择“背景”命令，或者在幻灯片空白处右击，在弹出的快捷菜单中单击“设置背景格式”命令，在打开的“对象属性”任务窗格中选择“纯色填充”选项，单击“颜色”下拉按钮，在下拉列表中选择所需要的颜色，单击“全部应用”按钮，则应用到所有幻灯片，否则只应用于所选幻灯片。

(2) 设置幻灯片背景的填充效果

① 渐变填充。在“对象属性”任务窗格中选择“渐变填充”选项，可进行渐变样式、角度、色标颜色、位置、透明度、亮度等的设置。

② 图片或纹理填充。在“对象属性”任务窗格中选择“图片或纹理填充”选项，可以选择图片或纹理来填充幻灯片。单击“图片填充”下拉列表中的“本地文件”命令，则可以插入文件作为填充图案；单击“纹理填充”下拉列表中的预设图片，则可以插入纹理填充的图案。

如果要将设置的背景应用于演示文稿中所有的幻灯片，则单击“全部应用”按钮。

3. 幻灯片母版设计

演示文稿的每一张幻灯片都有两个部分，一个是幻灯片本身，另一个就是幻灯片母版，这两者就像两张透明的胶片叠放在一起，上面的一张就是幻灯片本身，下面的一张就是母版。在幻灯片放映时，母版是固定的，更换的是上面的一张。WPS 演示提供了 3 种母版，分别是幻灯片母版、讲义母版和备注母版。

(1) 幻灯片母版

幻灯片母版是所有母版的基础，通常用来统一整个演示文稿的幻灯片格式。它控制除标题幻灯片之外演示文稿的所有默认外观，包括讲义和备注中的幻灯片外观。幻灯片母版控制文字格式、位置、项目符号的字符、配色方案以及图形项目。

单击“视图”选项卡中的“幻灯片母版”按钮，打开“幻灯片母版”视图，同时功能区显示出“幻灯片母版”上下文选项卡，可以在其中对幻灯片的母版进行修改和设置。默认的幻灯片母版有 5 个占位符，即标题区、对象区、日期区、页脚区和数字区。在标题区、对象区中添加的文本不在幻灯片中显示，在日期区、页脚区和数字区添加文本会给基于此母版的所有幻灯片添加这些文本。全部修改完成后，单击“幻灯片母版”选项卡中的“关闭”按钮退出，幻灯片母版制作完成。

(2) 讲义母版

讲义母版用于控制幻灯片按讲义形式打印的格式，可设置一页中的幻灯片数量、页眉格式等。讲义只显示幻灯片而不包括相应的备注。

单击“视图”选项卡中的“讲义母版”按钮，打开“讲义母版”视图，同时显示出“讲义母版”上下文选项卡，可以在其中完成相关设置。

(3) 备注母版

每一张幻灯片都可以有相应的备注，用户可以为自己创建备注或为观众创建备注，还可以为每一张幻灯片打印备注。备注母版用于控制幻灯片按备注页形式打印的格式。单击“视图”选项卡中的“备注母版”按钮，打开“备注母版”视图，同时显示出“备注母版”上下文选项卡，可以在其中完成相关设置。

2.3.3　演示文稿的放映设计

在幻灯片制作中，除了合理设计每一张幻灯片的内容和布局外，还需要设置幻灯片的放映效果，使幻灯片放映过程既能突出重点，又能富有美感，吸引观众的注意力。

1. 动画设置

为了使幻灯片放映时更具视觉效果，在 WPS 演示中可以给幻灯片中的文本、图形、图表及其他对象添加动画效果。

动画设置主要有两种情况：一是为幻灯片内的各种元素设置动画效果；二是幻灯片切换动画，可以设置幻灯片之间的过渡动画。

(1) 添加动画

① 为对象添加单个动画。先选中需要添加动画的对象，在“动画”选项卡中单击动画样式列表右下角的下拉按钮 ，在打开的可选动画列表中选择所需要的动画效果。

选中动画以后，单击“动画”选项卡中的“预览效果”按钮可测试动画效果；单击“动画”选项卡中的“删除动画”下拉列表中的命令可以删除动画效果。

② 为一个对象添加多个动画。先选中需要添加动画的对象，单击“动画”选项卡中的“动画窗格”按钮，在出现的任务窗格中单击“添加效果”下拉按钮，选择所需要的动画效果，可以添加多个动画效果，如图 2-49 所示。单击“播放”按钮，可预览动画效果。

图 2-49　利用“动画窗格”添加多个动画

要注意动画设置中“进入”“强调”“退出”选项的具体含义。进入某一张幻灯片后单击鼠标，对象以某种动画形式出现，这称为“进入”；再单击鼠标，对象再一次以某种动画形式变换一次，这则是“强调”；再单击鼠标，对象以某种动画形式从幻灯片中消失，这就是“退出”。

(2) 动画效果的设置

进行动画设置后，继续进行各种细节的效果设置。

① 动画开始方式的设置。在“动画窗格”中，单击“开始”下拉按钮或动画效果的下拉按钮 ▾，选择一种开始方式。

② 动画出场顺序的设置。每个添加了动画效果的对象左上角都有一个编号，代表着幻灯片中各对象出现的顺序。如果要改变各动画的出场顺序，在“动画窗格”中选中动画，单击“重新排序”按钮 ▲ ▼ 进行上下调整。

③ 效果选项设置。单击动画效果下拉列表中的“效果选项”命令，打开如图 2-50 所示的对话框。“效果”选项卡可对其“方向”“声音”“动画播放后”等进行设置。

在“计时”选项卡中可对动画的时间进行详细设置，如图 2-51 所示。延迟是设置动画开始前的延时秒数，速度是设置动画将要运行的持续时间。

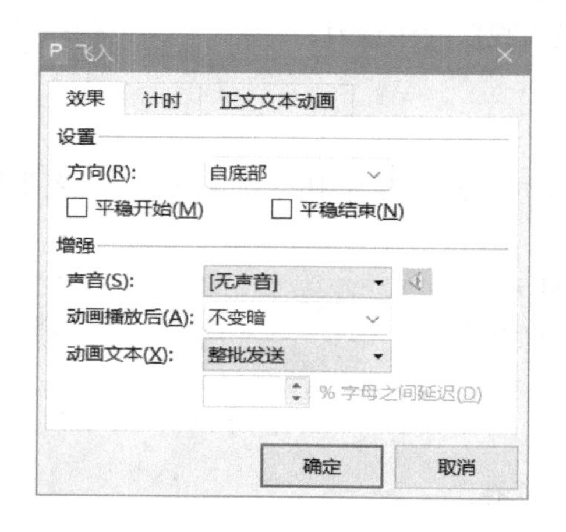

图 2-50 设置效果选项的对话框

图 2-51 计时设置

(3) 自定义动作路径

可以通过自定义路径来设计对象的运动路线。

① 绘制自定义路径。选中需要添加动画的对象，在“动画窗格”中，单击“添加效果”按钮，根据需要选择“绘制自定义路径”中的任意效果。光标移到幻灯片变为“+”形状时，按住左键拖动出一个路径，到终点时双击鼠标，动画会按设置的路径预览一次。

注意：若设置动画的对象是形状时，在“绘制自定义路径”中选择“为自选图形指定路径”按钮，则光标移动到形状对象时，单击鼠标即可设置。

② 编辑自定义路径。右击定义好的动作路径，在弹出的快捷菜单中选择“编辑顶点”命令，路径中出现若干黑色顶点，拖动顶点可以移动位置。

右击某一顶点，在快捷菜单中选择相应的命令可以对顶点进行各种修改操作。

(4) 通过触发器控制动画播放

触发器的作用相当于一个按钮,用于控制幻灯片中已经设定的动画的执行。在演示文稿中设置好触发器功能后,单击触发器将会触发一个操作,该操作可以是播放动画、音频、视频等。操作步骤如下:

① 制作一个作为触发器的对象,可以是文本、图片、文本框、艺术字、动作按钮等。

② 为对象添加一个动画。

③ 在动画效果右边下拉列表中选择“效果选项”命令。

④ 单击“计时”选项卡中的“触发器”按钮,选中“单击下列对象时启动效果”单选按钮及触发器对象,如图 2-52 所示。

⑤ 单击“确定”按钮。完成设置后,在幻灯片放映过程中,单击触发器时即可播放设置好的动画效果。

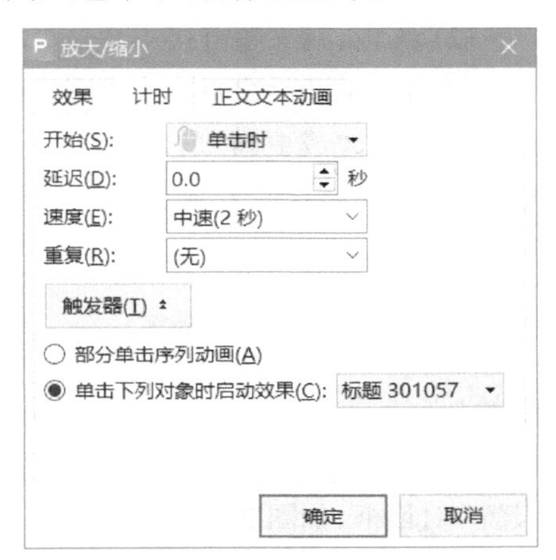

图 2-52　触发器设置

(5) 幻灯片切换设置

切换效果是指幻灯片放映时切换幻灯片的特殊效果。在 WPS 演示中,可以为每一张幻灯片设置不同的切换效果,使幻灯片放映更加生动形象,也可以为多张幻灯片设置相同的切换效果。

在幻灯片浏览视图或普通视图中,选择要添加切换效果的幻灯片。如果要选中多张幻灯片,可以按住 Ctrl 键进行选择,然后在“切换”选项卡中单击所需要的切换效果。

如果需要更多切换效果,可以单击切换效果列表框右下角的下拉按钮 ,在下拉列表中选择所需要的切换效果。如要进行进一步的设置,可以单击“切换”选项卡中的“效果选项”下拉按钮进行设置。

在“切换”选项卡中的“声音”下拉列表中选择合适的声音,选中“单击鼠标时换片”或“自动换片”复选框。如果选择自动换片,则需要设置自动换片时间,即在上一幻灯片结束多长时间后自动换片。

如果希望以上设置对所有幻灯片有效,则单击“切换”选项卡中的“应用到全部”按钮即可。

2. 超链接与动作按钮设置

在 WPS 演示中,用户可以为幻灯片中的文本、图形和图片等对象添加超链接或动作按钮,从而在幻灯片放映时单击该对象可跳转到指定的幻灯片,增加演示文稿的交互性。

(1) 创建超链接

先选定要插入超链接的位置,在“插入”选项卡中单击“超链接”按钮,也可以在对象上右击,在弹出的快捷菜单中选择“超链接”命令,打开“插入超链接”对话框,在左侧的“链接到”区域中选择链接的目标。

① 原有文件或网页：超链接到本文档以外的文件或网页。

② 本文档中的位置：超链接到所选定的幻灯片。

③ 电子邮件地址：超链接到某个邮箱地址。

在对话框中单击“屏幕提示”按钮，输入提示文字内容，放映演示文稿时，在链接位置旁边显示提示文字。

(2) 编辑、删除超链接

当用户对设置的超链接不满意时，可以通过编辑、删除超链接来修改或更新。右击超链接对象，在弹出的快捷菜单中选择“超链接”→“编辑超链接”或“取消超链接”命令，进行编辑和删除。

(3) 动作按钮设置

先选中要插入动作按钮的幻灯片，单击“插入”选项卡中的“形状”下拉按钮，单击“动作按钮”中的图形，这时鼠标形状变为“+”，拖动鼠标画出动作按钮，同时弹出“动作设置”对话框，如图 2-53 所示。

在“动作设置”对话框中设置单击鼠标时的动作，然后单击“确定”按钮关闭对话框。

图 2-53 “动作设置”对话框

3. 幻灯片放映设置

制作演示文稿的最终目的是为了放映，因此设置演示文稿的放映是重要的步骤。

(1) 设置放映时间

在放映幻灯片时可以为幻灯片设置放映时间间隔，这样可以达到幻灯片自动播放的目的。用户可以手工设置幻灯片的放映时间，也可以通过排练计时进行设置。

① 手工设置放映时间。在幻灯片浏览视图下，选中要设置放映时间的幻灯片，在“切换”选项卡中选中“自动换片”复选框，在其后的文本框中设置好自动换片时间。如果将此时间应用于所有的幻灯片，则单击“应用到全部”按钮，否则只应用于选定的幻灯片。

② 排练计时。演示文稿的播放，大多数情况下是由用户手动操作控制播放的，如果要让其自动播放，需要进行排练计时。为设置排练计时，首先应确定每张幻灯片需要停留的时间，它可以根据演讲内容的长短来确定，然后进行以下操作来设置排练计时。

切换到演示文稿的第一张幻灯片，单击“放映”选项卡中的“排练计时”按钮，进入演示文稿的放映视图中，同时弹出“预演”工具栏，如图 2-54 所示。在该工具栏中，幻灯片放映时间框将会显示该幻灯片已经滞留的时间。如果对当前的幻灯片播放不满意，则单击“重复”按钮，重新播放和计时。单击左边的“下一项”按钮，播放下一张幻灯片。当放映到最后一张幻灯片后，系统会弹出排练时间提示框。该提示框显示整

图 2-54 “预演”工具栏

个演示文稿的总播放时间,并询问用户是否要使用这个时间。单击“是”按钮完成排练计时设置,则在幻灯片浏览视图下,会看到每张幻灯片下显示了播放时间;单击“否”按钮取消所设置的时间。

(2) 幻灯片的放映

用户可以根据需要采用不同的方式放映演示文稿,如果有必要还可以自定义放映。

① 设置放映方式。在“放映”选项卡中单击“放映设置”按钮或下拉列表中的“放映设置”命令,弹出“设置放映方式”对话框,如图 2–55 所示。WPS 演示为用户提供了如下放映类型:“演讲者放映”用于演讲者自行播放演示文稿,这是系统默认的放映方式;“展台自动循环放映”适用于使用了排练计时的情况,此时鼠标不起作用,按 Esc 键才能结束放映。在“放映选项”组中能够设置“循环放映,按 ESC 键终止”,“放映幻灯片”组可以设置幻灯片的放映范围。

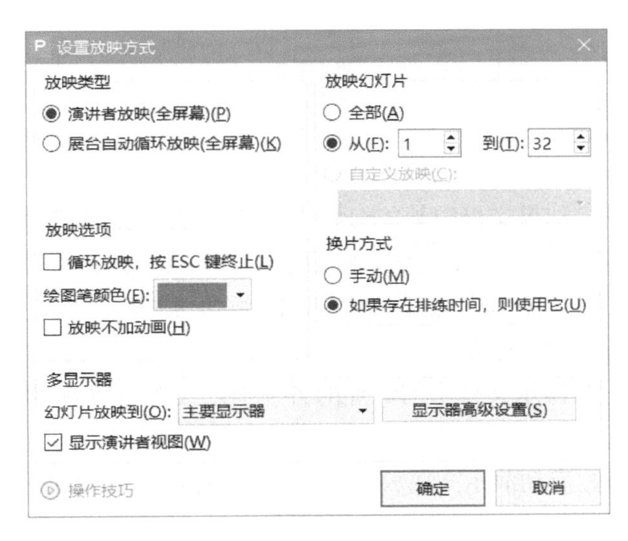

图 2–55　“设置放映方式”对话框

② 自定义放映。默认情况下,播放演示文稿时幻灯片按照在演示文稿中的先后顺序从第一张向最后一张进行播放。WPS 演示提供了自定义放映的功能,使用户可以从演示文稿中挑选出若干张幻灯片进行放映,并自己定义幻灯片的播放顺序。

单击“放映”选项卡中的“自定义放映”按钮,打开“自定义放映”对话框,如图 2–56 所示。在该对话框中单击“新建”按钮,打开“定义自定义放映”对话框,如图 2–57 所示。

在“幻灯片放映名称”文本框中输入自定义放映的名称。“在演示文稿中的幻灯片”列表框中列出了当前演示文稿中的所有幻灯片的名称,选择其中要放映的幻灯片,单击“添加”按钮,将其添加到“在自定义放映中的幻灯片”列表框中。

利用列表框右侧的向上、向下箭头按钮可以调整幻灯片播放的先后顺序。如果要将幻灯片从“在自定义放映中的幻灯片”列表框中删除,则先选中该幻灯片,然后单击“删除”按钮即可。完成所有设置后,单击“确定”按钮,返回“自定义放映”对话框,此时新建的自定义放映的名称将出现在列表中。用户可以同时定义多个自定义放映,并利用此对话框中按钮对已有的自定义放映进行编辑、复制或修改。单击“放映”按钮,即可放映。

图 2-56 “自定义放映”对话框

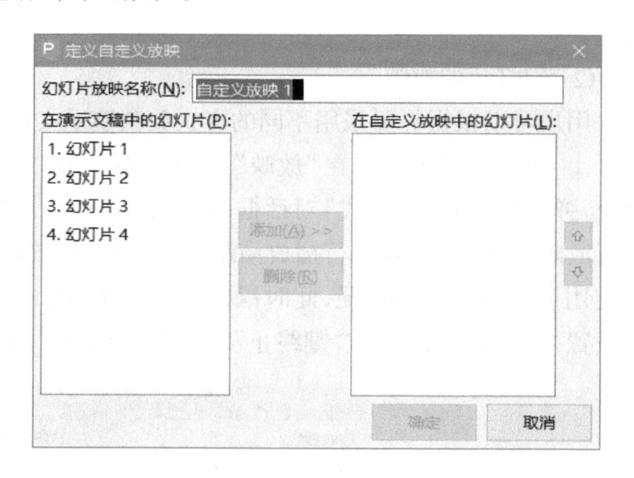

图 2-57 “定义自定义放映”对话框

③ 隐藏部分幻灯片。如果文稿中某些幻灯片只提供给特定的观看对象,不妨先将其隐藏起来。切换到“幻灯片浏览”视图下,右击需要隐藏的幻灯片,在弹出的快捷菜单中选择“隐藏幻灯片”命令,或者单击“放映”选项卡中的“隐藏幻灯片”按钮,播放时,该幻灯片将不显示。如果要取消隐藏,只需要再执行一次上述操作。

④ 放映演示文稿。当演示文稿中幻灯片的各项播放设置完成后,就可以放映幻灯片,观看其放映效果了。

a. 启动演示文稿放映。启动演示文稿放映的方法有3种:单击“放映”选项卡中的“从头开始”或“当页开始”按钮;单击 WPS 演示窗口底部状态栏的幻灯片放映按钮▶;按功能键 F5。

如果将幻灯片的切换方式设置为自动,则幻灯片按照事先设置好的自动顺序切换;如果将切换方式设置为手动,则需要用户单击鼠标或使用键盘上的相应键切换到下一张幻灯片。

b. 控制演示文稿放映。在放映演示文稿时,右击幻灯片,打开幻灯片放映快捷菜单,如图2-58 所示。“墨迹画笔”子菜单用于设置演示过程中的标记,如设置笔类型、墨迹颜色、橡皮擦和有关箭头选项等。

c. 停止演示文稿放映。演示文稿播放完后,会自动退出放映状态,返回 WPS 演示的编辑窗口。如果希望在演示文稿放映过程中停止播放,有两种方法:在幻灯片放映过程中单击鼠标右键,在快捷菜单中选择“结束放映”命令;如果幻灯片的放映方式设置为“循环放映”,按 Esc 键退出放映。

⑤ 手机遥控。在联网状态下,可以通过手机借助 WPS 移动版遥控放映幻灯片。操作方法是:打开需要放映的演示文稿,单击“放映”选项卡中的“手机遥控”按钮,生成遥控二维码。然后打开手机中的 WPS Office 移动端,选择“扫一扫”功能,扫描计算机上的二维码,这样在手机上就可

以通过左右滑动屏幕来遥控幻灯片的播放。

图2-58 幻灯片放映快捷菜单

4. 演示文稿的输出与打印

演示文稿制作完成后，为了在没有安装WPS系统的环境中能够播放，WPS提供了多种方案。

(1) 输出视频

在WPS演示中，可以把文稿转换为WebM格式的视频，以便在没有安装WPS环境中也可以观看。操作方法是：选择“文件”→“另存为”→“输出为视频”命令，在“另存文件”对话框中设置位置和文件名，单击“保存”按钮。

(2) 转换为放映格式

如果将演示文稿转换为放映格式，则在打开文件时进入直接放映状态。操作方法是：选择“文件”→“另存为”→“WPS演示文件(*.dps)”命令。在“另存文件”对话框中设置位置和文件名，单击“保存”按钮。

(3) 打包演示文稿

打包演示文稿就是把演示文稿打包成一个文件夹，把整个文件夹转移到其他没有安装WPS Office软件的计算机上也能被打开。操作方法是：打开要打包的演示文稿，选择“文件”→“文件打包”→“将演示文档打包成压缩文件”命令，打开“演示文件打包”对话框，输入文件名和文件存放位置,单击“确定”按钮。

(4) 打印演示文稿

在 WPS 演示中,演示文稿制作好以后,不仅可以在计算机上展示最终效果,还可以将演示文稿打印出来。演示文稿可以打印成幻灯片、讲义、备注页或大纲等形式。

在打印演示文稿之前,需要先进行幻灯片大小的设置。在“设计”选项卡中单击“幻灯片大小”下拉列表中的“自定义大小”命令,弹出“页面设置”对话框。在对话框中可设置幻灯片大小,分别针对幻灯片和备注、讲义和大纲设置打印方向,设置完成后单击“确定”按钮。

打印之前,如果需要对打印范围、打印内容进行设置,可选择“文件”→“打印”→“打印”命令,出现“打印”对话框,选择要使用的打印机名称,设置打印范围、打印份数等,单击“确定”按钮即可开始打印。

2.4 综合实训

2.4.1 实训 1——毕业设计论文排版

1. 实训目的

(1) 掌握页眉和页脚的设置方法。

(2) 掌握字体和段落格式的设置方法。

(3) 掌握样式的修改方法。

(4) 掌握编号与交叉引用的方法。

(5) 掌握目录的生成方法。

2. 实训内容

张三同学撰写了硕士毕业设计论文初稿(文件名为 WPS.docx),按以下要求进行排版。

(1) 设置文档属性:摘要的标题为“工学硕士学位论文”,作者为“张三”。

(2) 设置文档页面:上、下页边距均为 2.5 cm,左、右页边距均为 3 cm;页眉、页脚距边界均为 2 cm;设置“只指定行网格”,且每页 33 行。

(3) 对文中使用的样式进行如下调整。

① 设置“正文”样式的中文字体为“宋体”,西文字体为“Times New Roman”。

② 设置“标题 1”(章标题)、“标题 2”(节标题)和“标题 3”(条标题)样式的中文字体为“黑体”,西文字体为“Times New Roman”。

③ 设置每章的标题为自动另起一页,即始终位于下页首行。

(4) 对已经预先应用了多级编号的章、节、条 3 级标题做进一步处理。编号末尾不加点号“.”；编号数字样式均设置为半角阿拉伯数字（1，2，3…）；各级编号后以空格代替制表符与标题文本隔开；节标题在章标题之后重新编号，条标题在节标题之后重新编号，例如，第 2 章的第 1 节，应编号为“2.1”。

(5) 对参考文献列表应用自定义的自动编号以代替原先的手动编号，编号用半角阿拉伯数字置于一对半角方括号“[]”中（如 [1]、[2]、…），编号位置设为顶格左对齐（对齐位置为“0 厘米”）。然后，将论文第 1 章正文中的所有引注与对应的参考文献列表编号建立交叉引用关系，以代替原先的手动标示（保持字样不变），并将正文的引注设为上标格式。

(6) 按下列要求使用题注功能。对论文第 4 章中的 3 个图片分别应用按章连续自动编号，以代替原先的手动编号。

① 图片编号形如“图 4–1”，其中连字符前面的数字代表章号、“–”后面的数字代表图片在本章中出现的次序。

② 图片题注中，标签“图”与编号“4–1”之间要求无空格（该空格需生成题注后再手动删除），编号之后以一个半角空格与图片名称字符间隔开。

③ 修改“图片”样式的段落格式，使正文中的图片始终自动与其题注所在段落位于同一页面中。

④ 在正文中通过交叉引用为图片设置自动引用其图片编号，替代原先的手动编号（保持字样不变）。

(7) 美化论文第 2 章中的“表 2–2”的表格。

① 根据内容调整表格列宽，并使表格适应窗口大小，即表格左右恰好充满版心。

② 合并表格第一列中的相关单元格，即“CBC–PA 1”“CBC–PA 3”“CBC–PA 5”各占一行。

③ 设置表格边框，上、下边框线为 1.5 磅、粗黑线，内部横框线为 0.5 磅、细黑线。

④ 设置表格标题行（第 1 行）在表格跨页时能够自动在下页顶端重复出现。

(8) 为论文添加目录，具体要求如下。

① 在论文封面页之后、正文之前自动生成目录，包含 1 ~ 3 级标题。

② 使用格式刷将“参考文献”标题段落的字体和段落格式完整应用到“目录”标题段落，并设置“目录”标题段落的大纲级别为“正文文本”。

③ 将目录中的 1 级标题段落设置为黑体、小四号字，2 级和 3 级标题段落设置为宋体、小四号字，英文字体全部设置为“Times New Roman”，并且要求这些格式在更新目录时保持不变。

(9) 将论文分为封面页、目录页、正文章节、参考文献页共 4 个独立的节，每节都从新的一页开始（必要时删除空白页，使文档不超过 8 页），并按要求对各节的页眉页脚分别独立编排。

① 封面页不设页眉横线，文档的其余部分应用任意“上粗下细双横线”样式的预设页眉横线。

② 封面页不设页眉文字，目录页和参考文献页的页眉处添加“工学硕士学位论文”字样，正文章节页的页眉处设置“自动”获取对应章标题（含章编号和标题文本，并以半角空格间隔。例如，

正文第 1 章的页眉字样为“第 1 章　绪论”)，且页眉字样居中对齐。

③ 封面页不设页码，目录页应用大写罗马数字页码(I，II，III…)，正文章节页和参考文献页统一应用半角阿拉伯数字页码(1，2，3…)且从数字 1 开始连续编码。页码数字在页脚处居中对齐。

(10) 论文第 3 章的公式段落已预先应用了“公式”样式，请修改该样式的制表位格式，实现将正文公式内容在 20 字符位置处居中对齐，公式编号在 40.5 字符位置处右对齐。

(11) 为使论文打印时不跑版，请先保存“WPS.docx”文档，然后使用“输出为 PDF”功能，在源文件目录下，将其输出为带权限设置的 PDF 格式文件，权限设置为“禁止更改”和“禁止复制”，权限密码设置为三位数字“123”(无需设置文件打开密码)，其他选项保持默认即可。

3. 操作步骤

(1) 设置文档属性

打开 WPS.docx 文档，在“文件”菜单中选择“文件加密”→“属性”命令，弹出“WPS.docx 属性”对话框，切换到“摘要”选项卡，在“标题”文本框中输入“工学硕士学位论文”；在“作者”文本框中输入“张三”，单击“确定”按钮。

(2) 设置页面格式

① 设置页边距。在“页面”选项卡中单击“页面设置”对话框启动器按钮 ↘，弹出“页面设置”对话框，在“页边距”选项卡中的“上”和“下”微调框中分别输入“2.5”，在“左”和“右”微调框中分别输入“3”。

② 设置版式。在“页面设置”对话框中选择“版式”选项卡，设置“页眉”和“页脚”为“2 厘米”。

③ 设置文档网格。在“页面设置”对话框中选择“文档网格”选项卡，选中“网格”项下的“只指定行网格”单选按钮，在“每页”微调框中输入“33”，单击“确定”按钮。

(3) 修改样式

① 在“开始”选项卡中右击样式中的“正文”样式，选择快捷菜单中的“修改样式”命令，弹出“修改样式”对话框，单击下方的“格式”下拉按钮，在下拉列表中单击“字体”命令，弹出“字体”对话框，将“中文字体”设置为“宋体”，将“西文字体”设置为“Times New Roman”，单击“确定”按钮返回“修改样式”对话框，再单击“确定”按钮。

② 在“开始”选项卡中，右击“标题 1”样式，选择快捷菜单中的“修改样式”命令，弹出“修改样式”对话框，单击下方的“格式”下拉按钮，在下拉列表中单击“字体”命令，弹出“字体”对话框，将“中文字体”设置为“黑体”，将“西文字体”设置为“Times New Roman”，单击“确定”按钮，返回“修改样式”对话框，再次单击下方的“格式”下拉按钮，在下拉列表中单击“段落”命令，弹出“段落”对话框，切换到“换行和分页”选项卡中，选中“段前分页”复选框，依次单击“确定”按钮，完成“标题 1”样式的修改。

③ 按照上述同样方法修改“标题 2”(节标题)和“标题 3”(条标题)样式。此处不用修改段落样式。

(4) 多级列表的应用和修改

① 将光标置于文档开始位置,在“开始”选项卡中,选择“编号”下拉列表中的“自定义编号”命令,弹出“项目符号和编号”对话框,切换到“多级编号”选项卡,选中一种与题目要求相近的编号样式。

② 单击下方的“自定义”按钮,弹出“自定义多级编号列表”对话框,单击“高级”按钮,展开全部功能页面,将“编号格式”设置为“第①章”,将下方的“将级别链接到样式”选择为“标题 1”,将“编号之后”选择为“空格”。

③ 选中左侧“级别”列表框中的“2”,将“编号格式”修改为“①.②”,将下方的“将级别链接到样式”选择为“标题 2”,将“编号之后”选择为“空格”,默认选中“在其后重新开始编号”复选框。

④ 选中左侧“级别”列表框中的“3”,将“编号格式”修改为“①.②.③”,将下方的“将级别链接到样式”选择为“标题 3”,将“编号之后”选择为“空格”,默认选中“在其后重新开始编号”复选框,单击“确定”按钮完成编号设置。

(5) 自定义编号与交叉引用

① 设置“参考文献”自定义编号。选中“参考文献”列表,在“开始”选项卡中选择“编号”下拉列表中的“自定义编号”命令,弹出“项目符号和编号”对话框,切换到“编号”选项卡,选中一种与题目要求相近的编号样式。

单击下方的“自定义”按钮,弹出“自定义编号列表”对话框,单击“高级”按钮,展开全部功能页面,将编号格式置为“[①]”,默认“对齐位置”为“0 厘米”,单击“确定”按钮。

② 设置交叉引用。选中“前沿研究热点”后的手动编号“[1]”,保持光标位置不变,单击“引用”选项卡中的“交叉引用”按钮,弹出“交叉引用”对话框,将“引用类型”选择为“编号项”,将“引用内容”选择为“段落编号”,将下方的“引用哪一个编号项”选择为“[1] 陆亚东……”,单击“插入”按钮。同理设置其他的手动编号的交叉引用。

选中第 1 章正文内容,用 Ctrl+H 组合键打开“查找和替换”对话框,在“查找内容”文本框中输入“\ [*\]”,单击“高级搜索”按钮,展开全部功能区域,选中“使用通配符”复选框,光标置于“替换为”文本框中,单击“格式”按钮,选择“字体”命令,弹出“替换字体”对话框,选中“效果”项的“上标”复选框,单击“确定”按钮,然后单击“全部替换”按钮。

在弹出的第一个“WPS 文字”提示框中单击“取消”按钮,弹出的第二个“WPS 文字”提示框中单击“确定”按钮,最后单击“关闭”按钮。

(6) 设置题注及图片样式

① 添加题注。删除原先的图片手动编号,如“图 4–1”,将光标置于“中轴线上的温度随时间的演化”文本左侧,单击“引用”选项卡中的“题注”按钮,弹出“题注”对话框,将“标签”设置为“图”,将“题注”设置为“图 1”,单击下方的“编号”按钮,弹出“题注编号”对话框,选中“包含章节编号”复选框,依次单击“确定”按钮。

将光标置于标签“图”与编号“4–1”之间,手动删除它们之间的空格。同理添加另外两张图片的题注。

② 设置图片的段落格式。选中“图 4–1”对应的图片,在“开始”选项卡中单击“段落”对话框启动器按钮↘,弹出“段落”对话框,切换到“换行和分页”选项卡,选中“分页”项的“与下段同页”复选框,单击“确定”按钮。同理设置另外两张图片的样式。

③ 交叉引用。删除原先段落中的文字“图 4–1”,单击“引用”选项卡中的“交叉引用”按钮,弹出“交叉引用”对话框,在“引用类型”项选择“图”选项,在“引用内容”项选择“只有标签和编号”选项,在“引用哪一个题注”项选择“图 4–1 中轴线……”选项,单击“确定”按钮。同理设置另外两处文字的交叉引用。

(7) 设置表格格式

① 选中表格,单击“表格工具”选项卡中的“自动调整”下拉按钮,选择下拉列表中的“根据内容调整表格”中的“适应窗口大小”命令。

② 选中第 1 列的第 2、3 行,单击“表格工具”选项卡中的“合并单元格”按钮,同理设置另外两个单元格。

③ 选中表格,在“表格样式”选项卡中单击“边框”下拉列表中的“边框和底纹”命令,弹出“边框和底纹”对话框,在“边框”选项卡中单击“设置”项下的“无”按钮,设置“宽度”为“1.5 磅”,设置“线型”为粗黑线,在“预览”项中单击“上框线”和“下框线”按钮,单击“确定”按钮。选中表格的第 2 行,单击“边框”下拉列表中的“边框和底纹”命令,弹出“边框和底纹”对话框,将“宽度”设置为“0.5 磅”,设置“线型”为细黑线,在“预览”中单击“上框线”按钮,单击“确定”按钮。

④ 选中表格,单击“表格工具”选项卡中的“标题行重复”按钮。

(8) 添加目录与修改目录样式

① 添加目录。将光标置于封面页的最后一行,单击“页面”选项卡中的“分隔符”下拉按钮,在下拉列表中选择“下一页分节符”命令,在光标处输入文字“目录”,单击“引用”选项卡中“目录”下拉按钮,在下拉列表中选择“自定义目录”命令,弹出“目录”对话框,单击“选项”按钮,在“目录选项”对话框中,单击“重新设置”按钮,依次单击“确定”按钮。

② 修改目录格式。选中文章末端的“参考文献”,单击“格式刷”按钮,选中“目录”二字,再次单击“格式刷”按钮,取消格式刷的选中状态,单击“段落”对话框启动器按钮↘,弹出“段落”对话框,将“大纲级别”选择为“正文文本”。

将光标置于目录的第一行,单击“开始”选项卡,右击“目录 1”样式,在快捷菜单中选择“修改样式”命令,单击对话框中的“格式”下拉列表中的“字体”命令,按照题目要求修改“目录 1”样式的字体和字号。同理设置 2 级和 3 级标题格式,即修改“目录 2”“目录 3”样式。

(9) 分节与页眉页脚

① 分节。将光标置于目录页的末端,单击“页面”选项卡中的“分隔符”下拉按钮,在下拉列表中选择“连续分节符”命令,再将光标置于“第 4 章”页的末端,选择“连续分节符”命令。

② 插入页眉。双击封面页首页页眉,在“页眉和页脚”选项卡中单击“页眉横线”下拉列表中的“无线型”选项,再取消“同前节”按钮的选中状态,单击“页眉横线”下拉列表,选择“上粗下

细双横线”选项。

将光标分别移至正文章节首页页眉位置和参考文献页首页页眉位置，在“页眉和页脚”选项卡中，取消“同前节”按钮的选中状态。

将光标分别移至目录页首页页眉位置和参考文献页首页页眉位置，在“页眉和页脚”选项卡中，单击“域”按钮，弹出“域”对话框，在“域名”列表框中选择“文档属性”选项，在右侧的“文档属性”列表框中选择“Title”选项，单击“确定”按钮。

将光标移至正文章节首页页眉位置，单击“页眉和页脚”选项卡中的“域”按钮，弹出“域”对话框，在“域名”列表框中选择“样式引用”选项，在右侧的“样式名”下拉列表中选择“标题 1”选项，选中“插入段落编号”复选框，单击“确定”按钮。

单击“页眉和页脚”选项卡中的“域”按钮，弹出“域”对话框，在“域名”列表框中选择“样式引用”选项，在右侧的“样式名”中选择“标题 1”选项，单击“确定”按钮。再将光标置于“第 1 章”与“绪论”之间，输入一个半角空格。默认页眉字样居中对齐。

③ 插入页脚。将光标移至目录页首页页脚位置，单击页脚上方的“插入页码”下拉按钮，将“样式”选择为“I，II，III…”，“位置”选择为“居中”，“应用范围”选择为“本节”，单击“确定”按钮。

单击页脚上方的“重新编号”下拉按钮，在“页码编号设为”微调框中输入“1”。

将光标移至正文章节首页页眉位置，单击页脚上方的“插入页码”下拉按钮，将“样式”选择为“1，2，3…”，“位置”选择为“居中”，“应用范围”选择为“本页及之后”，单击“确定”按钮。

(10) 修改制表位样式

① 将光标移至第 3 章的公式位置，在“开始”选项卡中的“样式”下拉列表中右击“公式”样式，选择快捷菜单中的“修改样式”命令，单击对话框中的“格式”下拉列表的“制表位”命令，弹出“制表位”对话框，在“制表位位置”中输入“20”，将“对齐方式”选择为“居中”，其余保持默认状态。单击下方的“设置”按钮，再在“制表位位置”中输入“40.5”，将“对齐方式”选择为“右对齐”，其余保持默认状态，单击下方的“设置”按钮，单击“确定”按钮。

② 将光标移至第 3 章的第一个公式最前面位置，按键盘上的 Tab 键，再将光标移至“(3-1)”前，按键盘上的 Tab 键。同理设置另外 3 个公式。

(11) 保存和输出文档

① 单击快速访问工具栏中的“保存”按钮保存文档。

② 单击快速访问工具栏中的“输出为 PDF”按钮，弹出“输出为 PDF”对话框，将“保存位置”设置为“源文件夹”，单击“设置”，弹出“设置”对话框，选中“使以下权限设置生效”复选框，取消勾选“允许修改”和“允许复制”复选框，在“密码”和“确认”文本框中输入“123”，其他选项保持默认，单击“确定”按钮，再单击“开始输出”按钮，最后关闭“WPS.docx”文件。

4. 实训思考

(1) 如何插入页眉和页脚？

(2) 怎样自定义目录？

(3) 简述样式的修改过程。

2.4.2 实训 2——个人简历制作

1. 实训目的

(1) 掌握页面格式的设置方法。
(2) 掌握形状的插入和设置方法。
(3) 掌握图片的插入和裁剪方法。
(4) 掌握文本框和艺术字的插入方法。
(5) 掌握关系图的使用方法。

2. 实训内容

张静是一名大学三年级学生，希望在暑期去公司实习，为此，她打算利用 WPS 文字制作一份个人简历，示例样式如“简历参考样式 .jpg”所示。

先打开文本文件“WPS 文字素材 .txt”，完成下列操作，并以文件名“WPS 文字 .docx”保存结果文档，帮助张静完成简历制作。

(1) 调整文档版面，要求纸张大小为 A4，上、下页边距为 2.5 cm，左、右页边距为 3.2 cm。

(2) 根据页面布局需要，在适当的位置插入颜色分别为“标准色 - 橙色”与“主题颜色 - 白色，背景 1”的两个矩形，其中橙色矩形占满 A4 版面，文字环绕方式设为“浮于文字上方”，作为简历的背景。

(3) 参照示例文件，插入“标准色 - 橙色”的圆角矩形，并添加文字“实习经验”，插入 1 个短画线的虚线圆角矩形框。

(4) 参照示例文件，插入文本框和文字，并调整文字的字体、字号、位置和颜色。其中“张静”为“标准色 - 橙色”的艺术字，“寻求能够……”文本效果为“跟随路径 - 上弯弧”。

(5) 根据页面布局需要，插入图片“1.png”，依据样例进行裁剪和调整，并删除图片的剪裁区域。然后根据需要插入图片“2.jpg”“3.jpg”和“4.jpg”，并调整图片大小和位置。

(6) 参照示例文件，在适当的位置使用形状中的“标准色 - 橙色”箭头(其中横向箭头使用线条类型箭头)，插入关系图，并进行适当编辑。

(7) 参照示例文件，在“促销活动分析”等 4 处使用项目符号“✓”，在“曾任班长”等 4 处插入“五角星”符号、颜色为“标准色 - 红色”。调整各部分的位置、大小、形状和颜色，以展现统一、良好的视觉效果。

3. 操作步骤

(1) 页面格式的设置

① 打开“WPS 文字素材 .txt”文件，备用。

② 启动 WPS 办公软件，新建空白文档。

③ 在“页面”选项卡中选择“纸张大小”下拉列表中的“A4”命令。

④ 在“页面”选项卡中选择左侧“页边距”下拉列表中的“自定义页边距”命令，在弹出的“页面设置”对话框中，将“页边距”的“上”“下”“左”“右”分别设为 2.5 cm、2.5 cm、3.2 cm、3.2 cm。

(2) 两个矩形的插入和设置

① 在“插入”选项卡中单击“形状”下拉列表中的“矩形”按钮，并在文档中进行绘制使其与页面大小一致。也可以直接设置矩形大小为 A4 纸张大小，在“页面”选项卡设置纸张大小时，可以看到 A4 纸张宽度为 20.9 cm，高度为 29.6 cm。

② 继续选中矩形，单击“绘图工具”选项卡中的“填充”下拉按钮，在下拉列表中选择“标准色 – 橙色”。

③ 按照同样的方法，单击“绘图工具”选项卡中的“轮廓”下拉按钮，在下拉列表中选择“标准色 – 橙色”。

④ 选中橙色矩形，右击，在弹出的快捷菜单中选择“文字环绕”→“浮于文字上方”命令。

⑤ 在橙色矩形上方按与① 同样的方法创建一个白色矩形，并将其“文字环绕”设为“浮于文字上方”，“填充”和“轮廓”均设置为“主题颜色 – 白色，背景 1”。

⑥ 打开“简历参考样式 .jpg”图片，参照图片上的示例样式，调整页面布局。

(3) 圆角矩形的插入和设置

① 单击“插入”选项卡中的“形状”下拉按钮，在下拉列表中选择“圆角矩形”，参考示例样式，在合适的位置绘制圆角矩形，参考步骤(2)中的② 和③ ，将“圆角矩形”的“填充”和“轮廓”都设为“标准色 – 橙色”。

② 选中所绘制的圆角矩形，在其中输入文字“实习经验”，并适当调整字体、字号。

③ 根据示例样式，再次绘制一个圆角矩形，选中此圆角矩形，单击“绘图工具”选项卡中的“填充”下拉按钮，在下拉列表中选择“无填充颜色”选项；单击下方的“轮廓”下拉列表中的“虚线线型”→“短画线”命令。按照同样的操作方法，将“线型”设置为 0.5pt，将“颜色”设置为“标准色 – 橙色”。

④ 为了不遮挡文字，选中虚线圆角矩形，右击，在弹出的快捷菜单中选择“置于底层”→“下移一层”命令。

(4) 文本框和艺术字的设置

① 单击“插入”选项卡中的“艺术字”下拉按钮，选择“填充 – 沙棕色，着色 2，轮廓 – 着色 2”艺术字，输入文字“张静”，并调整好位置，将文本填充颜色设置为“标准色 – 橙色”，参照示例样式调整字体、字号、位置等。

② 在“插入”选项卡中单击“文本框”下拉列表中的“横向”命令，在下方绘制一个文本框并调整好位置。

③ 在文本框上右击，在弹出的快捷菜单中选择“设置对象格式”命令，在页面右侧出现“属性”任务窗格，单击“形状选项”选项卡中“线条”下的“无线条”单选按钮。

④ 在文本框中输入示例样式中对应的文字，并调整好字体、字号和位置。

⑤ 单击“插入”选项卡中的“艺术字”下拉按钮，选择“填充 – 沙棕色，着色 2，轮廓 – 着色 2”艺术字，输入文字“寻求能够不断学习进步，有一定挑战性的工作”，并适当调整。

⑥ 单击“文本工具”选项卡中的“文字效果”下拉按钮，在下拉列表中选择“阴影”→“外部 – 右下斜偏移”命令，设置艺术字阴影效果；按照同样的方法，在“文字效果”下拉列表中选择“转换”→“跟随路径 – 上弯弧”命令。

(5) 图片的插入和裁剪

① 在“插入”选项卡中单击“图片”下拉列表中的“本地图片”命令按钮，弹出“插入图片”对话框，选择素材图片“1.png”，单击“打开”按钮。

② 选择插入的图片，单击“图片工具”选项卡，选择“环绕”下拉列表中的“浮于文字上方”命令，依照样例利用“图片工具”选项卡中的“裁剪”工具进行裁剪，并调整大小和位置。

③ 使用同样的操作方法在对应位置插入图片 2.jpg、3.jpg、4.jpg，并调整好大小和位置。

(6) 形状和关系图的使用

① 在“插入”选项卡中单击“形状”下拉列表中的“线条 – 箭头”按钮，在对应的位置绘制水平箭头。

② 选中水平箭头，单击“绘图工具”选项卡中的“轮廓”下拉按钮，在下拉列表中选择“标准色 – 橙色”和“线型 –4.5 磅”命令。

③ 在“插入”选项卡中单击“形状”下拉列表中的“箭头总汇 – 上箭头”按钮，在对应样张的位置绘制 3 个垂直向上的箭头。

④ 依次选中绘制的“箭头”对象，在“绘图工具”选项卡中设置“轮廓”和“填充”均为“标准色 – 橙色”，并调整好大小和位置。

⑤ 单击“插入”选项卡中的“智能图形”命令，在弹出的对话框中单击“流程”选项卡，选择所需图形；选中插入的图形对象，单击“绘图工具”选项卡中的“环绕”下拉列表中的“浮于文字上方”命令，单击右侧的“上移一层”按钮，在下拉列表中选择“置于顶层”命令。

⑥ 输入相应的文字，并适当调整图形的大小和位置。

⑦ 选中插入的图形对象，在“绘图工具”选项卡中选择一种形状样式。

(7) 项目符号和特殊符号的使用

① 在“实习经验”矩形框中输入对应的文字，并调整好字体大小和位置。

② 分别选中“促销活动分析”等文本框的文字，单击“开始”选项卡中的“项目符号”下拉按钮，在项目符号库中选择“✓”符号。

③ 分别将光标定位在“曾任班长”等 4 处位置的起始处，在“插入”选项卡中单击“符号”下拉列表中“其他符号”命令，弹出“符号”对话框。在其中选择五角星符号，最后单击“插入”按钮。

④ 选中所插入的五角星符号，在“文本工具”选项卡中将“文本颜色”和“文本轮廓”均设置

为“标准色 – 红色”。

⑤ 以文件名“WPS 文字 .docx”保存文档。

4. 实训思考

(1) 如何插入各种形状?

(2) 怎样插入关系图?

(3) 项目符号和特殊符号如何使用?

2.4.3　实训 3——停车场收费处理

1. 实训目的

(1) 掌握单元格格式设置方法。

(2) 掌握套用表格格式的使用方法。

(3) 学会条件格式的使用。

(4) 掌握创建透视图的方法。

2. 实训内容

某停车场提供优惠服务,计划调整收费标准,拟将原来“不足 15min 按 15min 收费”调整为“不足 15min 部分不收费”。市场部抽取了历史停车收费记录,期望通过分析预测该调整对营业额的影响。请根据“素材 .xlsx”文件中的表格完成此工作。具体要求如下。

(1) 将“素材 .xlsx”文件另存为“停车场收费标准调整情况分析 .xlsx”,以下所有的操作均基于此文件。

(2) 在“停车收费记录”工作表中,设置涉及金额的单元格的数字格式为带人民币符号(¥)的会计专用类型,并保留 2 位小数。

依据收费标准,利用公式将收费标准对应的金额填入“停车收费记录”表中的“收费标准”列;利用出场日期、时间与进场日期、时间的关系,计算“停放时间”列,单元格格式为时间类型的“× × 小时 × × 分钟”。

(3) 依据停放时间和收费标准,计算当前收费金额并填入“收费金额”列;计算拟采用的收费标准的预计收费金额并填入“拟收费金额”列;计算拟调整后的收费与当前收费之间的差值,并填入“差值”列。

(4) 将“停车收费记录”表中的内容套用表格格式“表样式中等深浅 12”。

(5) 在“收费金额”列中,将单次停车收费达到 100 元的单元格突出显示为黄底红字格式。

(6) 新建名为“数据透视分析”表,在该表中创建 3 个数据透视表,起始位置分别为 A3、A11、A19 单元格。第一个透视表的行标签为“车型”,列标签为“进场日期”,求和项为“收费金额”,

可以提供当前每天收费情况;第二个透视表的行标签为“车型”,列标签为“进场日期”,求和项为“拟收费金额”,可以提供收费标准调整后的每天收费情况;第三个透视表的行标签为“车型”,列标签为“进场日期”,求和项为“差值”,可以提供收费标准调整后每天的收费变化情况。

3. 操作步骤

(1) 将文件另存

打开“素材 .xlsx”文件,将文件另存为“停车场收费标准调整情况分析 .xlsx”文件。

(2) 单元格格式的设置和函数的使用

① 按住 Ctrl 键,同时选中 E、K、L、M 列单元格,右击,在弹出的快捷菜单中选择“设置单元格格式”命令,打开“单元格格式”对话框,在“数字”选项卡的“分类”中选择“会计专用”选项,在“小数点位数”的右侧输入“2”,在“货币符号”下拉列表中选择“￥”,单击“确定”按钮。

② 选择“停车收费记录”表中的 E2 单元格,插入 VLOOKUP( )函数输入参数,或者直接在编辑栏中输入公式“=VLOOKUP(C2,收费标准 !$A$3 :$B$5,2,0)”,按 Enter 键确认输入,双击 E2 单元格右下角的填充柄向下填充数据。

③ 计算停放时间。在 J2 单元格中输入公式“=DATEDIF(F2,H2,"YD")+I2-G2”,按 Enter 键确认输入,双击 J2 单元格右下角的填充柄向下填充数据。

④ 设置时间格式。选中 J 列,右击,在弹出的快捷菜单中选择“设置单元格格式”命令,弹出“单元格格式”对话框,在“数字”选项卡下,选择“分类”框中的“自定义”选项,删除右侧“类型”文本框中的全部内容,然后输入“[hh]" 小时 "mm" 分钟 "”,单击“确定”按钮。

注意:日期有可能跨越两天或者更长时间,需要通过设定单元格格式的方法来显示正常的时间差,其中“hh”加上英文的“[]”,表示超过 24 小时的部分会以实际小时数显示,如果不加 [],只能显示扣除天以后的小时之差,即超过 24 小时的时间只会显示 24 小时之内的部分。

(3) 公式和函数的使用

① 计算收费金额。在 K2 单元格中输入公式“=ROUNDUP(J2*24*60/15,0)*E2”,双击填充柄向下自动填充单元格。

注意:J2 单元格中停放时间是以天为单位的,只是通过设置数据格式显示成了“×× 小时 ×× 分钟”,所以在计算时先乘以 24 转换成小时数,再乘以 60 转换成分钟,最后参与计算。

② 计算拟收费金额。在 L2 单元格中输入公式“=ROUNDDOWN(J2*24*60/15,0)*E2”,双击填充柄,向下自动填充单元格。此处也可用 INT( )函数计算,输入公式“=INT(J2*24*60/15)*E2”,注意 INT( )函数只有 1 个参数。

③ 计算差值。在 M2 单元格中输入公式“=L2-K2”,双击填充柄,向下自动填充单元格。

(4) 套用表格格式

选中 A1 :M550 单元格区域,单击“开始”选项卡中的“表格样式”下拉按钮,选择“中色系”样式中的“表样式中等深浅 12”样式,弹出“套用表格样式”对话框,选中“仅套用表格样式”单选按钮,单击“确定”按钮。

(5) 条件格式的使用

① 选中“收费金额”列 K2:K550 单元格区域,单击“开始”选项卡中的“条件格式”下拉按钮,选择“突出显示单元格规则”→“其他规则”命令。

② 打开“新建格式规则”对话框,在“只为满足以下条件的单元格设置格式”项中,依次选择“单元格值”和“大于或等于”选项,在文本框中输入“100”,单击下方的“格式”按钮,打开“单元格格式”对话框,在“字体”选项卡下设置“字体颜色”为“标准颜色 – 红色”,在“图案”选项卡下设置“单元格底纹”的“颜色”为黄色,单击“确定”按钮,返回“新建格式规则”对话框,再单击“确定”按钮。

(6) 数据透视表的创建

① 插入一个新工作表,命名为“数据透视分析”,选定“停车收费记录”工作表 C1:M550 单元格区域内容。

② 单击“插入”选项卡中的“数据透视表”按钮,弹出“创建数据透视表”对话框,选择放置数据透视表的位置为“现有工作表”,在下方的文本框中选择具体位置为“数据透视分析”表中的 A3 单元格,单击“确定”按钮。

③ 在数据透视表编辑视图下,在“数据透视表”窗格的“字段列表”中拖曳“车型”字段到“行”列表框中,拖曳“进场日期”字段到“列”列表框中,拖曳“收费金额”到“值”列表框中。

④ 按同样的方法创建第二个数据透视表,选择放置数据表的位置为“现有工作表”,具体位置为“数据透视分析”工作表中的 A11 单元格,设置行标签为“车型”,列标签为“进场日期”,数值项为“拟收费金额”,可以提供调整收费标准后的每天收费情况。

⑤ 按同样的方法创建第三个数据透视表,选择放置数据表的位置为“现有工作表”,具体位置为“数据透视分析”工作表中的 A19 单元格,设置行标签为“车型”,列标签为“进场日期”,数值项为“差值”,可以提供收费标准调整后每天的收费变化情况。

⑥ 保存并关闭文件。

4. 实训思考

(1) ROUNDUP( )和 ROUNDDOWN( )函数有什么功能?

(2) 如何自定义设置时间格式?

(3) 描述 DATEDIF( )函数的用法。

(4) VLOOKUP( )函数有什么功能?

2.4.4　实训 4——绩效工资处理

1. 实训目的

(1) 掌握单元格格式设置方法。

(2) 掌握条件格式的应用方法。

(3) 掌握 DATEIF( )、COUNTIFS( ) 和 VLOOKUP( ) 函数的使用方法。

(4) 掌握自动筛选的方法。

(5) 掌握设置数据有效性的方法。

2. 实训内容

人事部要在年终总结前收集绩效评价,并制作统计表和统计图,最后打印存档。打开素材文档“ET.xlsx”,按如下要求完成操作。

(1) 在“员工绩效汇总”工作表中,按要求调整各列宽度:工号为 4 个汉字、姓名为 5 个汉字、性别为 3 个汉字、学历为 4 个汉字、部门为 8 个汉字、入职日期为 6 个汉字、工龄为 4 个汉字、绩效为 4 个汉字、评价为 16 个汉字、状态为 4 个汉字。

(2) 在“员工绩效汇总”工作表中,将“入职日期”列(F2 :F201 单元格区域)中的日期统一调整成形如“2020-10-01”的数字格式。注意:年、月、日的分隔符号为短横线“-”,且月和日都显示为 2 位数字。

(3) 在“员工绩效汇总”工作表中,利用“条件格式”功能将“姓名”列(B2 :B201 单元格区域)中包含重复值的单元格,突出显示为“浅红填充色深红色文本”。

(4) 在“员工绩效汇总”工作表的“状态”列(J2 :J201 单元格区域)中插入下拉列表,要求下拉列表中包括“确认”和“待确认”两个选项,并且输入无效数据时显示出错警告,错误信息显示为“输入内容不规范,请通过下拉列表选择”字样。

(5) 给“员工绩效汇总”工作表的 G1 单元格添加一个批注,内容为“工龄计算,满一年才加 1。例如:2018-11-22 入职,到 2020-10-01,工龄为 1 年。”

(6) 在“员工绩效汇总”工作表的“工龄”列(G2 :G201 单元格区域)的空白单元格中输入公式,使用函数 DATEDIF( )计算截至今日的“工龄”。

注意:每满一年工龄加 1,“今日”指每次打开本表格文件的动态时间。

(7) 打开“绩效后台数据 .txt”文件,完成下列操作。

① 复制“绩效后台数据 .txt”文件中的全部内容,粘贴到 Sheet3 工作表中以 A1 单元格为左上角的单元格区域中,将“工号”“姓名”“级别”“本期绩效”“本期绩效评价”的内容,依次拆分到 A 到 E 列中。注意:拆分列的过程中,要求将“级别”(C 列)的数据类型指定为“文本”。

② 使用包含查找引用类函数的公式,在“员工绩效汇总”工作表的“绩效”列(H2 :H201 单元格区域)和“评价”列(I2 :I201 单元格区域)中,按“工号”引用 Sheet3 工作表中对应记录的“本期绩效”“本期绩效评价”数据。

(8) 为方便在“员工绩效汇总”工作表中查看数据,请设置在滚动翻页时,标题行(第一行)始终显示。

(9) 为节约打印纸张,请对“员工绩效汇总”工作表进行打印缩放设置,确保纸张打印方向保持为纵向的前提下,实现将所有列打印在一页中。

（10）在“统计”工作表的 B2 单元格中输入公式，统计“员工绩效汇总”工作表中研发中心博士后的人数。然后，复制 B2 单元格中的公式并粘贴到 B2 :G4 单元格区域(注意单元格引用方式)，统计出研发中心、生产部、质量部这 3 个主要部门中不同学历的人数。

（11）在“统计”工作表中，根据“部门”的“(合计)”数据，按下列要求制作图表。

① 将 3 个部门的总人数做一个对比饼图，插入在“统计”工作表中。

② 饼图中需要显示 3 个部门的图例。

③ 每个部门对应的扇形，需要以百分比的形式显示数据标签。

（12）对“员工绩效汇总”工作表的数据列表区域设置自动筛选，并把“姓名”中姓“陈”和姓“张”的名字同时筛选出来。

3. 操作步骤

（1）调整列宽

① 打开“ET.xlsx”文件。

② 选中“工号”列，右击，在弹出的快捷菜单中选择“列宽”命令，打开“列宽”对话框，在“列宽”微调框中输入“8”，单击“确定”按钮。

③ 用同样的方法设置其他列列宽(1 个汉字为两个字符宽)。

（2）设置单元格格式

① 选中 F2 :F201 单元格区域。

② 右击，在弹出的快捷菜单中选择“设置单元格格式”命令，弹出“单元格格式”对话框。

③ 切换到“数字”选项卡，设置“分类”为“自定义”，在“类型”中输入“yyyy-mm-dd”，单击“确定”按钮。

（3）条件格式的使用

① 选中 B2 :B201 单元格区域。

② 单击“开始”选项卡中的“条件格式”下拉按钮，选择“突出显示单元格规则”→“重复值”命令，弹出“重复值”对话框，保持默认参数不变，单击“确定”按钮。

（4）设置数据有效性

① 选中 J2 :J201 单元格区域。

② 单击“数据”选项卡中的“有效性”下拉按钮，在下拉列表中选择“有效性”命令。

③ 弹出“数据有效性”对话框，将“允许”项设置为“序列”，在“来源”项中输入“确认，待确认”(在英文状态下输入逗号)。

④ 切换到“出错警告”选项卡，将“样式”项设置为“警告”，在“错误信息”列表框中输入“输入内容不规范，请通过下拉列表选择”，单击“确定”按钮。

（5）添加批注

① 选中 G1 单元格。

② 单击“审阅”选项卡中的“新建批注”按钮，在插入的批注框中输入“工龄计算，满一年才

加1。例如,2018-11-22入职,到2020-10-01,工龄为1年。"

(6) DATEDIF( )函数的使用

① 在G2单元格中输入公式"=DATEDIF(F3,TODAY( ),"y")",单击Enter键。

② 双击右下角的填充柄完成整列填充。

注意:第三个参数为y,表示计算两个日期之间的年数。

(7) 导入数据和VLOOKUP( )函数的使用

① 导入数据。

a. 将光标移至Sheet3工作表的A1单元格中,在"数据"选项卡中选择"导入数据"→"导入数据"命令,在弹出的"WPS表格"对话框中单击"确定"按钮,再单击弹出的"第一步:选择数据源"对话框的"选择数据源"按钮,弹出"打开"对话框,选择"绩效后台数据.txt"文件,单击"打开"按钮。

b. 弹出"文件转换"对话框,单击"下一步"按钮,单击"文本导入向导-3步骤之1"对话框下方的"下一步"按钮,选中"文本导入向导-3步骤之2"对话框的"逗号"复选框,单击"下一步"按钮。

c. 在"文本导入向导-3步骤之3"对话框的"数据预览",选中"文本"列,将上方的"列数据类型"选择为"文本",单击"完成"按钮。

② VLOOKUP( )函数的使用。

a. 在"员工绩效汇总"工作表的H2单元格中输入公式"=VLOOKUP(A2,Sheet3!$A$2:$D$201,4,0)",单击Enter键,双击右下角的填充柄完成整列填充。

b. 在I2单元格中输入公式"=VLOOKUP(A2,Sheet3!$A$2:$E$201,5,0)",单击Enter键,双击右下角的填充柄完成整列填充。

(8) 设置冻结窗格

在"员工绩效汇总"工作表中,单击"视图"选项卡中的"冻结窗格"下拉按钮,选择"冻结首行"命令。

(9) 设置打印缩放

单击"页面"选项卡中的"打印缩放"下拉按钮,选中"将所有列打印在一页"命令,默认"纸张方向"为"纵向"。

(10) COUNTIFS( )函数的使用

① 在"统计"工作表的B2单元格中,输入公式"=COUNTIFS(员工绩效汇总!$E$2:$E$201,$A$2,员工绩效汇总!$D$2:$D$201,B1)",单击Enter键;在"统计"工作表的B3单元格中输入公式"=COUNTIFS(员工绩效汇总!$E$2:$E$201,$A$3,员工绩效汇总!$D$2:$D$201,B1)",单击Enter键;在"统计"工作表的B4单元格中输入公式"=COUNTIFS(员工绩效汇总!$E$2:$E$201,$A$4,员工绩效汇总!$D$2:$D$201,B1)",单击Enter键。

② 选中B2:B4单元格区域,将鼠标指针移动到B4单元格右下角位置,当指针形状变为黑色十字时,按住鼠标左键不放向右拖动填充句柄到G4单元格,释放鼠标左键。

(11) 设置图表

① 同时选中“统计”工作表的 A2 :A4 和 H2 :H4 单元格区域，单击“插入”选项卡中的“插入饼图或圆环图”下拉列表，选择“饼图”选项。

② 选中图表，单击“图表工具”选项卡中的“添加元素”下拉按钮，选择“图例”→“底部”命令。

③ 选中图表，单击“图表工具”选项卡中的“添加元素”下拉按钮，选择“数据标签”→“居中”命令。选中插入的数据标签，单击“设置格式”按钮，在右侧出现“属性”任务窗格，在“标签选项”组中选中“百分比”复选框，取消勾选“值”复选框。

(12) 自动筛选

① 选中 A1 :J201 单元格区域，在“开始”选项卡中选择“筛选”→“筛选”命令，此时第 1 行各单元格右侧均出现下拉箭头。

② 单击 B1 单元格右侧下拉箭头，在出现的列表中选择“文本筛选”→“自定义筛选”命令，弹出“自定义自动筛选方式”对话框，将第一个下拉框设置为“开头是”选项，在其右侧输入“陈”，选中“或”单选按钮，将第二个下拉框设置为“开头是”选项，在其右侧输入“张”，单击“确定”按钮。

③ 保存并关闭“ET.xlsx”文件。

4. 实训思考

(1) 什么是条件格式？怎样设置？

(2) 如何导入外部数据？

(3) 用哪些函数可以计算年龄和工龄？

2.4.5　实训 5——课件制作

1. 实训目的

(1) 掌握文本内容升级、降级的设置方法。

(2) 学会编辑母版的操作方法。

(3) 学会设置幻灯片背景。

(4) 掌握幻灯片切换操作。

(5) 掌握动画效果的设置方法。

(6) 掌握幻灯片超链接的操作方法。

(7) 学会智能图形的设置方法。

2. 实训内容

李老师为上课准备演示文稿，内容涉及 10 个成语，第 3 至第 12 张幻灯片（共 10 页）中的每一页都有一个成语,且每个成语都包括成语本身、读音、出处和释义 4 个部分。现在发现制作的演示文稿还有一些问题,打开素材“WPP.pptx”帮助李老师按如下要求进行修改。

(1) 为了体现内容的层次感,将第 3 至第 12 张幻灯片中的读音、出处和释义 3 部分文本内容都降一级。

(2) 按以下要求编辑母版,完成对“标题和内容”版式的样式修改。

① 将母版标题样式设置为“标准色 - 蓝色”,居中对齐,其余参数取默认值。

② 将母版文本样式设置为隶书,32pt,其余参数取默认值。

③ 将第二级文本样式设置为楷体,28pt,其余参数取默认值。

(3) 在标题为“成语内容提纲”的幻灯片(即第 2 张幻灯片)中,为文本“与植物有关的成语”设置如下动画效果。

① 进入时为“飞入”效果,且飞入方向为“自右下部”。

② 飞入速度为“中速”。

③ 飞入时的“动画文本”选择“按字母”发送,且将“字母之间延迟”的百分比更改为“50%”。

④ 飞入时伴有“打字机”声音效果。

(4) 为了达到更好的演示效果,需要在讲完所有“与植物有关的成语”后,跳转回标题为“成语内容提纲”的幻灯片,并由此可以跳转到“与动物有关的成语”的开始页。具体要求如下。

① 在标题为“与植物有关的成语(5)”幻灯片的任意位置插入一个“后退或前一项”的动作按钮,将其动作设置为“超链接到”标题为“成语内容提纲”的幻灯片。

② 在标题为“成语内容提纲”的幻灯片中,为文本“与动物有关的成语”设置超链接,超链接将跳转到标题为“与动物有关的成语(1)”的幻灯片,且将“超链接颜色”设为“标准颜色 - 红色”,“已访问超链接颜色”设为“标准颜色 - 蓝色”,且设为“链接无下画线”。

(5) 将所有幻灯片的背景设置为“纹理填充”,且填充纹理为“纸纹 2”。

(6) 设置切换方式,使全部幻灯片在放映时均采用“百叶窗”方式切换。

(7) 在标题为“学习总结”的幻灯片中,少总结了两个成语,按以下要求将它们添加。

① 将“藕断丝连”加入“与植物有关”组中,放在最下面,与“柳暗花明”等 4 个成语并列,且将其字体设置为仿宋、32pt。

② 将“闻鸡起舞”加入“与动物有关”组中,放在最下面,与“老马识途”等 4 个成语并列,且将其字体设置为仿宋、32pt。

3. 操作步骤

(1) 降级

打开素材文件“WPP.pptx”,选中第 3 张幻灯片中的读音、出处和释义 3 部分文本内容,在“文本工具”选项卡中单击“增加缩进量”按钮 ☰。用同样方法设置另外 9 张幻灯片的读音、出处和释义 3 部分文本内容。

(2) 编辑母版

① 单击“视图”选项卡中的“幻灯片母版”按钮，选中“标题和内容”版式，再选中标题文本框内容，在“文本工具”选项卡中，将“字体颜色”设置为“标准色 – 蓝色”，单击“居中对齐”按钮，选中文字“单击此处编辑母版文本样式”，在“文本工具”选项卡中，将“字体”设置为“隶书”，“字号”设置为“32”，选中文字“第二级”，在“文本工具”选项卡中，将“字体”设置为“楷体”，“字号”设置为“28”。

② 单击“幻灯片母版”选项卡中的“关闭”按钮。

(3) 设置动画效果

① 单击第 2 张幻灯片，选中文字“与植物有关的成语”，在“动画”选项卡中，选择“进入—飞入”效果，单击“自定义动画”按钮，在右侧出现“自定义动画”任务窗格，将“方向”设置为“自右下部”，将“速度”设置为“中速”。

② 右击下方列表框的“与植物有关的成语”，在弹出的快捷菜单中选择“效果选项”命令，打开“飞入”对话框，将“动画文本”设置为“按字母”，在“字母之间延迟”微调框中输入“50.00”，将“声音”设置为“打字机”，单击“确定”按钮。

(4) 设置超链接

① 选中第 7 张幻灯片，单击“插入”选项卡中的“形状”下拉按钮，在下拉列表中选择“动作按钮—后退或前一项”按钮，在合适的位置绘制动作按钮，弹出“动作设置”对话框，将“超链接到”设置为“幻灯片…”，弹出“超链接到幻灯片”对话框，将“幻灯片标题”设置为“ 2 . 成语内容提纲”，依次单击“确定”按钮。

② 选中第 2 张幻灯片的文本“与动物有关的成语”，右击，在弹出的快捷菜单中选择“超链接”命令，弹出“插入超链接”对话框，选择“本文档中的位置”选项，将“请选择文档中的位置”设置为“8. 与动物有关的成语(1)”，单击下方的“超链接颜色”按钮，弹出“超链接颜色”对话框，将“超链接颜色”设置为“标准颜色 – 红色”，将“已访问超链接颜色”设置为“标准颜色 – 蓝色”，选中“链接无下画线”单选按钮，依次单击“应用到当前”和“确定”按钮。

(5) 设置背景

单击“设计”选项卡中的“背景”下拉按钮，在下拉列表中选择“背景”命令，打开“对象属性”任务窗格，选中“图片或纹理填充”单选按钮，将“纹理填充”设置为“纸纹 2”，单击下方的“全部应用”按钮。

(6) 设置幻灯片切换方式

在“切换”选项卡中选择“百叶窗”切换方式，单击“应用到全部”按钮。

(7) 设置智能图形

① 选择第 13 张幻灯片，单击“与植物有关”，选择“添加项目”→“在下方添加项目”命令，在插入的智能图形中输入“藕断丝连”，选中“藕断丝连”，在“开始”选项卡中，将“字体”设置为“仿宋”，“字号”设置为“32”。用同样方法插入“闻鸡起舞”。

② 保存并关闭演示文稿。

4. 实训思考

(1) 怎样编辑幻灯片母版?

(2) 怎样设置幻灯片背景?

第 3 章　数据库应用与提高

Access 是一个功能强大的关系数据库管理系统，具有界面友好、易学易用、开发简单、接口灵活等特点。本章先介绍将概念模型转换为关系模型的方法，再介绍 Access 2016 的基本操作。

本章要点：

(1) 从概念模型到关系模型的转换。

(2) Access 2016 的基本操作及应用。

3.1　从概念模型到关系模型的转换

用实体关系(E-R)图表示的概念模型独立于具体的数据库管理系统所支持的数据模型，它是各种数据模型的基础。下面讨论从概念模型到关系模型的转换过程，即如何将 E-R 图转换成关系数据库管理系统所支持的关系模型。

1. 实体集到关系模式的转换

将 E-R 图中的一个实体集转换为一个同名的关系模式。实体集的属性就是关系模式的属性，实体集的主键就是关系模式的主键。

2. 联系到关系模式的转换

对于联系的处理要区别以下几种不同的情况。

(1) 一对一联系的转换

若两实体集间的联系为 1 : 1，则可以在两个实体集转换成的两个关系模式中的任意一个关系模式的属性集中，加入另一个关系模式的主键和联系自身的属性，由此来完成 1 : 1 联系到关系模式的转换。

(2) 一对多联系的转换

若两实体集间的联系为 1 : n，则在多端(n 端)实体集转换成的关系模式中加入 1 端实体集的主键和联系自身的属性，由此来完成 1 : n 联系到关系模式的转换。

(3) 多对多联系的转换

若两实体集间的联系为 $m:n$,则将联系转换成一个独立的关系模式,其属性为两端实体集的主键加上联系自身的属性,联系关系模式的主键为组合键,由两端实体集主键的组合而成。

根据图 3–1 所示的学生与课程的 E–R 模型,设计关系模型。

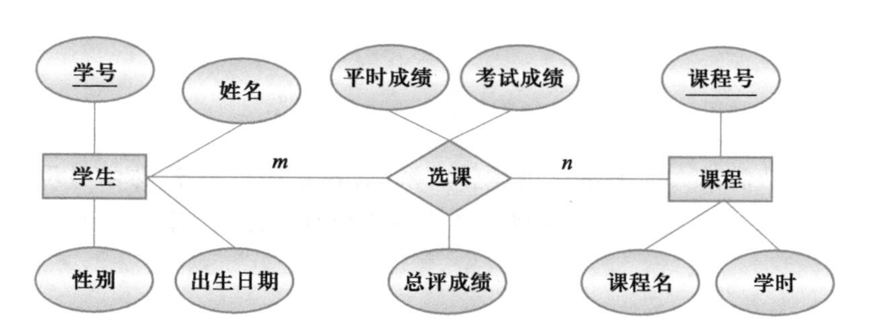

图 3–1 多对多联系到关系模型的转换

该 E–R 图由两个实体集和一个联系组成。先将两个实体集“学生”和“课程”分别转换为以下两个关系模式:

学生(学号,姓名,性别,出生日期)

课程(课程号,课程名,学时)

这两个关系模式的主键分别为“学号”和“课程号”。然后再将这两个实体集间的 $m:n$ 联系转换成一个关系模式选课:

选课(学号,课程号,平时成绩,考试成绩,总评成绩)

关系模式“选课”中包含了“学生”和“课程”关系中的主键“学号”和“课程号”,以及自身的属性“平时成绩”“考试成绩”“总评成绩”。

所以,整个 E–R 模型可以转换成 3 个关系模式。

3.2 Access 2016 的基本操作

Access 是一种关系数据库管理系统,它提供了多种可视化操作命令和工具,利用这些命令和工具可以构造一个功能完整的数据库应用系统。

3.2.1 Access 数据库的组成

一个 Access 数据库包括表、查询、窗体、报表、宏及模块等对象,这些对象用于收集、存储和操作不同的信息。每一个对象都不是孤立的,而是 Access 数据库的一部分,数据库则是这些对象的集合,这些对象都保存在同一个数据库文件(accdb)中。

1. 表

表是数据库中不可缺少的最基本的对象,所有收集来的数据都存储在表中,表中存放着具有特定主题的数据信息。

当需要开发一个数据库系统时,第一步工作就是要根据应用系统的要求设计数据库中表的结构。在 Access 中,表的操作是通过表对象来实现的。表对象中包含反映表结构的字段结构和属性,以及反映表中存储数据的记录。在 Access 设计窗口中,可直观地对表对象中的字段结构和属性进行设计和修改。

在 Access 中,每一个表都是典型的二维表,由字段(列)和记录(行)组成,每一列为一个字段,存放着一类相同性质的数据,每一行为一条记录,存储着每个对象的数据。表是 Access 数据库的核心,是所有数据库操作的目标和前提,在 Access 数据库中至少有一个表的存在,否则数据库为空数据库。

2. 查询

查询是 Access 数据库的主要组件之一,也是 Access 中最强的一项功能。用户可以利用查询工具,通过指定特殊字段、定义字段排列的顺序、输入字段的筛选条件等来查询记录,对存储在表中的有关信息进行提取,最终使数据库中的数据生成一些对用户有一定意义、反映一定事实的信息。使用查询可以按照不同的方式查看、更改和分析数据,也可以使用查询作为窗体、报表的数据源。

3. 窗体

窗体就是类似于窗口的界面。窗体向用户提供一个可以交互的图形界面,用于数据的输入、输出显示及应用程序的执行控制,窗体中的大部分信息来自表或查询。

4. 报表

报表是用来将选定的数据信息按一定的格式进行显示或打印。报表的数据源可以是一张或多张数据表、一个或多个查询表。建立报表时,可以进行一些计算,如求和、计算平均值等。

5. 宏

宏是指一个或多个操作的集合,其中每个操作实现特定的功能,它有机地结合并依次执行每个操作。在一个数据库中,使用宏对象就是将原来孤立的对象有机地组织起来,从而实现数据库复杂的管理功能。

6. 模块

模块的功能与宏类似,但它定义的操作比宏更精细和复杂,用户可以按自己的需要编写程序。模块使用 Access 提供的 VBA 语言编程,通常与窗体、报表结合起来实现完整的应用功能。

总之,在一个 Access 的数据库文件中,“表”用来保存原始数据,“查询”用来查找数据,用户通过“窗体”“报表”用不同的方式获取数据,而“宏”与“模块”则用来实现数据的自动操作。

3.2.2 Access 2016 工作窗口

要使用 Access 2016 进行数据库操作,先要熟悉 Access 2016 的操作环境。作为 Microsoft Office 2016 软件中的一个组件,Access 2016 具有和 Microsoft Office 2016 其他组件风格一致的操作界面,但由于其操作的主体是数据库,所以也有其特殊性。

Access 2016 的主窗口包括快速访问工具栏、功能区、导航窗格、对象编辑区和状态栏等组成部分。

1. 快速访问工具栏

快速访问工具栏中的命令始终可见,可将最常用的命令添加到此工具栏中。通过快速访问工具栏,只需一次单击操作即可访问命令。

快速访问工具栏位于 Access 主窗口顶部标题栏的左侧,其中默认包括“保存”“撤销”“恢复”3 个按钮。

可以自定义快速访问工具栏,以便将经常使用的命令加入其中;还可以选择显示该工具栏的位置和最小化功能区。

单击快速访问工具栏右侧的下拉箭头,将弹出“自定义快速访问工具栏”菜单。选择其中的“其他命令”,将弹出“Access 选项”对话框中的“自定义快速访问工具栏”设置界面。在其中选择要添加的命令,然后单击“添加”按钮。若要删除命令,在右侧的列表中选择该命令,然后单击“删除”按钮;也可以在列表中双击该命令实现添加或删除,完成后单击“确定”按钮。在“自定义快速访问工具栏”设置界面中单击“重置”按钮,可以将快速访问工具栏恢复到默认状态。

也可以选择“文件”→“选项”命令,然后在弹出的“Access 选项”对话框的左侧窗格中选择“快速访问工具栏”选项,进入“自定义快速访问工具栏”设置界面。

2. 功能区

功能区位于 Access 主窗口顶部标题栏的下方,是一个横跨在 Access 主窗口的带状区域。功能区取代了 Access 2007 以前版本中的下拉式菜单和工具栏,是 Access 2016 中主要的操作界面。功能区的主要优势是,它将通常需要使用菜单、工具栏、任务窗格和其他用户界面组件才能显示的任务或入口点集中在一起,这样,只需在一个位置查找命令,而不用到处查找命令,从而方便了用户的使用。

(1) 功能区的组成

功能区由选项卡、选项组和各组的按钮 3 部分组成。单击选项卡可以打开此选项卡所包含的选项组,以及各组相应的按钮。

Access 2016 的选项卡主要有“开始”“创建”“外部数据”和“数据库工具”等,每个选项卡都包含多个选项组。例如,在“创建”选项卡中,从左至右依次为“模板”“表格”“查询”“窗体”“报表”“宏与代码”选项组,每组中又有若干个按钮,如图 3-2 所示。

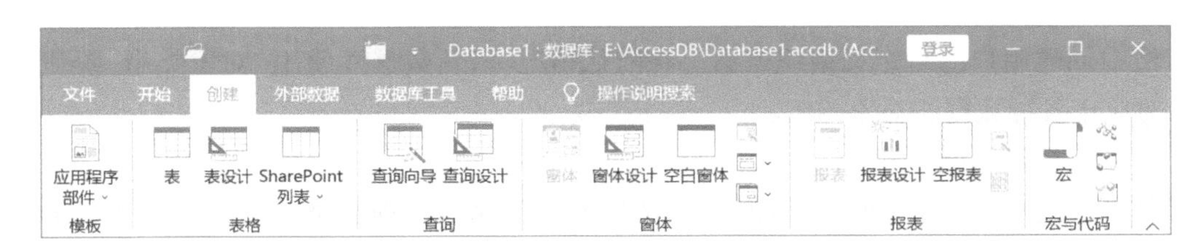

图 3-2　“创建”选项卡

有些选项组的右下角有一个对话框启动器按钮⧅,单击该按钮可以打开相应的对话框。例如,在数据表视图下单击“开始”选项卡,再单击“文本格式”组右下角的对话框启动器按钮⧅,将打开“设置数据表格式”对话框,在其中可以设置数据表的格式。

(2) 功能区的操作

在 Access 2016 中,执行功能区的命令有多种方法。

① 通常情况下,可以单击功能区的选项卡,然后在相关选项组中单击不同按钮。

② 可以使用与按钮关联的键盘快捷方式,如果用户熟悉早期 Access 版本中所用的键盘快捷方式,那么也可以在 Access 2016 中使用这些快捷方式。

③ 在 Access 主窗口中按 Alt 键,在功能区中将显示各按钮的访问键,此时按下所提示的键即可执行相应的命令。例如,按 C 键,则将选中“创建”选项卡,同时显示其中各按钮的访问键。

功能区可以进行折叠或展开,折叠时只保留一个包含选项卡的条形区域。若要折叠功能区,则双击突出显示的活动选项卡。若要再次展开功能区,则再次双击活动选项卡。

(3) 上下文选项卡

在 Access 2016 中,根据正在进行操作的对象以及正在执行的操作的不同,会出现相应的上下文选项卡。例如,如果在设计视图中打开一个表,则出现“表格工具”上下文选项卡,其中的“设计”选项卡包含仅在设计视图中使用表时才能应用的按钮。

上下文选项卡可以根据所选对象状态的不同而自动显示或关闭,具有智能特性,给用户的操作带来方便。

(4) “文件”菜单

“文件”菜单位于 Access 功能区最左侧,其中包含与数据库文件操作相关的命令。例如“新建”“打开”“保存”“关闭”等。此外,“信息”命令提供了压缩和修复数据库、对数据库进行加密等操作。“选项”命令用于设置 Access 程序的选项。

3. 导航窗格

导航窗格位于 Access 主窗口的左侧，可以帮助组织数据库对象，是使用频繁的界面元素。在 Access 2016 中打开数据库时，导航窗格中将显示当前数据库中的各种数据库对象，如表、查询、窗体、报表等。

(1) 导航窗格的组成

导航窗格按类别和组对数据库对象进行组织。可以从多种组织选项中进行选择，还可以在导航窗格中创建用户的自定义组织方案。在默认情况下，新数据库使用“对象类型”类别，该类别包含对应于各种数据库对象的组。

(2) 打开数据库对象

若要打开数据库对象，则在导航窗格中双击该对象；或在导航窗格中选择对象，然后按 Enter 键；或在导航窗格中右击对象，再在快捷菜单中选择命令，该快捷菜单中的命令因对象类型而不同。

(3) 显示或隐藏导航窗格

单击“导航窗格”右上角的“百叶窗开 / 关”按钮«，将隐藏导航窗格。若要再显示导航窗格，则单击“导航窗格”条上面的“百叶窗开 / 关”按钮»。

要在默认情况下禁止显示导航窗格，则在 Access 2016 主窗口中选择“文件”→“选项”命令，将出现“Access 选项”对话框。在左侧窗格中单击“当前数据库”选项，然后在右侧窗格的“导航”区域中清除“显示导航窗格”复选框，最后单击“确定”按钮。

4. 其他界面元素

(1) 对象编辑区

对象编辑区位于 Access 2016 主窗口的右下方、导航窗格的右侧，它是用来设计、编辑、修改以及显示表、查询、窗体和报表等数据库对象的区域。对象编辑区的最下面是记录定位器，其中显示共有多少条记录，当前编辑的是第几条。

通过折叠导航窗格或功能区，可以扩大对象编辑区的范围。

(2) 状态栏

状态栏是位于 Access 2016 主窗口底部的条形区域。右侧是各种视图切换按钮，单击各个按钮可以快速切换视图状态，左侧显示了当前视图状态。

状态栏也可以启用或禁用。在“Access 选项”对话框的左侧窗格中，单击“当前数据库”按钮，在“应用程序选项”下，选中或清除“显示状态栏”复选框，单击“确定”按钮。清除复选框后，状态栏的显示将关闭。

(3) 选项卡式文档

Access 2016 采用选项卡式文档来显示数据库对象。单击选项卡中不同的对象名称，可切换到不同的对象编辑界面。用鼠标右击选项卡，将弹出快捷菜单，选择其中的相应命令可以实现对当前数据库对象的各种操作，如保存、关闭以及视图切换等。

通过设置 Access 选项可以启用或禁用选项卡式文档。在“Access 选项”对话框的左侧窗格中单击“当前数据库”选项，在“应用程序选项”区域的“文档窗口选项”下，选中“选项卡式文档”单选按钮，并选中“显示文档选项卡”复选框。若清除复选框，则文档选项卡将关闭。设置后单击“确定”按钮。

注意：“显示文档选项卡”设置是针对单个数据库而言的，必须为每个数据库单独设置此选项。更改“显示文档选项卡”设置之后，必须关闭然后重新打开数据库，更改才能生效。使用 Access 2016 创建的新数据库在默认情况下显示文档选项卡。

3.2.3　表结构

数据表由表结构和记录两部分组成。表结构是由若干个字段及其属性构成，在设计表结构时，应分别设计各个字段的名称、类型、属性等信息。

1. 字段名

在 Access 2016 中，字段名最多可以包含 64 个字符，其中可以使用字母、汉字、数字、空格和其他字符，但不能以空格开头。字段名中不能包含点（.）、惊叹号（！）、方括号（[ ]）和单引号（’）。

2. 字段类型

Access 2016 提供了短文本、长文本、数字、日期 / 时间、货币、自动编号、是 / 否、OLE 对象、超链接、附件、计算和查阅向导等字段类型，以满足不同性质的数据定义需要。

① 文本型。文本数据类型用于存储字符数据，如姓名、籍贯等。也可以是不需要计算的数字，如电话号码、邮政编码等。文本数据类型分为“短文本”和“长文本”两种。

② 数字型。数字型用来存储进行算术运算的数值数据，一般可以通过设置“字段大小”属性定义一个特定的“数字”字段。

货币型是一种特殊的数字数据类型。向货币字段输入数据时，不必输入货币符号和千位分隔符，Access 2016 会自动显示这些符号。

③ 日期 / 时间型。日期 / 时间型用来存储日期、时间或日期时间的组合，占 8 B。在 Access 2016 中，“日期 / 时间”字段附有内置日历控件，输入数据时，日历按钮自动出现在字段的右侧，可供输入数据时查找和选择日期。

日期 / 时间常量要用“#”作为定界符，如 2021 年 3 月 21 日表示为“#2021-3-21#”。年、月、日之间也可用“/”来分隔，即“#2013/3/21#”。

④ 自动编号型。对于“自动编号”字段，每当向表中添加一条新记录时，Access 会自动插入一个唯一的顺序号。

⑤ 是 / 否型。是 / 否型是针对只包含两种不同取值的字段而设置的，如性别、是否少数民族

等字段。

⑥ OLE 对象型。OLE 对象类型是指字段允许单独链接或嵌入 OLE 对象。可以链接或嵌入到表中的OLE对象是指其他使用OLE协议程序创建的对象，如Word文档、Excel电子表格、图像、声音或其他二进制数据。“OLE 对象”字段最大为 1 GB，受磁盘空间限制。

⑦ 超链接型。超链接型字段用来保存超链接地址，最多存储 64 KB 的字符。超链接地址的一般格式为

DisplayText#Address

其中，DisplayText 表示在字段中显示的文本，Address 表示链接地址。例如，超链接字段的内容为“高教社主页 #http://hep.com.cn”，表示链接的目标是“http://hep.com.cn”，而字段中显示的内容是“高教社主页”。

⑧ 附件型。使用附件数据类型可以将整个文件嵌入到数据库中，这是将图片、文档及其他文件和与之相关的记录存储在一起的重要方式。例如“学生”表，可以将学生的一份或几份代表性作品附加到每位学生的记录中，还可以加上学生的照片。

⑨ 计算型。计算字段是指该字段的值是通过一个表达式计算得到的。使用这种数据类型可以使原本必须通过查询的计算任务，在数据表中就可以完成。例如，“选课”表中有“平时成绩”“考试成绩”和“总评成绩”字段，其中“总评成绩”字段就可以定义为“计算”数据类型，其值是在“平时成绩”和“考试成绩”字段的基础上通过计算得到。

⑩ 查阅向导型。查阅向导数据类型用于创建一个查阅列表字段，该字段可以通过组合框或列表框选择来自其他表或值列表的值。该字段实际的数据类型和大小取决于数据的来源。

3. 字段属性

不同类型的字段具有不同的属性，常用属性如下。

(1) 字段大小

字段大小属性可以控制字段使用的存储空间。该属性只适用于“短文本”字段或“数字”字段，其他类型的字段大小均由系统统一规定。

(2) 格式

格式属性用来指定数据显示或打印的格式，但这种格式并不影响数据的实际存储格式。

(3) 输入掩码

在输入数据时，有些数据有相对固定的书写格式。例如，电话号码书写格式为“(区号)电话号码”。此时可以利用输入掩码强制实现某种输入模式，使数据的输入更方便。定义输入掩码时，将格式中不变的符号定义为输入掩码的一部分，这样在输入数据时，只需输入变化的值即可。

(4) 标题

字段标题用于指定从字段列表中通过拖动字段创建的控件所附标签的文本，并作为表或查询数据表视图中字段的列标题。如果没有为表字段指定标题，则用字段名作为控件附属标签的标题，或作为数据表视图中的列标题。

(5) 默认值

默认值是在输入新记录时自动取定的数据内容。在一个数据库中,往往会有一些字段的数据内容相同或包含有相同的部分,为减少数据输入量,可以将出现较多的值作为该字段的默认值。

(6) 验证规则和验证文本

验证规则是给字段输入数据时所设置的约束条件。在输入或修改字段数据时,将检查输入的数据是否符合条件,从而防止将不合理的数据输入到表中。当输入的数据违反了验证规则时,可以通过定义"验证文本"属性来给出提示。

(7) 计算字段的"表达式"属性

计算数据类型可以使原本必须通过查询的计算任务,在数据表中就可以完成。在"选课"表中增加"总评成绩"字段,可以将它定义为计算数据类型,而且约定平时成绩占总评成绩的 30%,考试成绩占总评成绩的 70%。在设置计算字段时,自动打开"表达式生成器"对话框。在"表达式类别"区域中双击一个字段名,该字段就被添加到表达式编辑窗格中。这里输入表达式"平时成绩 *30/100+ 考试成绩 *70/100"。

参照有关字段参数的规定,确定"教学管理"数据库中"学生"表、"课程"表、"选课"表的结构分别如表 3–1~ 表 3–3 所示。

表 3–1　"学生"表的结构

字段名称	字段类型	字段大小	字段名称	字段类型	字段大小
学号	短文本	8	姓名	短文本	10
性别	短文本	1	出生日期	时间 / 日期	
是否少数民族	是 / 否		籍贯	短文本	20
入学成绩	数字	单精度型	专业名	短文本	10
简历	长文本		主页	超链接	
吉祥物	OLE 对象		代表性作品	附件	

表 3–2　"课程"表的结构

字段名称	字段类型	字段大小	字段名称	字段类型	字段大小
课程号	短文本	8	课程名	短文本	20
学时	数字	整型			

表 3–3　"选课"表的结构

字段名称	字段类型	字段大小	字段名称	字段类型	字段大小
学号	短文本	8	课程号	短文本	8
平时成绩	数字	单精度型	考试成绩	数字	单精度型
总评成绩	数字	单精度型			

3.3 数据库的建立和管理

Access 数据库是所有相关对象的集合，每一个对象都是数据库的组成部分。其中表是数据库的基础，它保存着数据库中的全部数据，而其他对象只是数据库提供的工具，用于对数据库进行维护和管理。所以，建立一个数据库的关键是建立数据表。

3.3.1 数据库的建立

Access 2016 提供了两种创建数据库的方法：一种是先创建一个空数据库，然后向其中添加对象；另一种是利用系统提供的模板来创建数据库。创建数据库的结果是在磁盘上生成一个扩展名为 accdb 的数据库文件。第一种方法比较灵活，是常用的方法。

在 Access 2016 中创建一个空数据库，只是建立一个数据库文件，该文件中不含任何数据库对象，以后可以根据需要在其中创建所需的数据库对象。

创建数据库的操作步骤如下。

① 在 Access 2016 主窗口中单击“文件”→“新建”命令，在弹出的窗口中单击“空白数据库”按钮。

② 在空白数据库“文件名”区域中，输入数据库文件名，例如“教学管理”，再单击 按钮设置数据库的存放位置，然后单击“创建”按钮，此时将创建新的数据库，并且在数据表视图中将打开一个新表。

注意：此时在这个数据库中并没有任何数据库对象，可以根据需要在该数据库中创建所需的数据库对象。还应注意，在创建数据库之前，应先建立用于保存该数据库文件的文件夹。

3.3.2 数据表的建立与编辑

在创建表时，先要创建表的结构，再往表中添加数据。创建表的结构就是输入字段名、设置字段类型和字段大小及其他字段属性，然后存盘形成一个空表。创建了一个空表之后，就可以往表中添加数据了。

在 Access 2016 中，创建表的方法通常有 5 种，即使用设计视图创建表、使用数据表视图创建表、使用表模板创建表、使用字段模板创建表和通过导入外部数据创建表。

1. 使用设计视图创建表

使用设计视图创建表是一种常用方法。对于较为复杂的表，通常都是在设计视图中创建的。在“教学管理”数据库中创建“学生”表，操作步骤如下。

① 打开“教学管理”数据库,单击“创建”→“表格”组中的“表设计”按钮,打开表的设计视图,如图 3-3 所示。

图 3-3　表的设计视图

设计视图上半部分是字段输入区,从左至右分别为字段选定器、“字段名称”列、“数据类型”列和“说明”列。字段选定器用来选择某个字段;“字段名称”列用来设定字段的名称;“数据类型”列用来定义该字段的数据类型;如果需要,可以在“说明”列中对字段进行必要的说明,起到提示和备忘的作用。设计视图的下半部分是字段属性区,用来设置字段的属性值,包括常规属性和查阅属性。

② 添加字段。按照表 3-1 的内容,在“字段名称”列中输入字段名称,在“数据类型”列中选择相应的数据类型,在常规属性窗格中设置字段大小,如图 3-4 所示。

③ 将“学号”字段设置为表的主键。右击“学号”字段,在弹出的快捷菜单中选择“主键”命令,或先选中“学号”字段,再单击“表格工具 / 设计”→“工具”组中的“主键”按钮。设置完成后,在“学号”字段的字段选定器上出现钥匙图标 ,表示该字段是主键。

在 Access 2016 中,主键有 3 种类型,即自动编号、单字段和多字段。将“自动编号”字段指定为表的主键是最简单的定义主键的方法。如果在保存新建的表之前未设置主键,则会询问是否要创建主键,如果单击“是”按钮,将创建“自动编号”数据类型的主键。如果表中某个字段的值可以唯一标识一条记录,例如“学生”表的“学号”字段,那么就可以将该字段指定为主键。如果表中没有一个字段的值可以唯一标识一条记录,那么就可以考虑选择多个字段组合在一起作为主键,来唯一标识记录,例如在“选课”表中,可以把“学号”和“课程号”两个字段组合起来作为主键。

将多个字段同时设置为主键的方法是:先选中一个字段行,然后在按住 Ctrl 键的同时选择

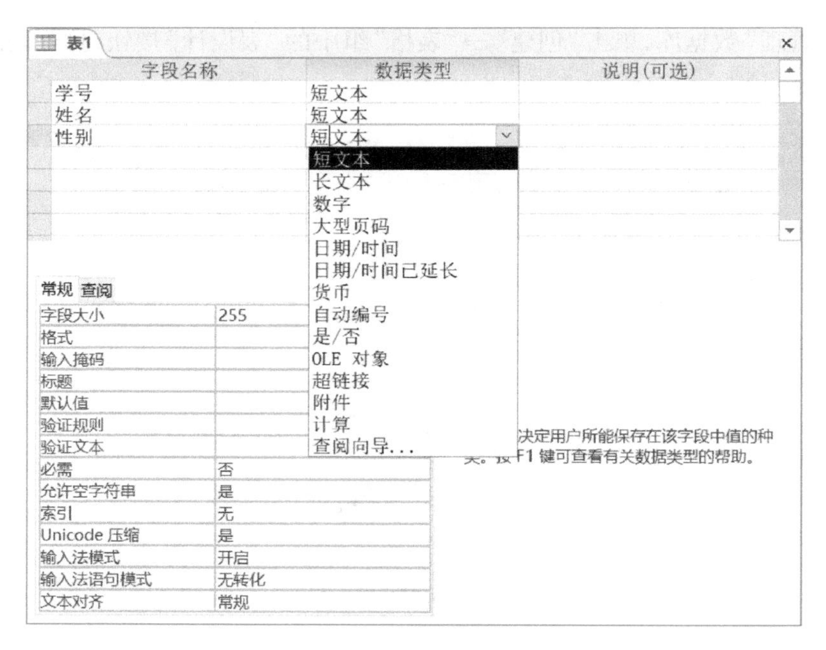

图 3-4 添加字段

其他字段行,这时多个字段均被选中。单击“表格工具 / 设计”→“工具”组中的“主键”按钮。设置完成后,在各个字段的字段选定器上都出现钥匙图标,表示这些字段的组合是该表的主键。

④ 选择“文件”→“保存”命令,或在快速访问工具栏中单击“保存”按钮,在打开的“另存为”对话框中输入表的名称“学生”,然后单击“确定”按钮,以“学生”为名称保存表。

2. 使用数据表视图输入数据

在表设计视图中显示的是表的结构属性,而在数据表视图中显示的是表中的数据,因此,针对表中数据的操作都是在数据表视图中进行的。同样,在 Access 2016 中,可以利用数据表视图向表中输入数据。

首先打开数据库,在导航窗格中双击要输入数据的表名,进入数据表视图,然后输入数据。例如,要将学生信息输入到“学生”表中,从第 1 个空记录的第 1 个字段开始分别输入“学号”“姓名”“性别”等字段的值,每输入完一个字段值按 Enter 键或按 Tab 键转至下一个字段。输入“是否少数民族”字段值时,在提供的复选框内单击鼠标左键会显示√符号,表示是少数民族,再次单击可以去掉√符号,表示不是少数民族。输入完一条记录后,按 Enter 键或 Tab 键转至下一条记录,继续输入第 2 条记录。直到输入完所有记录后,“学生”表的数据表视图如图 3-5 所示。单击数据表视图右上角的“关闭”按钮,则会保存该表数据,并关闭该表的数据表视图。

当向表中输入数据而未对其中的某些字段指定值时,该字段将出现空值(用 Null 表示)。空值不同于空字符串或数值零,而是表示未输入、未知或不确定,它是需要以后再添加数据的。例

学生

学号	姓名	性别	出生日期	是否少数民族	籍贯	入学成绩	专业名	
20210101	胡宇轩	男	2003/6/12	☐	江苏南京	583	工商管理	
20210102	肖伊凯	女	2002/4/9	☐	湖北荆州	596	工商管理	2021年
20210201	王鸿凯	男	2001/8/16	☑	湖南张家界	587	电子商务	
20210302	罗聘驰	男	2002/2/28	☐	四川成都	584	会计学	
20210306	杨芳丽	女	2001/12/30	☑	湖南怀化	588	会计学	
20211001	郭豪迈	男	2000/5/8	☐	河南平顶山	597	计算机科学与扌	
20211002	周克涛	男	2001/7/24	☐	湖南衡阳	602	计算机科学与扌	
20211108	杨敏	男	1999/1/8	☑	云南昆明	603	工业设计	
20211209	彭佩佩	女	2000/10/23	☐	陕西西安	593	艺术设计	
20212025	张哲晓	女	2003/1/25	☑	新疆乌鲁木齐	596	金融学	

记录: 第 1 项(共 10 项　无筛选器　搜索

图 3-5　在数据表视图中输入表数据

如，某个学生进校时尚未确定专业，故在输入该生的信息时，“专业名”字段不能输入，系统将用空值(Null)标识该生记录的“专业名”字段。

第 1 个字段列左边的小方块是记录选定器，用于选定该记录。通常在输入一条记录的同时，Access 2016 将自动添加一条新的空记录，并且该记录的选定器上显示一个星号 * ，而在当前正在输入的记录选定器上则显示铅笔符号 。当鼠标指针指向记录选定器时，显示向右箭头 ➡ ，此时单击则选中该记录，该记录成为当前记录。

3. 表结构的修改

(1) 修改字段

修改字段包括修改字段的名称、数据类型、说明和字段属性等内容。Access 2016 允许通过设计视图和数据表视图对表结构进行修改。

在设计视图中，如果要修改字段名，则单击该字段的“字段名称”列，然后修改字段名称；如果要修改字段的数据类型，则单击该字段“数据类型”列右侧的下拉按钮，然后从打开的下拉列表中选择需要的数据类型；如果要修改字段属性，则选中该字段，再在“字段属性”区域进行修改。

在数据表视图中，要修改字段名的方法是：双击需要修改的字段名进入修改状态，或右击需要修改的字段名，在弹出的快捷菜单中选择“重命名字段”命令。如果还要修改字段数据类型或定义字段的属性，可以选择“表格工具 / 字段”上下文选项卡中的有关按钮。

(2) 添加字段

添加字段也可通过设计视图和数据表视图进行。

用设计视图打开需要添加字段的表，然后将光标移动到要插入新字段的字段行，单击“表格工具 / 设计”→“工具”组中的“插入行”按钮，或右击某字段，在弹出的快捷菜单中选择“插入行”命令，则在当前字段的上面插入一个空行，在空行中依次输入字段名称、数据类型等。

用数据表视图打开需要添加字段的表，右击某个列标题，在弹出的快捷菜单中选择“插入字段”命令，双击新列中的字段名“字段 1”，为该列输入唯一的名称。再使用“表格工具 / 字段”上下文选项卡中的按钮修改字段的数据类型或定义字段的属性。

(3) 删除字段

与添加字段操作相似，删除字段也有以下两种方法。

① 用设计视图打开需要删除字段的表，然后将光标移到要删除的字段行。如果要选择一组连续的字段，可用鼠标指针拖过所选字段的字段选定器。然后单击“表格工具 / 设计”→“工具”组中的“删除行”按钮，或右击某个字段，在弹出的快捷菜单中选择“删除行”命令。

② 用数据表视图打开需要删除字段的表，右击要删除的字段列，在弹出的快捷菜单中选择“删除字段”命令。

(4) 移动字段

移动字段可以在设计视图中进行。用设计视图打开需要移动字段的表，单击字段选定器选中需要移动的字段，然后再次单击并按住鼠标左键不放，拖动鼠标即可将该字段移到新的位置。

4. 记录的编辑

修改表中的内容是一项经常性的操作，主要包括添加记录、删除记录、修改数据等操作。

(1) 添加记录

添加记录时，使用数据表视图打开要编辑的表，可以将光标直接移动到表的最后一行，直接输入要添加的数据；也可以单击记录选定器中的“新(空白)记录”按钮，或单击“开始”→“记录”组中的“新建”按钮，待光标移到表的最后一行后输入要添加的数据。

(2) 删除记录

删除记录时，使用数据表视图打开要编辑的表，选定要删除的记录，然后单击“开始”→“记录”组中的“删除”按钮，在弹出的删除记录提示框中，单击“是”按钮执行删除，单击“否”按钮取消删除。

在数据表中，可以一次删除多条相邻的记录。如果要一次删除多条相邻的记录，则在选择记录时，先单击第 1 条记录的记录选定器，然后拖动鼠标经过要删除的每条记录，最后执行删除操作。

注意：删除操作是不可恢复的操作，在删除记录前要确认该记录是否要删除。

(3) 修改数据

在数据表视图中修改数据的方法非常简单，只要将光标移到要修改数据的相应字段直接修改即可。其操作方法与一般字处理软件中的编辑修改类似。

在输入或编辑数据时，可以使用复制和粘贴操作将某字段中的数据复制到另一个字段中。操作步骤如下。

① 使用数据表视图打开要修改数据的表。

② 将鼠标指针指向要复制数据字段的最左侧，在鼠标指针变为空心十字✚形状时，单击鼠标左键选中整个字段。如果要复制部分数据，将鼠标插针指向要复制数据的开始位置，然后拖动鼠标到结束位置，选中要复制的部分数据。

③ 单击“开始”→“剪贴板”组中的“复制”按钮。再选定目标字段，单击“开始”→“剪贴板”

组中的“粘贴”按钮。

3.3.3　数据表之间的关联

数据库中的表之间往往存在着相互的联系。例如，“教学管理”数据库中的“学生”表和“选课”表之间、“课程”表和“选课”表之间均存在一对多联系。在 Access 2016 中，可以通过创建表之间的关联来表达这个联系。两个表之间一旦建立了关联，就可以很容易地从中找出所需要的数据，也为建立查询、窗体和报表打下基础。

1. 创建表之间的关联

在创建表之间的关联时，先在至少一个表中定义一个主键，然后使该表的主键与另一个表的对应列（一般为外键）相关。主键所在的表称为主表，外键所在的表称为相关表（也可称为子表或子数据表）。两个表的联系就是通过主键和外键实现的。

注意：在创建表之间的关联前，应关闭所有需要定义关联的表。

创建“教学管理”数据库中表之间的关联，操作步骤如下。

① 打开“教学管理”数据库，单击“数据库工具”→“关系”组中的“关系”按钮，打开“关系”窗口。此时将出现“关系工具 / 设计”上下文选项卡，在“关系”组中单击“添加表”按钮，打开“显示表”对话框。

② 在“显示表”对话框中，单击“学生”表，然后单击“添加”按钮，将“学生”表添加到“关系”窗口中，同样将“课程”表和“选课”表添加到“关系”窗口中，再单击“关闭”按钮，关闭“显示表”对话框。

③ “学号”字段在“学生”表中是主键，而在“选课”表中是外键，两个表的联系就是通过这个字段实现的。选中“学生”表中的“学号”字段，然后按下鼠标左键并拖至“选课”表中的“学号”字段上，松开鼠标，这时弹出如图 3-6 所示的“编辑关系”对话框。

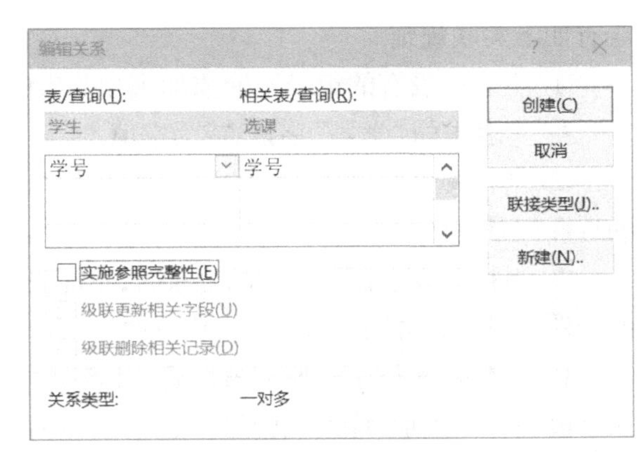

图 3-6　“编辑关系”对话框

在“编辑关系”对话框中的“表 / 查询”列表框中，列出了“学生”表（主表）的相关字段“学号”，在“相关表 / 查询”列表框中，列出了“选课”表（相关表）的相关字段“学号”。可以检查显示在两个表字段列中的字段名称以确保正确性，必要时可以进行更改。

注意：在建立两个表之间的关联时，相关联的两个字段必须具有相同的数据类型，但字段名不一定相同。

一般情况下，选中“编辑关系”对话框左下方的 3 个复选框，系统将自动识别关联类型，然后单击“创建”按钮，就完成了关联的创建。

④ 用同样的方法可以建立“课程”表和“选课”表的关联。

⑤ 单击“关系”窗口的“关闭”按钮，这时 Access 2016 系统询问是否保存更改，单击“是”按钮保存更改。

2. 编辑表之间的关联

在定义了关联以后，有时还需要重新编辑已有的关联，其操作步骤如下。

① 单击“数据库工具”→“关系”组中的“关系”按钮，打开“关系”窗口。

② 如果要编辑修改已建立的两个表之间的关联，可以单击“关系工具 / 设计”→“工具”组中的“编辑关系”按钮，或双击两个表之间的连线，或右击两个表之间的连线，在弹出的快捷菜单中选择“编辑关系”命令，这时弹出如图 3-6 所示的“编辑关系”对话框。在该对话框中，重新选择复选框，然后单击“创建”按钮。如果要删除已建立的两个表之间的关联，可以右击关联，在弹出的快捷菜单中选择“删除”命令。

3. 设置参照完整性

参照完整性是指在输入或删除表的记录时，主表和相关表之间必须保持一种联动关系。因此，在定义表之间的关系时，应设立一些准则，从而保证各个表之间数据的一致性。

（1）实施参照完整性

在建立表之间的关联时，在“编辑关系”对话框中有一个“实施参照完整性”复选框，选中它之后，表明主表和相关表中不能出现“学号”不相等的记录。如果设置了“实施参照完整性”，则会有如下关联规则。

① 主表中没有的记录不能添加到相关表中。例如，“选课”表中的“学号”字段值必须存在于“学生”表中的“学号”字段，或为空值。

② 当相关表中存在匹配的记录时，不能从主表中删除该记录。例如，“选课”表中有某学生的选课记录，就不能在“学生”表中删除对应“学号”的记录。

③ 当相关表中存在匹配的记录时，不能更改主表中的主键值。例如，“选课”表中有某学生的选课记录，就不能在“学生”表中修改对应记录的“学号”字段值。

也就是说，实施了参照完整性后，对表中主键字段进行操作时，系统会自动检查主键字段，看该字段是否被添加、修改或删除。如果对主键的修改违背了参照完整性的要求，那么系统会自动强制执行参照完整性规则。

（2）级联更新相关字段

在“编辑关系”对话框中，有 3 个复选框可供使用，但必须在选中“实施参照完整性”复选框后，其他两个复选框才可使用。如果选中“级联更新相关字段”复选框，则当更新主表中记录的主键值时，Access 2016 就会自动更新相关表所有相关记录的主键值。

(3) 级联删除相关记录

在选中了“实施参照完整性”复选框后，如果选中了“级联删除相关记录”复选框，则当删除主表中的记录时，Access 2016将自动删除相关表中的相关记录。

3.4 创建选择查询

在Access中查询的类型有选择查询、参数查询、交叉表查询、操作查询和SQL查询5种。无论哪种查询，一旦建立以后就作为一个独立的对象存在于数据库中，要得到查询结果必须执行查询。

选择查询是最常用的查询方法。所谓选择查询，即根据指定的准则从一个或多个表中检索数据，并按照所需的排列次序在数据表中显示结果。选择查询可以对查询出来的数据进行分组、计数、求平均值和统计等计算，以及生成新的查询字段并保存结果。

3.4.1 在查询设计视图中创建选择查询

使用“查询设计”是建立和修改查询最主要的方法。在查询设计视图中，既可以创建不带条件的查询，也可以创建带条件的查询，还可以对已创建的查询进行修改。这种由用户自主设计查询的方法比采用查询向导创建查询更加灵活。

1. 查询设计视图窗口

打开“教学管理”数据库，单击“创建”→“查询”组中的“查询设计”按钮，可以打开查询设计视图窗口，并弹出“显示表”对话框，关闭“显示表”对话框可以得到空白的查询设计视图窗口，如图3-7所示。

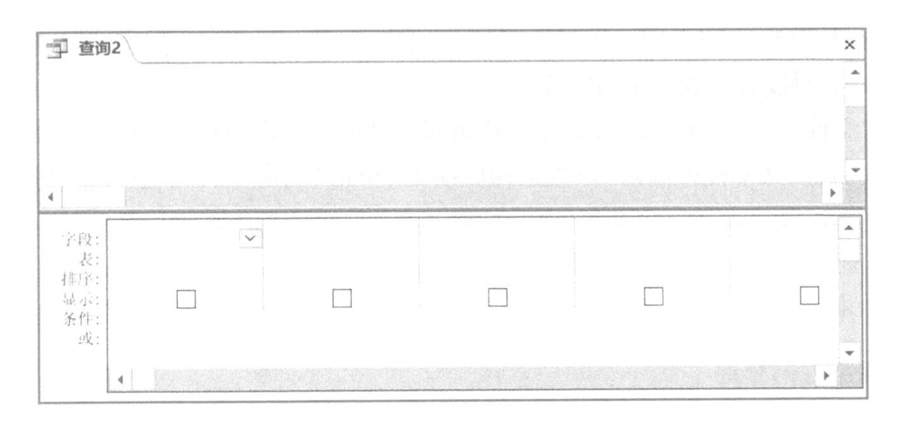

图3-7 查询设计视图窗口

查询设计视图窗口分为上下两部分。上半部分是字段列表区，其中显示所选表的所有字段；下半部分是设计网格，其中的每一列对应查询动态集中的一个字段，每一行代表查询所需要的一个参数。其中，“字段”行设置查询要选择的字段；“表”行设置字段所在的表或查询的名称；“排序”行定义字段的排序方式；“显示”行定义选择的字段是否在数据表视图（查询结果）中显示出来；“条件”行设置字段限制条件；“或”行设置“或”条件来限制记录的选择。汇总时还会出现“总计”行，用于定义字段在查询中的计算方法。

打开查询设计视图窗口后，会自动显示“查询工具 / 设计”上下文选项卡，利用其中的按钮可以实现查询过程中的相关操作。

2. 创建不带条件的查询

创建不带条件的查询就是要确定查询的数据源，并将查询字段添加到查询设计视图窗口中，但不需要设置查询条件。

例 3–1 使用查询设计视图创建“学生选课成绩”查询。

操作步骤如下。

① 打开“教学管理”数据库，单击“创建”→“查询”组中的“查询设计”按钮，打开查询设计视图窗口，并显示“显示表”对话框。

② 双击“学生”表，将“学生”表的字段列表添加到查询设计视图上半部分的字段列表区中，同样分别双击“课程”表和“选课”表，也将它们的字段列表添加到查询设计视图的字段列表区中。然后单击“关闭”按钮关闭“显示表”对话框。

③ 在表的字段列表中选择字段，并添加到设计网格的“字段”行上，其方法有以下 3 种。

- 单击某字段，按住鼠标左键不放将其拖到设计网格中的“字段”行上。
- 双击选中的字段。
- 单击设计网格中“字段”行上要放置字段的列，单击右侧的下拉按钮，并从下拉列表中选择所需的字段。

这里分别双击“学生”表中的“学号”和“姓名”字段，“课程”表中的“课程名”字段，“选课”表中的“总评成绩”字段，将它们添加到“字段”行的第 1~4 列中，这时“表”行上显示了这些字段所在表的名称，同时设置需要显示的字段。

④ 选择“文件”→“保存”命令，或在快速访问工具栏中单击“保存”按钮，打开“另存为”对话框，在“查询名称”文本框中输入“学生选课成绩 1”，单击“确定”按钮。查询设计视图如图 3–8 所示。

⑤ 单击“查询工具 / 设计”→“结果”组中的“视图”按钮，再在下拉列表中选择“数据表视图”命令，或在“结果”组中单击“运行”按钮，可以看到“学生选课成绩 1”查询的运行结果。

3. 创建带条件的查询

在查询操作中，带条件的查询是大量存在的，这时可以在查询设计视图中设置条件来创建带

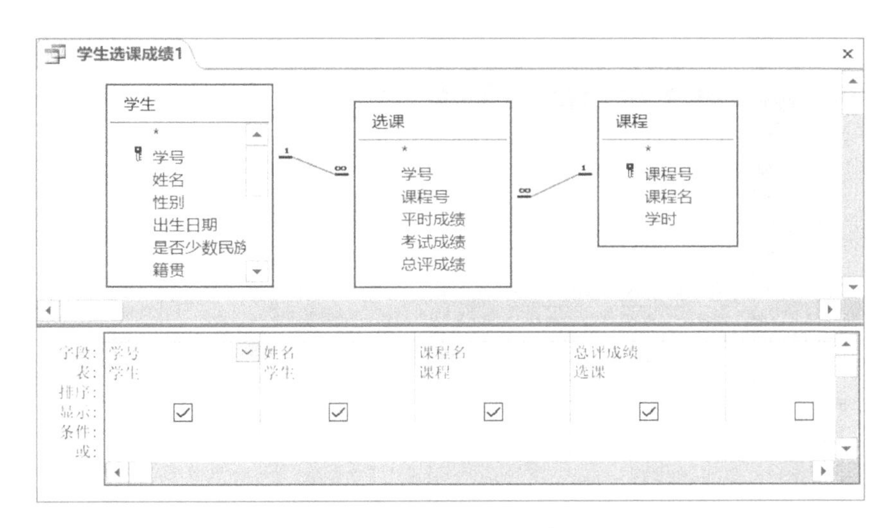

图 3-8　学生选课成绩 1

条件的查询。

例 3-2　查找 2001 年出生的男生信息，要求显示“学号”“姓名”“性别”“是否少数民族”等字段内容。

操作步骤如下。

① 打开“教学管理”数据库，单击“创建”→“查询”组中的“查询设计”按钮，打开查询设计视图窗口，在“显示表”对话框中将“学生”表添加到字段列表区中。

② 查询结果没有要求显示“出生日期”字段，但由于查询条件需要使用这个字段，因此，在确定查询所需的字段时必须选择该字段。分别双击“学号”“姓名”“性别”“是否少数民族”“出生日期”字段，将它们添加到设计网格的“字段”行的第 1~5 列中。

③ 按要求，“出生日期”字段只作为查询条件，不显示其内容，因此应该取消“出生日期”字段的显示。单击“出生日期”字段的“显示”行的复选框，这时复选框内变为空白。

④ 在“性别”字段列的“条件”行中输入条件“男”，在“出生日期”字段列的“条件”行中输入条件“Year([出生日期])=2001”。

⑤ 保存查询，查询名称为“2001 年出生的男生信息”，然后单击“确定”按钮。设置条件如图 3-9 所示。

“出生日期”字段的条件还有多种描述方法，如 Between #2001-1-1# And #2001-12-31#、>=#2001-1-1# And <=#2001-12-31#、Like "2001*" 等。

⑥ 运行该查询或切换到数据表视图，查询结果如图 3-10 所示。

在所建查询中，查询条件涉及“性别”和“出生日期”两个字段，要求两个字段值均等于条件给定值，此时，应将两个条件同时写在“条件”行上。若两个条件是“或”关系，应将其中一个条件放在“或”行。例如，查找总评成绩大于或等于 80 分的女生或少数民族学生，显示“姓名”“性别”和“总评成绩”字段，则设置结果如图 3-11 所示。

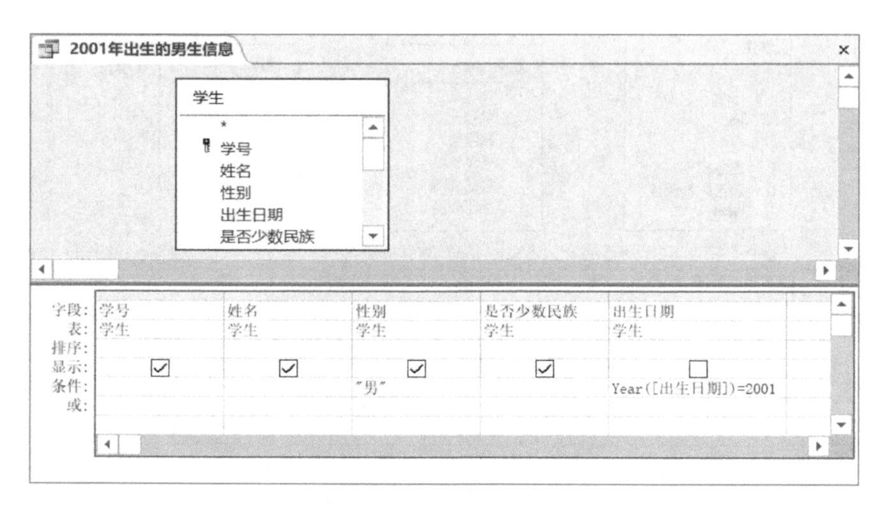

图 3-9　设置查询条件

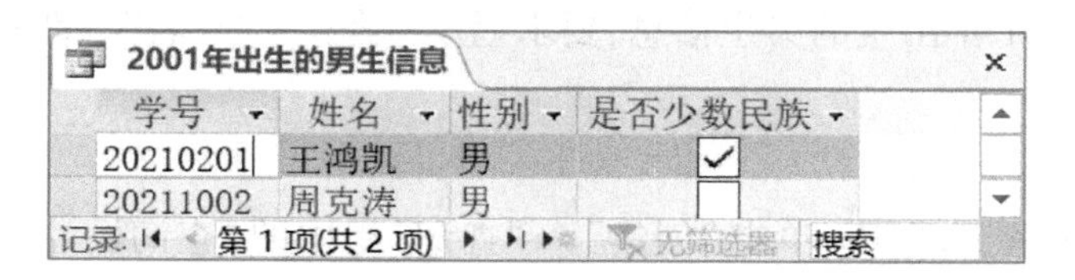
2001年出生的男生信息

学号	姓名	性别	是否少数民族
20210201	王鸿凯	男	☑
20211002	周克涛	男	☐

记录: 第 1 项(共 2 项) 无筛选器 搜索

图 3-10　带查询条件的查询结果

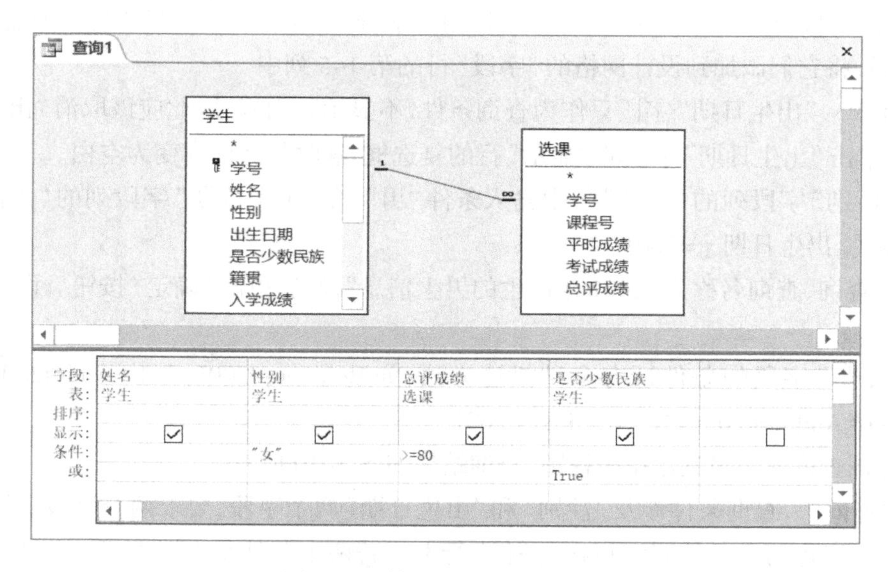

图 3-11　使用“或”行设置条件

3.4.2 在查询中进行计算

在查询中还可以对数据进行计算，从而生成新的查询数据。常用的计算方法有求和、计数、求最大值、求最小值和求平均值等。查询时，可以利用查询设计视图中的设计网格的“总计”行进行各种统计，还可以通过创建计算字段进行任意类型的计算。

1. Access 2016 的查询计算功能

在 Access 2016 查询中，可以执行两种类型的计算：预定义计算和自定义计算。

预定义计算是系统提供的用于对查询结果中的记录组或全部记录进行的计算。单击“查询工具 / 设计”→“显示 / 隐藏”组中的“汇总”按钮，可以在设计网格中显示出“总计”行。对设计网格中的每个字段，都可在“总计”行中选择所需选项来对查询中的全部记录、一条记录或多条记录组进行计算。“总计”行中有 12 个选项，其名称及作用如表 3–4 所示。

表 3–4 “总计”行中各选项的名称及作用

选项名称		作用
函数	合计（Sum）	计算字段中所有记录值的总和
	平均值（Avg）	计算字段中所有记录值的平均值
	最小值（Min）	取字段中所有记录值的最小值
	最大值（Max）	取字段中所有记录值的最大值
	计数（Count）	计算字段中非空记录值的个数
	标准差（StDev）	计算字段记录值的标准偏差
	变量（Var）	计算字段记录值的方差
其他选项	分组（Group By）	将当前字段设置为分组字段
	第一条记录（First）	找出表或查询中第一个记录的字段值
	最后一条记录（Last）	找出表或查询中最后一个记录的字段值
	表达式（Expression）	创建一个用表达式产生的计算字段
	条件（Where）	设置分组条件以便选择记录

自定义计算是指直接在设计网格的空字段行中输入表达式，从而创建一个新的计算字段，以所输入表达式的值作为新字段的值。

2. 创建计算查询

使用查询设计视图中的“总计”行，可以对查询中全部记录或记录组计算一个或多个字段的统计值。

例 3–3　统计学生人数。

操作步骤如下。

① 打开“教学管理”数据库，单击“创建”→“查询”组中的“查询设计”按钮，打开查询设计视图窗口，并在显示“显示表”对话框中将“学生”表添加到其字段列表区中。

② 双击“学生”表字段列表中的“学号”字段，将其添加到“字段”行的第 1 列。

③ 在“显示 / 隐藏”组中单击“汇总”按钮，在设计网格中插入一个“总计”行，并自动将“学号”字段的“总计”行设置成 Group By。

④ 单击“学号”字段的“总计”行，并单击其右侧的下拉按钮，从打开的下拉列表中选择“计数”函数。

⑤ 保存查询，查询名称为“统计学生人数”，然后单击“确定”按钮。查询设置如图 3–12 所示。

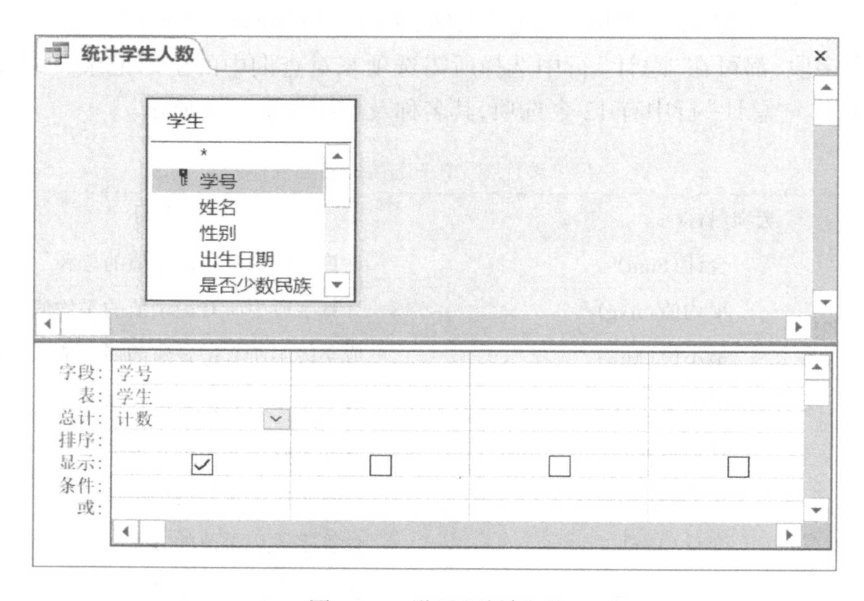

图 3–12　设置“总计”项

⑥ 运行查询或切换到数据表视图，查询结果如图 3–13 所示。

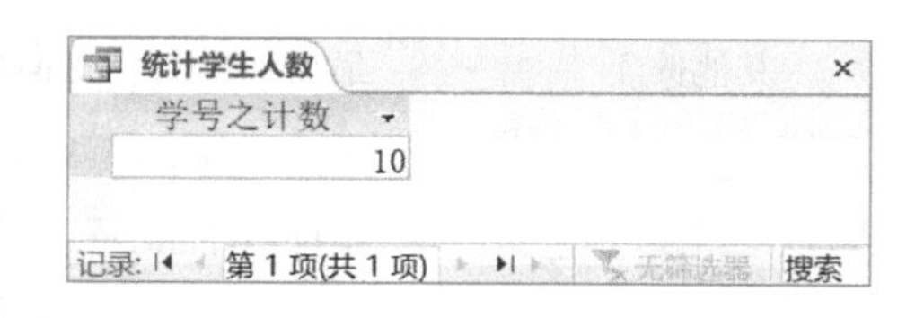

图 3–13　总计查询结果

此例完成的是最基本的统计计算，不带有任何条件。在实际应用中，往往需要对符合某个条件的记录进行统计计算。

例 3–4　统计 2001 年出生的男生人数。

该查询的数据源是“学生”表，要实施的总计方式是计数，选择“学号”字段作为计数对象。由于“出生日期”字段和“性别”字段只能作为条件，因此，在两个字段的“总计”行选择 Where 选项。Access 2016 规定，在“总计”行指定条件选项的字段不能出现在查询结果中，因此，查询结果中只显示学生人数。将查询设计存盘，查询设计视图和运行结果分别如图 3–14 和图 3–15 所示。

图 3-14　设置查询条件及总计项

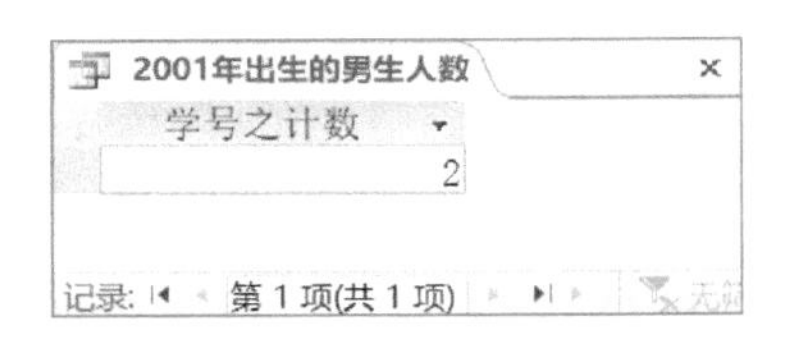

图 3-15　带条件的总计查询结果

3. 创建分组统计查询

在查询中，如果需要对记录进行分类统计，可以使用分组统计功能。分组统计时，只需在查询设计视图中将用于分组字段的"总计"行设置成 Group By 即可。

例 3-5　统计男、女学生入学成绩的最高分、最低分和平均分。

该查询的数据源是"学生"表，分组字段是"性别"（性别相同的是一组），选择"入学成绩"字段作为计算对象。将查询设计存盘，查询的设计视图和运行结果分别如图 3-16 和图 3-17 所示。

4. 创建计算字段

如果在查询结果中直接显示字段名作为每一列的标题，或在统计时默认显示字段标题，往往不太直观。如图 3-17 所示的查询结果中，统计字段标题显示为"入学成绩之最大值""入学成绩之最小值""入学成绩之平均值"，也不符合习惯的表达方式。此时，可以增加一个新字段，使其显示更加清楚明了，而且还可以进行相应的计算。另外，在有些统计中，需要统计的内容并未出现在表中，或用于计算的数值来源于多个字段。例如，要显示学生的年龄，就只能显示年龄表达式的值，此时也需要在设计网格中添加一个新字段。新字段的值使用表达式计算得到，称为计算字段。

例 3-6　修改"是否少数民族"字段名的显示，使显示结果更清晰。

操作步骤如下。

① 打开"教学管理"数据库，单击"创建"→"查询"组中的"查询设计"按钮，打开查询设计视图窗口，在弹出的"显示表"对话框中的"查询"选项卡中选中"2001 年出生的男生信息"查询，

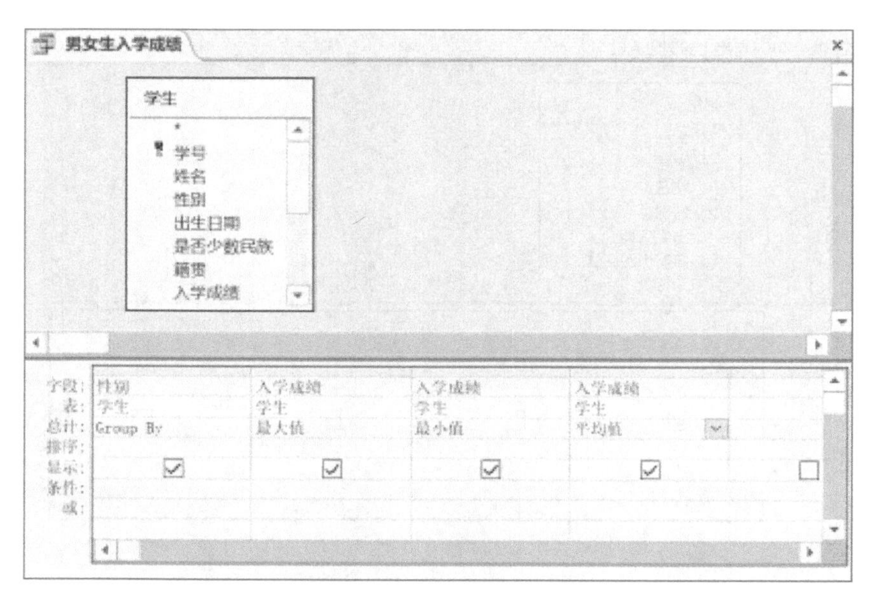

图 3–16　设置分组总计项

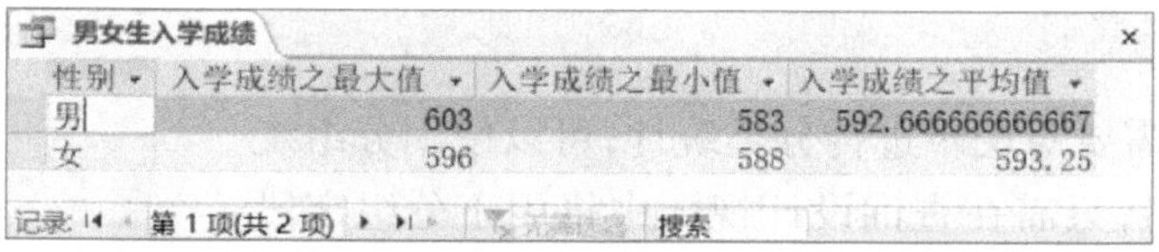

男女生入学成绩

性别	入学成绩之最大值	入学成绩之最小值	入学成绩之平均值
男	603	583	592.666666666667
女	596	588	593.25

记录：第 1 项(共 2 项)　搜索

图 3–17　分组总计查询结果

然后单击“添加”按钮，最后单击“关闭”按钮。

② 在设计网格的前 3 列添加“学号”“姓名”“性别”字段，第 4 列“字段”行中添加一个计算字段，显示的字段标题为“民族”，表达式为“IIf([是否少数民族]," 少数民族 "," 汉族 ")”，即输入“民族:IIf([是否少数民族]," 少数民族 "," 汉族 ")”。保存查询，结果如图 3–18 所示。

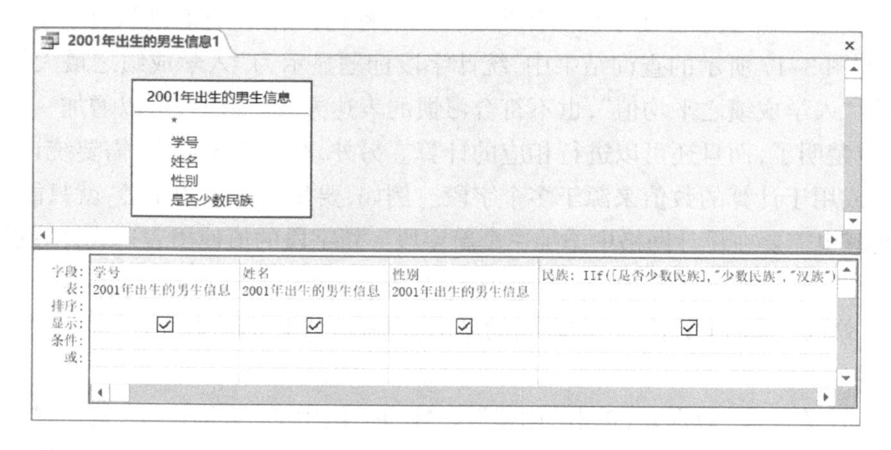

图 3–18　新增计算字段

③ 运行查询或切换到数据表视图，查询结果如图 3–19 所示。

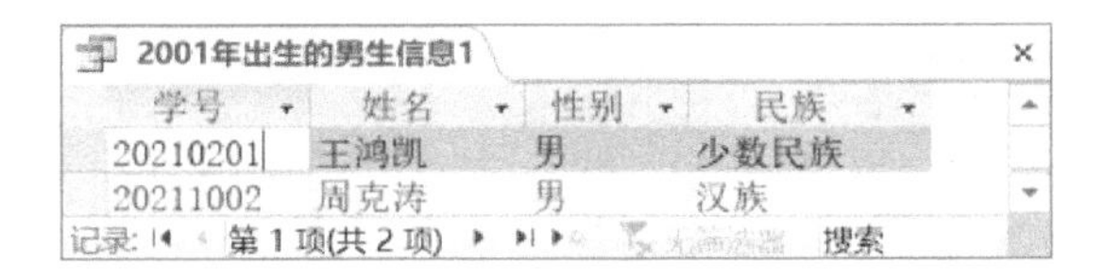

2001年出生的男生信息1

学号	姓名	性别	民族
20210201	王鸿凯	男	少数民族
20211002	周克涛	男	汉族

记录：第 1 项(共 2 项)　搜索

图 3–19　新增计算字段查询结果

例 3–7　显示学生的姓名、出生日期和年龄。

查询中的年龄并未直接包含在“学生”表中，而只能根据“出生日期”字段用一个表达式来计算。这时在查询设计视图的“字段”行的第 3 列中添加一个计算字段，字段标题为“年龄”，表达式为“Year(Date( ))–Year([出生日期])”，即输入“年龄：Year(Date( ))–Year([出生日期])”。将查询设计存盘，查询的设计视图和运行结果分别如图 3–20 和图 3–21 所示。

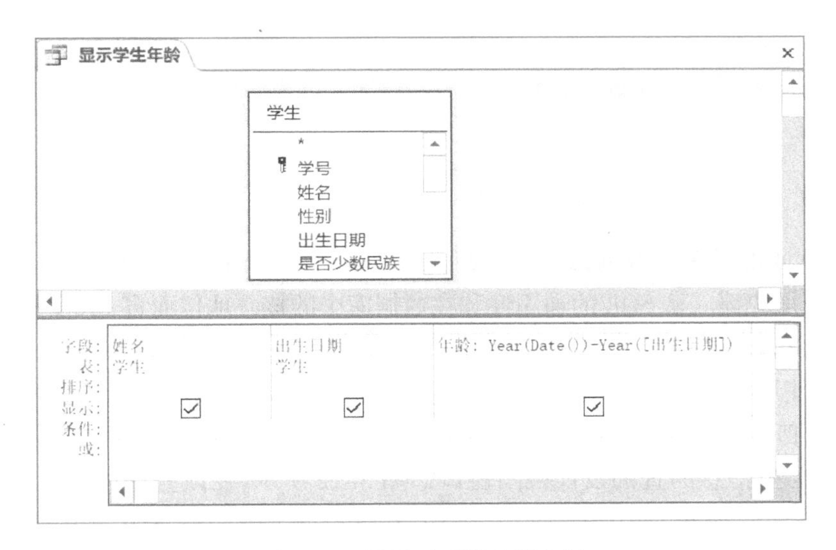

图 3–20　设置“年龄”计算字段

显示学生年龄

姓名	出生日期	年龄
胡宇轩	2003/6/12	18
肖伊凯	2002/4/9	19
王鸿凯	2001/8/16	20
罗聘驰	2002/2/28	19
杨芳丽	2001/12/30	20
郭豪迈	2000/5/8	21
周克涛	2001/7/24	20
杨敏	1999/1/8	22
彭佩佩	2000/10/23	21
张哲晓	2003/1/25	18

记录：第 1 项(共 10 项　搜索

图 3–21　“年龄”计算字段查询结果

3.5 SQL 查询

SQL 是通用的关系数据库标准语言，可以用来执行数据查询、数据定义、数据操纵和数据控制等操作，在关系数据库中得到了广泛应用，目前流行的关系数据库管理系统都支持 SQL。从本质上讲，Access 以 SQL 语句为基础来实现查询功能。在查询设计视图中创建查询时，Access 将生成等价的 SQL 语句，可以在 Access 的 SQL 视图窗口中查看和编辑当前查询对应的 SQL 语句，也可直接输入 SQL 语句创建查询。

3.5.1 SQL 视图与 SQL 查询

1. SQL 视图

使用查询设计视图建立查询，是在可视化窗口中实现的操作，非常直观、方便，但使用 SQL 语句创建查询更加快捷。从 SQL 的通用性和在数据库中的核心地位而言，学习 SQL 也是学习其他大型数据库的基础。

实际上，在使用查询设计视图创建查询时，Access 会自动将操作步骤转换为一条条等价的 SQL 语句，只要打开查询，并进入该查询的 SQL 视图，就可以看到系统生成的 SQL 语句。

例如，查询男生信息的查询设计视图窗口如图 3-22 所示，在该查询设计视图窗口中，单击“查询工具 / 设计”→“结果”组中的“视图”按钮，在下拉列表中选择“SQL 视图”命令，即进入该查询的 SQL 视图窗口，从中可以看到相应的 SQL 语句，如图 3-23 所示。其中显示了男生信息查

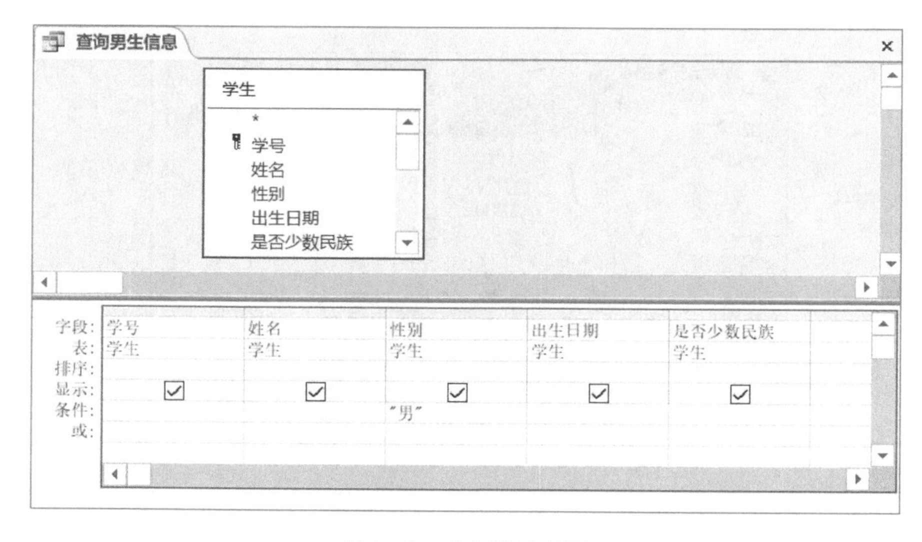

图 3-22 查询设计视图

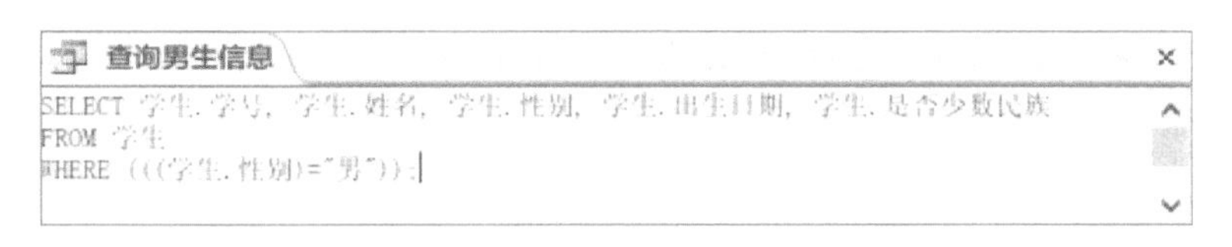

图 3-23 在 SQL 视图中查看和修改查询

询的 SQL 语句，这是一个 SELECT 语句，该语句给出了查询所需要显示的字段、数据源及查询条件。两种视图设置的内容是等价的。

如果想修改该查询，如将查询条件由性别为“男”改为性别为“女”，只要在 SQL 视图的语句中将“男”改为“女”即可。相应地，查询设计视图中的“条件”行会发生改变，运行查询后的结果也会改变。所有的 SQL 语句都可以在 SQL 视图窗口中输入、编辑和运行。

2. 创建 SQL 查询

SQL 查询包括联合查询、传递查询和数据定义查询。

联合查询将两个或多个表或查询中的字段合并到查询结果的一个字段中。使用联合查询可以合并两个表中的数据，并可以根据联合查询创建生成表查询，以生成一个新表。

当不使用 Access 数据库引擎时，可利用传递查询将未编译的 SQL 语句发送给后端数据库系统，由后端数据库系统对 SQL 语句进行编译执行并返回查询结果。在传递查询中，Access 数据库引擎不对 SQL 语句进行任何语法检查和分析，也不编译 SQL 语句，而是直接发送给后端数据库系统在后端执行。

利用数据定义查询可以创建、删除或更改表，也可以在数据库表中创建索引。在数据定义查询中要输入 SQL 语句，每个数据定义查询只能由一个数据定义语句组成。

创建 SQL 查询的步骤如下。

① 打开“教学管理”数据库，单击“创建”→“查询”组中的“查询设计”按钮，打开查询设计视图窗口，并在“显示表”对话框中单击“关闭”按钮，不添加任何表或查询，进入空白的查询设计视图窗口。

② 单击“查询工具 / 设计”→“结果”组中的“视图”按钮，在下拉列表中选择“SQL 视图”命令，进入 SQL 视图并输入 SQL 语句。也可以单击“查询工具 / 设计”→“查询类型”组中的“联合”“传递”或“数据定义”按钮，即打开相应的特定查询窗口，在窗口中输入合适的 SQL 语句。

③ 将创建的查询存盘并运行查询。

3.5.2 SQL 数据查询

SQL 数据查询通过 SELECT 语句实现。SELECT 语句中包含的子句很多，其基本语法格式为

SELECT [ALL|DISTINCT|TOP *n*]

[< 别名 >.]< 选项 > [AS < 显示列名 >] [, [< 别名 >.]< 选项 > [AS < 显示列名 >…]]

FROM < 表名 1>[< 别名 1>][,< 表名 2>[< 别名 2>…]]
[WHERE < 条件 >]
[GROUP BY < 分组选项 1> [,< 分组选项 2>…]][HAVING < 分组条件 >]
[UNION [ALL]SELECT 语句]
[ORDER BY < 排序选项 1> [ASC|DESC][,< 排序选项 2> [ASC|DESC] …]]

以上格式的“<>”中的内容是必选的，“[ ]”中的内容是可选的，“|”表示多个选项中只能选择其中之一。为了更好地理解 SELECT 语句各项的含义,下面按照先简单后复杂,逐步细化的原则介绍 SELECT 语句的用法。

SELECT 语句的基本框架是 SELECT…FROM…WHERE,各子句分别指定输出字段、数据来源和查询条件。在这种固定格式中,可以不要 WHERE 子句,但 SELECT 子句和 FROM 子句是必要的。

1. 简单的查询语句

简单的 SELECT 语句只包含 SELECT 子句和 FROM 子句,其格式为

SELECT[ALL|DISTINCT|TOP *n*]
[< 别名 >.]< 选项 > [AS < 显示列名 >][, [< 别名 >.]< 选项 > [AS < 显示列名 >…]]
FROM < 表名 1>[< 别名 1>][,< 表名 2>[< 别名 2>…]]

各选项的含义如下。

① ALL 表示输出所有记录,包括重复记录;DISTINCT 表示输出无重复结果的记录;TOP *n* 表示输出前 *n* 条记录。

② < 选项 > 表示输出的内容,可以是字段名、函数或表达式。当选择多个表中的字段时,可使用别名来区分不同的表。如果要输出全部字段,选项用“*”表示。在输出结果中,如果不希望显示字段名,可以使用 AS 后面的 < 显示列名 > 设置一个显示名称。

③ FROM 子句用于指定要查询的表,可以同时指定表的别名。

例 3-8　对“学生”表进行如下操作,写出操作步骤和 SQL 语句。

操作 1:列出全部学生信息。

操作 2:列出前 5 个学生的姓名和年龄。

操作 1 的操作步骤如下。

① 打开“教学管理”数据库,单击“创建”→“查询”组中的“查询设计”按钮,打开查询设计视图窗口,然后在“显示表”对话框中单击“关闭”按钮,不添加任何表或查询,进入空白的查询设计视图。

② 单击“查询工具 / 设计”→“结果”组中的“视图”按钮,在下拉列表中选择“SQL 视图”命令,进入 SQL 视图。

③ 在 SQL 视图中输入如下 SELECT 语句:

```
SELECT * FROM 学生
```

④ 单击“查询工具 / 设计”→“结果”组中的“运行”按钮，此时进入该查询的数据表视图，显示查询结果。

⑤ 将查询存盘。

操作 2 的操作步骤与操作 1 类似，SELECT 语句如下：

SELECT TOP 5 姓名，Year（Date（ ））-Year（出生日期）AS 年龄 FROM 学生

“学生”表中没有“年龄”字段，要显示年龄，只能通过“出生日期”字段进行计算。

SELECT 语句中的选项不仅可以是字段名，还可以是表达式，也可以是一些函数。有一类函数可以针对几个或全部记录进行数据汇总，它常用来计算 SELECT 语句查询结果集的统计值。例如，求一个结果集的平均值、最大值、最小值或求全部元素之和等。这些函数称为统计函数，也称为集合函数或聚集函数。表 3-5 中列出了常用的统计函数，除 Count（*）函数外，其他函数在计算过程中均忽略“空值”。

表 3-5　SELECT 语句中的常用统计函数

函数	功能	函数	功能
Avg（< 字段名 >）	求该字段的平均值	Min（< 字段名 >）	求该字段的最小值
Sum（< 字段名 >）	求该字段的和	Count（< 字段名 >）	统计该字段值的个数
Max（< 字段名 >）	求该字段的最大值	Count（*）	统计记录的个数

例 3-9　求出所有学生的平均入学成绩。

SELECT 语句如下：

SELECT Avg（入学成绩）AS 入学成绩平均分 FROM 学生

语句中利用 Avg 函数求入学成绩的平均值，其作用范围是全部记录，即求所有学生的入学成绩平均值。

2. 带条件查询

WHERE 子句用于指定查询条件，其格式为

WHERE < 条件表达式 >

其中“条件表达式”是指查询的结果集合应满足的条件，如果某行条件为真就包括该行记录。

例 3-10　列出入学成绩在 580 分以上的学生记录。

SELECT 语句如下：

SELECT * FROM 学生 WHERE 入学成绩 >580

该语句的执行过程是，从“学生”表中取出一条记录，测试该记录的“入学成绩”字段的值是否大于 580，如果大于，则取出该记录的全部字段值在查询结果中产生一条输出记录；否则跳过该记录，取出下一条记录。

条件表达式中有几个特殊运算符，如 Between … And…、In、Like、Is Null 等。这类条件运算符的基本使用方法是，左边是一个字段名，右边是一个特殊的条件运算符，语句执行时测定字段

值是否满足条件。

例 3-11　写出对“教学管理”数据库进行如下操作的语句。

操作 1:列出籍贯是湖南长沙和江苏南京的学生名单。

操作 2:列出入学成绩为 560~650 分的学生名单。

操作 3:列出所有姓张学生的名单。

操作 4:列出所有考试成绩为“空值”的学号和课程号。

操作 1 的 SELECT 语句如下:

SELECT 学号,姓名,籍贯 FROM 学生 WHERE 籍贯 In(" 湖南长沙 "," 江苏南京 ")

语句中的 WHERE 子句还有如下等价的形式:

WHERE 籍贯 =" 湖南长沙 " Or 籍贯 =" 江苏南京 "

操作 2 的 SELECT 语句如下:

SELECT 学号,姓名,入学成绩 FROM 学生 WHERE 入学成绩 Between 560 And 650

语句中的 WHERE 子句还有如下等价的形式:

WHERE 入学成绩 >=560 And 入学成绩 <=650

操作 3 的 SELECT 语句如下:

SELECT 学号,姓名 FROM 学生 WHERE 姓名 Like " 张 *"

语句中的 WHERE 子句还有如下等价的形式:

WHERE Left(姓名,1)=" 张 "

或

WHERE Mid(姓名,1,1)=" 张 "

或

WHERE InStr(姓名," 张 ")=1

操作 4 的 SELECT 语句如下:

SELECT 学号,课程号 FROM 选课 WHERE 考试成绩 Is Null

语句中使用了运算符“Is Null”,该运算符测试字段值是否为“空值”。

注意:*在查询时用“字段名 Is Null”的形式,而不能写成“字段名 =Null”。*

3. 查询结果处理

使用 SELECT 语句完成查询工作后,所查询的结果默认显示在屏幕上,若需要对这些查询结果进行处理,则需要 SELECT 语句的其他子句配合操作。

(1) 排序输出(ORDER BY)

SELECT 语句的查询结果是按查询过程中的自然顺序给出的,因此查询结果通常无序,如果希望查询结果有序输出,需要用 ORDER BY 子句配合,其格式为

ORDER BY < 排序选项 1>[ASC|DESC][,< 排序选项 2> [ASC|DESC] …]

其中,< 排序选项 > 可以是字段名或表达式,也可以是数字。字段名或表达式必须是 SELECT 语

句的输出选项，数字是排序选项在 SELECT 语句输出选项中的序号。ASC 指定排序项按升序排列，DESC 指定排序项按降序排列。

例 3-12　对“教学管理”数据库，按性别顺序列出学生的学号、姓名、性别、年龄及籍贯，性别相同的再按年龄由大到小排序。

SELECT 语句如下：

SELECT 学号，姓名，性别，Year(Date( ))-Year(出生日期) AS 年龄，籍贯 FROM 学生

ORDER BY 性别，Year(Date( ))-Year(出生日期) DESC

语句执行结果如图 3-24 所示。

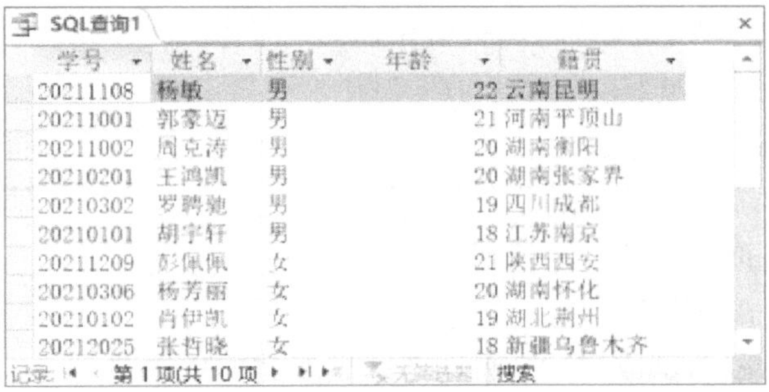

SQL查询1

学号	姓名	性别	年龄	籍贯
20211108	杨敏	男	22	云南昆明
20211001	郭豪迈	男	21	河南平顶山
20211002	周克涛	男	20	湖南衡阳
20210201	王鸿凯	男	20	湖南张家界
20210302	罗骋驰	男	19	四川成都
20210101	胡宇轩	男	18	江苏南京
20211209	彭佩佩	女	21	陕西西安
20210306	杨芳丽	女	20	湖南怀化
20210102	肖伊凯	女	19	湖北荆州
20212025	张哲晓	女	18	新疆乌鲁木齐

记录：第 1 项(共 10 项　无筛选器　搜索

图 3-24　查询结果的排序输出

要注意语句中“年龄”的表达方法。在该语句中，由于两个排序选项是第 3、第 4 个输出选项，所以 ORDER BY 子句也可以写成

ORDER BY 3，4 DESC

(2) 分组统计(GROUP BY)与筛选(HAVING)

使用 GROUP BY 子句可以对查询结果进行分组，其格式为

GROUP BY < 分组选项 1> [，< 分组选项 2>…]

其中，< 分组选项 > 是作为分组依据的字段名。

GROUP BY 子句可以将查询结果按指定列进行分组，每组在列上具有相同的值。要注意的是，如果使用了 GROUP BY 子句，则查询输出选项要么是分组选项，要么是统计函数，因为分组后每个组只返回一行结果。

若在分组后还要按照一定的条件进行筛选，则需使用 HAVING 子句，其格式为

HAVING < 分组条件 >

HAVING 子句与 WHERE 子句一样，也可以起到按条件选择记录的功能，但两个子句作用的对象不同。WHERE 子句作用于表，而 HAVING 子句作用于组，必须与 GROUP BY 子句连用，用来指定每一分组内应满足的条件。HAVING 子句与 WHERE 子句不矛盾，在查询中先用 WHERE 子句选择记录，然后进行分组，最后再用 HAVING 子句选择记录。当然，GROUP BY 子句也可单独出现。

例 3–13 写出对“教学管理”数据库进行如下操作的语句。

操作 1:分别统计男、女生人数。

操作 2:分别统计男、女生中少数民族学生人数。

操作 3:列出平均考试成绩大于 80 分的课程号,并按平均考试成绩升序排序。

操作 4:统计每个学生选修课程的门数(超过 1 门的学生才统计),要求输出学号和选修门数,查询结果按选修门数降序排序,若门数相同,按学号升序排序。

操作 1 的 SELECT 语句如下:

SELECT 性别,Count(*)AS 人数 FROM 学生 GROUP BY 性别

该语句对查询结果按“性别”字段进行分组,性别相同的为一组,对每一组应用 Count 函数求该组的记录个数,即该组学生人数。每一组在查询结果中产生一条记录。

操作 2 的 SELECT 语句如下:

SELECT 性别,Count(*)AS 人数 FROM 学生 WHERE 是否少数民族 GROUP BY 性别

该语句是对少数民族学生按“性别”字段进行分组统计,所以相对于操作 1 而言,增加了 WHERE 子句,限定了查询操作的记录范围。

操作 3 的 SELECT 语句如下:

SELECT 课程号,Avg(考试成绩)AS 平均考试成绩 FROM 选课
    GROUP BY 课程号 HAVING Avg(考试成绩)>=80 ORDER BY Avg(考试成绩)ASC

该语句先用 GROUP BY 子句按“课程号”字段进行分组,然后计算出每一组的平均考试成绩。HAVING 子句指定选择组的条件,最后满足条件“Avg(考试成绩)>=80”的组作为最终输出结果被输出,输出时按平均考试成绩排序。

操作 4 的 SELECT 语句如下:

SELECT 学号,Count(课程号)AS 选课门数 FROM 选课
    GROUP BY 学号 HAVING Count(课程号)>1 ORDER BY 2 DESC,1

3.5.3 SQL 数据定义

有关数据定义的 SQL 语句分为 3 组,它们是建立(CREATE)数据库对象、修改(ALTER)数据库对象和删除(DROP)数据库对象。每一组语句针对不同的数据库对象分别有不同的语句。例如,针对表对象的 3 个语句是建立表结构语句 CREATE TABLE、修改表结构语句 ALTER TABLE 和删除表语句 DROP TABLE。本节以表对象为例介绍 SQL 数据定义功能。

1. 建立表结构

在 SQL 中可以通过 CREATE TABLE 语句建立表结构,其语句格式为

CREATE TABLE <表名>

(<字段名 1><数据类型 1>[字段级完整性约束 1]

[,< 字段名 2> < 数据类型 2>[字段级完整性约束 2]]

[, …]

[,< 字段名 n> < 数据类型 n>[字段级完整性约束 n]]

[,< 表级完整性约束 >]

)

语句中各参数的含义如下。

① < 表名 > 是要建立的表的名称。

② < 字段名 1>,< 字段名 2>, …,< 字段名 n> 是要建立的表的字段名。在语法格式中,每个字段名后的语法成分是对该字段的属性说明,其中字段的数据类型是必要的。表 3–6 列出了 Microsoft Access SQL 中常用的数据类型。

注意:不同系统中所支持的数据类型并不完全相同,使用时可查阅系统说明。

表 3–6　Microsoft Access SQL 常用的数据类型

数据类型	字段宽度	说明	数据类型	字段宽度	说明
Smallint		整型	Char(n)	n	短文本型
Integer		长整型	Text(n)	n	短文本型
Real		单精度型	Bit		是 / 否型
Float		双精度型	Datetime		日期 / 时间型
Money		货币型	Image		用于 OLE 对象

③ 定义表时还可以根据需要定义字段的完整性约束,用于在输入数据时对字段进行有效性检查。当多个字段需要设置相同的约束条件时,可以使用“表级完整性约束”。关于约束的选项有很多,最常用的有如下 3 种。

- 空值约束(Null 或 Not Null):指定该字段是否允许“空值”,其默认值为 Null,即允许“空值”。
- 主键约束(PRIMARY KEY):指定该字段为主键。
- 唯一性约束(UNIQUE):指定该字段的取值唯一,即每条记录在此字段上的值不能重复。

例 3–14　在“教学管理”数据库中建立“教员”表:教员(工号,姓名,性别,职称),其中允许“职称”字段为“空值”。

操作步骤如下。

① 打开“教学管理”数据库,单击“创建”→“查询”组中的“查询设计”按钮,打开查询设计视图窗口,再在“显示表”对话框中单击“关闭”按钮,不添加任何表或查询,进入空白的查询设计视图。

② 单击“查询工具 / 设计”→“查询类型”组中的“数据定义”按钮,在打开的“数据定义查询”窗口中输入如下 SQL 语句。

CREATE TABLE 教员

(工号 Char(8),

姓名 Char(8),

性别 Char(2),

职称 Char(6) Null

)

③ 单击“查询工具 / 设计”→“结果”组中的“运行”按钮,将在“教学管理”数据库中创建“教员”表,在导航窗格中双击“教员”表,得到的结果如图 3–25 所示。

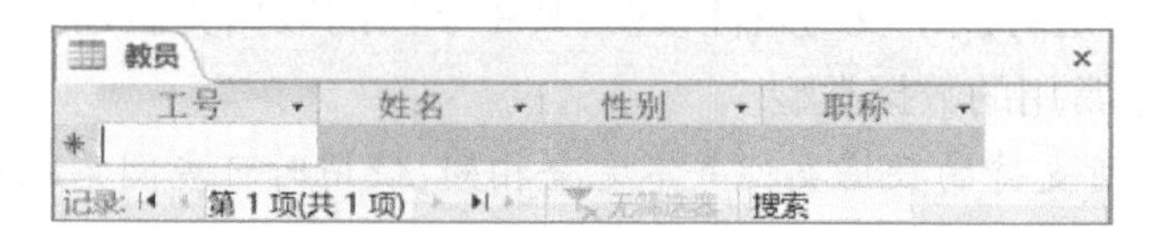

图 3–25　“教员”表

④ 保存该数据定义查询。

2. 修改表结构

如果表不满足要求,就需要进行修改。可以使用 ALTER TABLE 语句修改已建表的结构,其语句格式为

ALTER TABLE < 表名 >

[ADD < 字段名 > < 数据类型 > [字段级完整性约束条件]]

[DROP [< 字段名 >] …]

[ALTER < 字段名 > < 数据类型 >]

该语句可以添加(ADD)新的字段、删除(DROP)指定字段或修改(ALTER)已有的字段,各选项的用法可以与 CREATE TABLE 的用法相对应。

例 3–15　对“课程”表的结构进行修改,写出操作语句。

操作 1:为“课程”表增加一个整数类型的“学分”字段。

操作 2:删除“课程”表中的“学分”字段。

操作 1 的 SELECT 语句如下:

ALTER TABLE 课程 ADD 学分 Smallint

操作 2 的 SELECT 语句如下:

ALTER TABLE 课程 DROP 学分

3. 删除表

如果希望删除某个不需要的表,可以使用 DROP TABLE 语句,其语句格式为

DROP TABLE < 表名 >

其中,< 表名 > 是指要删除的表的名称。

例 3-16　在"教学管理"数据库中删除已建立的"教员"表。

SELECT 语句如下:

DROP TABLE 教员

注意:表一旦被删除,表中数据将自动被删除,并且无法恢复,因此,执行删除表的操作时一定要慎重。

3.5.4　SQL 数据操纵

数据操纵是完成数据操作的语句,它由 INSERT(插入)、DELETE(删除)和 UPDATE(更新)3 种语句组成。

1. 插入记录

INSERT 语句实现数据的插入功能,可以将一条新记录插入到指定表中,其语句格式为

INSERT INTO < 表名 >[(< 字段名 1> [,< 字段名 2>…])]

VALUES(< 字段值 1> [,< 字段值 2>…])

其中,< 表名 > 指定要插入记录的表的名称,< 字段名 > 指定要添加字段值的字段名称,< 字段值 > 指定具体的字段值。当需要插入表中所有字段的值时,表名后面的字段名可以省略,但插入数据的格式及顺序必须与表的结构完全一致。若只需要插入表中某些字段的值,就需要列出插入数据的字段名,当然相应字段值的数据类型应与之对应。

例 3-17　向"学生"表中添加记录。

SELECT 语句如下:

INSERT INTO 学生(学号,姓名,出生日期)

VALUES("20210812"," 成达科 ",#2002-9-10#)

注意:文本数据应用单引号或双引号括起来,日期数据应用"#"括起来。

2. 更新记录

UPDATE 语句对表中某些记录的某些字段进行修改,实现记录更新,其语句格式为

UPDATE < 表名 >

SET < 字段名 1>=< 表达式 1> [,< 字段名 2>=< 表达式 2>…][WHERE < 条件表达式 >]

其中,< 表名 > 指定要更新数据的表的名称,< 字段名 >=< 表达式 > 是用表达式的值替代对应字段的值,并且一次可以修改多个字段。一般使用 WHERE 子句来指定被更新记录字段值所满足的条件,如果不使用 WHERE 子句,则更新全部记录。

例 3-18　写出对"教学管理"数据库进行如下操作的语句。

操作 1:将"学生"表中"周克涛"同学的籍贯改为"湖南长沙"。

操作 2:将所有少数民族学生的各科考试成绩加 20 分。

操作 1 的 SELECT 语句如下:

UPDATE 学生 SET 籍贯 =" 湖南长沙 " WHERE 姓名 =" 周克涛 "

操作 2 的 SELECT 语句如下:

UPDATE 选课 SET 考试成绩 = 考试成绩 +20

WHERE 学号 In(SELECT 学号 FROM 学生 WHERE 是否少数民族)

语句中的 SELECT 语句在“学生”表中列出少数民族学生的学号,然后在“选课”表中对相关学生的考试成绩进行更新。

3. 删除记录

DELETE 语句可以删除表中的记录,其语句格式为

DELETE FROM < 表名 >[WHERE < 条件表达式 >]

其中,FROM 子句指定从哪个表中删除数据,WHERE 子句指定被删除的记录所满足的条件。如果不使用 WHERE 子句,则删除该表中的全部记录。

例 3-19 删除“学生”表中所有男生的记录。

SELECT 语句如下:

DELETE FROM 学生 WHERE 性别 =" 男 "

完成以上操作后,“学生”表中所有男生的记录将被删除。

第 4 章　程序设计应用与提高

理解顺序结构、选择结构、循环结构及其实现方法是 Python 程序设计的基础，也为利用计算机进行问题求解提供了基本方法。但对于一些复杂问题还需要用到其他一些程序设计知识，如字符串、列表、元组、字典与集合等复杂数据类型的操作，或者函数、面向对象程序设计方法、文件的操作等。

本章要点：

(1) 序列的基本操作。

(2) 字典与集合的基本操作。

(3) 函数的应用。

(4) 面向对象程序设计方法。

(5) 文件的操作。

4.1　序　　列

在 Python 中，序列(sequence)包括字符串、列表和元组。序列中的每个元素被分配一个序号，即元素的位置编号，也被称为索引(index)，可以通过索引或切片来访问一个或多个元素。字符串是单个字符组成的序列，列表和元组是由任意类型数据组成的序列。序列在很多操作中是一样的，最大的不同是字符串和元组是不可变的，而列表可以修改。

4.1.1　序列的共性操作

序列表示一系列有序的元素，存在一些共性操作，包括序列元素的访问与切片、序列的运算以及序列处理函数等。

1. 序列元素的访问与切片

(1) 序列元素的访问

Python 序列的元素是按顺序放置的，因此可以通过索引来访问某一个元素，一般引用格式为

序列名[索引]

其中索引要用中括号括起来。序列第一个元素的索引为0,第二个元素的索引为1,以此类推。

除了常见的正向索引,Python序列还支持反向索引,即负数索引,可以从最后一个元素开始计数,最后一个元素的索引是-1,倒数第二个元素的索引是-2,以此类推。使用负数索引,可以在无须计算序列长度的前提下很方便地定位序列中的元素。

注意:索引必须为整数,否则会抛出TypeError异常。索引也不能超出范围(越界),否则会抛出IndexError异常。需要特别注意的是,Python序列的索引从0开始,第1个元素的索引是0,第2个元素的索引是1,第3个元素的索引是2,这和平时数数从1开始不一样。

(2) 序列的切片

切片(slice)就是取出序列中某个范围内的元素,从而得到一个新的序列。序列切片的一般格式为

序列名[开始索引:结束索引:步长]

其功能是提取从开始索引到结束索引(但不包括)的所有元素组成的序列。如果省略开始索引,则默认从0开始;如果省略结束索引,则切片到最后一个元素。如果省略步长,则默认为1。例如:

```
>>> s="Hello"
>>> print(s[0:5:2])    # 与 print(s[::2])等价
Hlo
```

取字符串s第1个字符(其索引为0)、第3个字符(其索引为2)、第5个字符(其索引为4)。

2. 序列的运算

(1) 序列连接

Python提供了一种序列的运算方式,称为连接运算,其运算符为“+”,表示将两个同类型的序列连接起来成为一个新的序列。例如:

```
>>> "Sub"+"string"
'Substring'
>>>[1,2,3]+[1,2,3,4,5]
[1,2,3,1,2,3,4,5]
```

(2) 序列的重复连接

Python提供乘法运算符(*),构建一个由其自身元素重复连接而成的序列。例如:

```
>>> "ABCD"*2
'ABCDABCD'
>>> 3*[1,2,3]
[1,2,3,1,2,3,1,2,3]
>>>(42, )*5
(42,42,42,42,42)
```

3. 序列处理函数

(1) len( )、max( )和 min( )函数

① len(s):返回序列 s 中元素的个数,即序列长度。例如:

```
>>> len('abcd\n')    #\n 是一个转义字符
5
```

② min(s,key=func):返回序列中最小的元素。其中 key 指定一个函数,用于计算元素的值,默认按元素值比较。

③ max(s,key=func):返回序列中最大的元素。例如:

```
>>> language=['Java','Python','Pascal','MATLAB','C++']
>>> max(language,key=len)          #返回最长的(第一个)字符串
'Python'
```

(2) sum( )和 reduce( )函数

① sum(s):返回序列 s 中所有元素的和。要求元素必须为数值,否则出现 TypeError 错误。

② reduce(f,s):把序列 s 的前两个元素作为参数传给函数 f,返回的函数结果和序列的第 3 个元素重新作为 f 的参数,然后返回的结果和序列的第 4 个元素重新作为 f 的参数,以此类推,直到序列的最后一个元素。reduce( )函数的返回值是函数 f 的返回值。

在 Python 3.x 中,reduce( )函数存放在 functools 模块中,使用前要导入。

例 4-1　利用 reduce( )函数实现序列元素求和。

```
import functools      # 导入 functools 模块
functools.reduce(lambda x,y:x+y, [3,20,-43,48,12])
```

程序运行结果如下:

```
40
```

程序运行时,先处理列表的第 1 个和第 2 个元素,即做 3+20,函数返回 23;再处理第 1 步的结果和第 3 个元素,即做 23+(-43),函数返回 -20;再处理第 2 步的结果和第 4 个元素,即做(-20)+48,函数返回 28;最后处理第 3 步的结果和第 5 个元素,即做 28+12,函数返回 40,与 sum([3,20,-43,48,12])的结果相同。

对序列中元素的连续操作可以通过循环来实现,也可以用 reduce( )函数实现。但在大多数情况下,循环实现的程序更有可读性。

(3) sorted( )和 reversed( )函数

① sorted(iter,key=func,reverse=False):函数返回对可迭代对象 iter 中元素进行排序后的列表,函数返回副本,原始输入不变。key 指定一个函数,这个函数用于计算排序的值,默认按元素值排序。reverse 代表排序规则,当 reverse 为 True 时按降序排序;reverse 为 False 时按升序排序,默认按升序排序。例如:

```
>>> x=(100,245,-203,-3234)
```

```
>>> sorted(x)                          #元组按升序排列
[-3234,-203,100,245]
>>> sorted(x,key=abs,reverse=True)     #元组按绝对值的降序排列
[-3234,245,-203,100]
```

② reversed(iter):对可迭代对象 iter 的元素反转排列,返回一个新的可迭代对象。例如:

```
>>> x=(100,245,-203,-3234)
>>> reversed(x)
<reversed object at 0x000002097149F610>
>>> tuple(reversed(x))          #将 reversed 对象转换成元组
(-3234,-203,245,100)
```

(4) 序列的通用方法

下面的方法主要用于查询功能,序列本身不改变,可用于表、元组和字符串。方法中 s 为序列,x 为元素值。

① s.count(x):返回 x 在序列 s 中出现的次数。

② s.index(x):返回 x 在 s 中第一次出现的索引编号。例如:

```
>>> s='Python is the most popular language used in various domains. '
>>> s.count('the')          # "the"出现 1 次
1
>>> s.index('the')          # "the"的索引是 10(索引从 0 开始)
10
>>> s.index('The')          #注意"The"不等于"the"
```

"The"在字符串 s 中不存在,语句执行后提示程序异常"ValueError:substring not found",意思是子字符串不存在。

4.1.2 字符串的常用方法

1. 字母大小写转换

① s.upper( ):全部转换为大写字母。例如:

```
>>> 'python program'.upper( )
'PYTHON PROGRAM'
```

② s.lower( ):全部转换为小写字母。

③ s.swapcase( ):字母大小写互换。例如:

```
>>>'Python Program'.swapcase( )
'pYTHON pROGRAM'
```

④ s.capitalize( ):首字母大写,其余小写。

⑤ s.title( ):首字母大写。例如:

```
>>>'python program'.title( )
'Python Program'
```

2. 字符串搜索

① s.find(substr, [start, [end]]):返回 s 中出现 substr 的第 1 个字符的编号,如果 s 中没有 substr,则返回 -1。start 和 end 作用就相当于在 s[start:end]中搜索。例如:

```
>>> 'Python Program'.find('C++')
-1
```

② s.index(substr, [start, [end]]):与 find( )相同,只是在 s 中没有 substr 时,才返回一个运行时错误。

③ s.count(substr, [start, [end]]):计算 substr 在 s 中出现的次数。例如:

```
>>> 'Python Program'.count('r')
2
```

④ s.startswith(prefix[,start[,end]]):是否以 prefix 开头,若是则返回 True;否则返回 False。

⑤ s.endswith(suffix[,start[,end]]):以 suffix 结尾,若是则返回 True;否则返回 False。

3. 字符串替换

① s.replace(oldstr,newstr, [count]):把 s 中的 oldstr 替换为 newstr,count 为替换次数。这是替换的通用形式,还有一些函数可进行特殊字符的替换。

② s.strip([chars]):把 s 中头尾与 chars 相同的字符全部去掉,可以理解为把 s 头尾字符替换为 None。

4. 字符串的拆分与组合

① s.split([sep, [maxsplit]]):根据 sep 分隔符把字符串 s 拆分成一个列表。默认的分隔符为空格。maxsplit 表示拆分的次数,默认取 -1,表示无限制拆分。例如:

```
>>>'78,65,98,89,85'.split(',')
['78','65','98','89','85']
```

② s.join(seq):把 seq 代表的序列组合成字符串,用 s 将序列各元素连接起来。字符串中的字符是不能修改的,如果要修改,通常的一种方法是使用语句 s=list(s)把字符串 s 变为以单个字符为成员的列表,再使用给列表成员赋值的方式改变值,最后再使用语句“s= " " .join(s)”还原成字符串。例如:

```
>>> s='Python Program'
```

```
>>> s=list(s)
>>> s[0:6]='C++'
>>> s="".join(s)
>>> s
'C++Program'
```

4.1.3 列表的操作

1. 修改列表元素

可以通过给列表元素赋值来修改列表元素，包括切片赋值。

(1) 列表元素赋值

使用索引编号来为某个特定的元素赋值，从而修改列表。例如：

```
>>> x=[1,1,1]
>>> x[1]=10
>>> x
[1,10,1]
```

(2) 切片赋值

使用切片赋值可以给列表的多个元素赋值。切片赋值要求赋的值也为列表，相当于将原列表切片的元素删除，同时用新的列表元素代替切片位置的元素。例如：

```
>>> name=list('Perl')
>>> name[2:]=list('ar')          # 从 2 号位置开始替换 2 个元素
>>> name
['P','e','a','r']
```

2. 在列表中添加元素

在列表中添加元素是很常用的操作，可以使用 append( )、extend( )和 insert( )方法实现。这 3 种方法都是列表原地操作，无返回值，不改变列表的 id。

(1) append( )方法

append( )方法的调用格式为

s.append(x)

用于在列表 s 的末尾添加元素 x。例如下面的程序段可以将输入的 10 个整数存放在一个列表中。

```
aList=[ ]                          # 创建一个空列表
for i in range(10):
```

```
aList.append(int(input()))          #将输入的整数添加到列表中
```

(2) extend( )方法

extend( )方法的调用格式为

s.extend(s1)

用于在列表 s 的末尾添加列表 s1 的所有元素。

(3) insert( )方法

insert( )方法的调用格式为

s.insert(i,x)

用于在列表 s 的 i 位置处插入对象 x,如果 i 大于列表的长度,则插入到列表最后。

3. 从列表中删除元素

删除列表元素可以使用 del 命令,也可以使用 pop( )、remove( )和 clear( )方法。

(1) del 命令

使用 del 命令可以删除列表中指定位置的元素或整个列表。

(2) pop( )方法

pop( )方法的调用格式为

s.pop([i])

用于删除并返回列表 s 中指定位置 i 的元素,默认是最后一个元素。若 i 超出列表长度,则抛出 IndexError 异常。

(3) remove( )方法

remove( )方法的调用格式为

s.remove(x)

用于从列表 s 中删除 x。若 x 不存在,则抛出 ValueError 异常。

(4) clear( )方法

clear( )方法的调用格式为

s.clear( )

用于清空列表 s,即删除列表全部元素。

4. 列表元素的排序与反转

在实际应用中,常常需要调整列表元素的排列顺序,这时可以使用 sort( )和 reverse( )方法。

(1) sort( )方法

sort( )方法的调用格式为

s.sort(key=func,reverse=False)

用于对列表 s 中的元素进行排序。sort( )方法中可以使用 key、reverse 参数,其用法与 sorted( )函数相同。例如:

```
>>> lst= [3,-78,3,43,7,9]
>>> lst.sort(reverse=True)        # 按降序排
>>> lst
[43,9,7,3,3,-78]
```

(2) reverse( )方法

reverse( )方法的调用格式为

s.reverse( )

用于将列表 s 中的元素反转排列。

注意:sort( )和 reverse( )方法是原地对列表进行排序或反转,不会生成新的列表。如果不希望修改原列表,而生成一个新列表,可以使用 sorted( )或 reversed( )函数。

5. 列表推导式

列表推导式也称列表解析式,是在一个序列的值上应用一个任意表达式,将其结果收集到一个新的列表中并返回。它的基本形式是一个中括号里面包含一个 for 语句,对一个可迭代对象进行迭代。例如,计算 1~10 每个数的平方,存放在列表中并输出,可以用 for 循环实现,也可以用以下列表推导式来实现:

```
squares= [i**2 for i in range(1,11)]
print(squares)
[1,4,9,16,25,36,49,64,81,100]
```

在列表推导式中,可以增加测试语句和嵌套 for 循环,其一般格式为

[表达式 for 目标变量 1 in 序列对象 1[if 条件 1]… for 目标变量 *n* in 序列对象 *n*[if 条件 *n*]]

其中表达式可以是任意运算表达式,目标变量是遍历序列对象获得的元素值。该语句的功能是计算每一个目标变量对应的表达式的值,生成一个列表对象。列表推导式可以嵌套任意数量的 for 循环同时关联的 if 测试,其中 if 测试语句是可选的。例如:

```
>>>[x for x in range(5) if x%2==0]        #x 取 0~4 的偶数
[0,2,4]
>>>[y for y in range(5) if y%2==1]        #y 取 0~4 的奇数
[1,3]
>>>[(x,y) for x in range(5) if x%2==0 for y in range(5) if y%2==1]
[(0,1), (0,3), (2,1), (2,3), (4,1), (4,3)]
```

4.2　字典与集合

Python 中字典是由“关键字:值”对组成的集合。集合是指无序的、不重复的元素集,类似于

数学中的集合概念。作为抽象数据类型,集合和字典之间的主要区别在于它们的操作。字典主要关心其元素的检索、插入和删除,集合主要考虑集合之间的并、交和差操作。

4.2.1　字典的操作

1. 创建字典并赋值

创建字典并赋值的一般格式为

字典名 ={ [关键字 1:值 1 [,关键字 2:值 2, …,关键字 *n*:值 *n*]]}

其中关键字与值之间用冒号“:”分隔,字典元素与元素之间用逗号“,”分隔,字典中的关键字必须是唯一的,而值可以不唯一。当“关键字:值”对都省略时产生一个空字典。例如:

```
>>> d1={}
>>> d2={'name':'lucy','age':40}
>>> d1,d2
({},{'name':'lucy','age':40})
```

2. dict( )函数

可以用 dict( )函数创建字典,各种应用形式举例如下。

(1) 使用 dict( )函数创建一个空字典并给变量赋值。例如:

```
>>> d4=dict( )
>>> d4
{}
```

(2) 使用列表或元组作为 dict( )函数参数。例如:

```
>>> d50=dict(([ 'x',1 ], [ 'y',2 ]))
>>> d50
{'x':1,'y':2}
```

(3) 将数据按“关键字 = 值”形式作为参数传递给 dict( )函数。例如:

```
>>> d6=dict(name='allen',age=25)
>>> d6
{'name':'allen','age':25}
```

3. 字典的访问

Python 通过关键字来访问字典的元素,一般格式为

字典名[关键字]

如果关键字不在字典中,会引发一个 KeyError 错误。各种应用形式举例如下。

(1) 以关键字进行索引计算。例如：

```
>>> dict1={'name':'diege','age':18}
>>> dict1['age']
18
```

(2) 字典嵌套字典的关键字索引。例如：

```
>>> dict2={'name':{'first':'diege','last':'wang'},'age':18}
>>> dict2['name']['first']
'diege'
```

(3) 字典嵌套列表的关键字索引。例如：

```
>>> dict3={'name':{'Brenden'},'score':[76,89,98,65]}
>>> dict3['score'][0]
76
```

(4) 字典嵌套元组的关键字索引。例如：

```
>>> dict4={'name':{'Brenden'},'score':(76,89,98,65)}
>>> dict4['score'][0]
76
```

4. 更新字典的值

更新字典值的语句格式为

字典名[关键字]= 值

如果关键字已经存在，则修改关键字对应的元素的值；如果关键字不存在，则在字典中增加一个新元素，即“关键字:值”对。显然，列表不能通过这样的方法来增加数据，当列表索引超出范围时会出现错误。列表只能通过 append( )方法来追加元素，但列表也能通过给已存在元素赋值的方法来修改已存在的数据。例如：

```
>>> dict1={'name':'diege','age':18}
>>> dict1['name']='chen'                    # 修改字典元素
>>> dict1['score']=[78,90,56,90]            # 添加一个元素
>>> dict1
{'score':[78,90,56,90],'name':'chen','age':18}
```

5. 删除字典元素

删除字典元素使用以下函数或方法。

① del 字典名[关键字]:删除关键字所对应的元素。

② del 字典名:删除整个字典。

6. 字典的长度和运算

len( )函数可以获取字典所包含“关键字:值”对的数目,即字典长度。虽然也支持 max( )、min( )、sum( )和 sorted( )函数,但针对字典的关键字进行计算,很多情况下没有实际意义。例如:

```
>>> dict1={'a':1,'b':2,'c':3}
>>> len(dict1)
3
>>> max(dict1)
'c'
```

7. 字典的常用方法

(1) fromkeys( )方法

d.fromkeys(序列[,值])可创建并返回一个新字典,以序列中的元素作为该字典的关键字,指定的值作为该字典中所有关键字对应的初始值(默认为 None)。例如:

```
>>> d7={}.fromkeys(('x','y'),-1)
>>> d7
{'x':-1,'y':-1}
```

这样创建的字典的值是一样的,若不给定值,则默认为 None。

```
>>> d8={}.fromkeys([ 'name','age' ])
>>> d8
{'name':None,'age':None}
```

可创建一个只有关键字没有值的字典。

(2) keys( )、values( )、items( )方法

① d.keys( ):返回一个包含字典所有关键字的列表。

② d.values( ):返回一个包含字典所有值的列表。

③ d.items( ):返回一个包含所有(关键字,值)元组的列表。

例如:

```
>>> d={'name':'alex','sex':'man'}
>>> d.keys( )
dict_keys([ 'sex','name' ])
>>> d.values( )
dict_values([ 'man','alex' ])
>>> d.items( )
dict_items([('sex','man'), ('name','alex')])
```

(3) get() 方法

d.get(关键字 [, 值]) 用于判断关键字是否存在，存在时返回关键字对应的值；不存在时返回默认值 None 或设定的值。例如：

```
>>> dictS={'Name':'Kevin','Age':27}
>>> dictS.get('Age')
27
>>> dictS.get('age',20)
20
```

8. 字典的遍历

(1) 遍历字典的关键字

d.keys( )因可返回一个包含字典所有关键字的列表，所以对字典关键字的遍历转换为对列表的遍历。例如：

```
>>> d={'name':'jasmine','sex':'man'}
>>> for key in d.keys( ):print(key,d [ key ])
sex man
name jasmine
```

(2) 遍历字典的值

d.values( )因可返回一个包含字典所有值的列表，所以对字典值的遍历转换为对列表的遍历。例如：

```
>>> d={'name':'jasmine','sex':'man'}
>>> for value in d.values( ):print(value)
man
jasmine
```

(3) 遍历字典的元素

d.items( )因可返回一个包含所有(关键字，值)元组的列表，所以对字典元素的遍历转换为对列表的遍历。例如：

```
>>> d={'name':'jasmine','sex':'man'}
>>> for item in d.items( ):print(item)
('sex','man')
('name','jasmine')
```

4.2.2　集合的操作

1. 集合的创建

在Python中,创建集合有两种方式:一种是用一对大括号将多个用逗号分隔的数据括起来;另一种是使用set( )函数,该函数可以将字符串、列表、元组等类型的数据转换成集合类型的数据。例如:

```
>>> s1={1,2,3,4,5,6,7,8}
>>> s1
{1,2,3,4,5,6,7,8}
>>> s2=set('abcdef')
>>> s2
{'b','c','e','d','a','f'}
```

在Python中,用大括号将集合元素括起来,这与字典的创建类似,但{}表示空字典,空集合用set( )表示。

注意:集合中不能有相同元素,如果在创建集合时有重复元素,Python会自动删除重复的元素。例如:

```
>>> s5={1,2,2,2,3,3,4,4,4,4,5}
>>> s5
{1,2,3,4,5}
```

集合的这个特性非常有用,例如,要删除列表中大量的重复元素,可以先用set( )函数将列表转换成集合,再用list( )函数将集合转换成列表,操作效率非常高。

2. 集合的常用运算

(1) 传统的集合运算

① s1|s2|…|s*n*:计算s1,s2, …,s*n*的并集。例如:

```
>>> s={1,2,3}|{3,4,5}|{'a','b'}
>>> s
{1,2,3,4,5,'b','a'}
```

② s1 & s2 & … & s*n*:计算s1,s2, …,s*n*的交集。例如:

```
>>> s={1,2,3,4,5}&{1,2,3,4,5,6}&{2,3,4,5}&{2,4,6,8}
>>> s
{2,4}
```

③ s1–s2–…–s*n*:计算s1,s2, …,s*n*的差集。例如:

```
>>> s={1,2,3,4,5,6,7,8,9}-{1,2,3,4,5,6}-{2,3,4,5}-{2,4,6,8}
```

```
>>> s
{9,7}
```

④ s1^s2：计算 s1、s2 的对称差集，求 s1 和 s2 中相异元素。例如：

```
>>> s={1,2,3,4,5,6,7,8,9}^{5,6,7,8,9,10}
>>> s
{1,2,3,4,10}
```

(2) 集合元素的并入

s1|=s2：将 s2 的元素并入 s1 中。例如：

```
>>> s1={1,2,3,4}
>>> s2={7,8}
>>> s1|=s2
>>> s1
{1,2,3,4,7,8}
```

(3) 集合的遍历

集合与 for 循环语句配合使用，可实现对集合各个元素的遍历。看下面的程序：

```
s={10,20,30,40}
t=0
for x in s:
    print(x,end='\t')
    t+=x
print(t)
```

程序对 s 集合的各个元素进行操作，输出各个元素并实现累加。程序输出结果如下：

```
10  20  30  40  100
```

4.3 函　　数

对于反复使用的某些程序段，如果在需要时每次都重复书写，将是十分烦琐的，如果把这些程序段写成函数，需要时直接调用，则不需要重新书写。在 Python 程序中，用户可以自己创建函数，这被称为自定义函数。

4.3.1 函数的定义与调用

1. 函数的定义

Python 函数的定义包括对函数名、函数的参数与函数功能的描述。一般格式为

def 函数名([形式参数表]):
　　函数体

下面是一个简单的 Python 函数,该函数接收矩形的长和宽作为输入参数,返回矩形的面积。

```
def MyArea(x,y):
    s=x*y
    return s
```

2. 函数的调用

有了函数定义,凡要完成该函数功能时,就可调用该函数来完成。函数调用的一般格式为

函数名(实际参数表)

调用函数时,和形式参数对应的参数因为有值的概念,所以称为实际参数(actual parameter),简称实参。当有多个实际参数时,实际参数之间用逗号分隔。

如果调用的是无参数函数,则调用格式为

函数名( )

其中函数名之后的一对括号不能省略。

函数调用时提供的实际参数应与被调用函数的形式参数按顺序一一对应,而且参数类型要兼容。

例如,程序文件 ftest.py 的内容如下:

```
def MyArea(x,y):
    s=x*y
    return s
print(MyArea(10,5))
```

程序运行后得到结果 50。

4.3.2 两类特殊函数

Python 有两类特殊函数:匿名函数和递归函数。匿名函数是指没有函数名的简单函数,只可以包含一个表达式,不允许包含其他复杂的语句,表达式的结果是函数的返回值。递归函数是指直接或间接调用函数本身的函数。递归函数反映了一种逻辑思想,用它来解决某些问题时显得很简练,所以单独介绍。

1. 匿名函数的定义与调用

在 Python 中,可以使用 lambda 关键字来在同一行内定义函数,因为不用指定函数名,所以这个函数被称为匿名函数,也称为 lambda 函数,其格式为

lambda[参数1[,参数2,……,参数 *n*]]:表达式

关键字 lambda 表示匿名函数，冒号前面是函数参数，可以有多个函数参数，但只有一个返回值，所以只能有一个表达式，返回值就是该表达式的结果。匿名函数不能包含语句或多个表达式，不用写 return 语句。例如：

```
lambda x,y:x+y
```

该语句定义一个函数，函数参数为“x,y”，函数返回的值为表达式“x+y”的值。用匿名函数有个好处，因为函数没有名字，不必担心函数名冲突。

匿名函数是一个函数对象，可以把匿名函数赋值给一个变量，再利用变量来调用该函数。例如：

```
>>> f=lambda x,y:x+y
>>> f(5,10)
15
```

2. 递归函数

Python 允许使用递归函数，递归函数是指一个函数的函数体中直接或间接地调用该函数本身的函数。如果函数 a 中又调用函数 a 自己，则称函数 a 为直接递归。如果函数 a 中先调用函数 b，函数 b 中又调用函数 a，则称函数 a 为间接递归。程序设计中常用的是直接递归。

例 4–2 用递归方法计算下列多项式函数的值：

$$p(x,n)=x-x^2+x^3-x^4+\cdots+(-1)^{n-1}x^n \quad (n>0)$$

分析：函数的定义不是递归定义形式，对原来的定义进行如下数学变换。

$$\begin{aligned}p(x,n)&=x-x^2+x^3-x^4+\cdots+(-1)^{n-1}x^n\\&=x[1-(x-x^2+x^3-\cdots+(-1)^{n-2}x^{n-1})]\\&=x[1-p(x,n-1)]\end{aligned}$$

经变换后，可以将原来的非递归定义形式转换为等价的递归定义：

$$p(x,n)=\begin{cases}x & n\leqslant 1\\x[1-p(x,n-1)] & n>1\end{cases}$$

由此递归定义，可以确定递归算法和递归结束条件。

使用递归函数的程序如下：

```
def p(x,n):
    if n==1:
        return x
    else:
        return x*(1-p(x,n-1))
print(p(2,4))
```

程序运行结果如下：

```
-10
```

4.4　面向对象程序设计

在 Python 中采用面向对象程序设计，具有面向对象的基本特征，但 Python 的面向对象与一般程序设计语言（如 C++）的面向对象也有一些差异，在 Python 中一切都是对象，类本身是一个对象（类对象），类的实例也是对象。Python 中的变量、函数都是对象。

4.4.1　类与对象

1. 类的定义

类是一种广义的数据类型，这种数据类型中的元素（或成员）既包含数据，也包含操作数据的函数。在 Python 中，通过 class 关键字来定义类。定义类的一般格式为

class 类名：
　类体

类的定义由类头和类体两部分组成。类头由关键字 class 开头，然后后面紧接类名，其命名规则与一般标识符的命名规则一致。类名的首字母一般采用大写。

注意：类名后面有个冒号。类体包括类的所有细节，向右缩进对齐。

类体定义类的成员，有两种类型的成员：一是数据成员，它描述问题的属性；二是成员函数，它描述问题的行为（称为方法）。这样就把数据和操作封装在一起，体现了类的封装性。

当一个类定义完之后，就产生了一个类对象。类对象支持两种操作：引用和实例化。引用操作是通过类对象去调用类中的属性或方法，而实例化是产生一个类对象的实例，称作实例对象。例如定义了一个 Person 类：

```
class Person:
    name='brenden'                    #定义了一个属性
    def printName(self):              #定义了一个方法
        print(self.name)
```

Person 类定义完成之后就产生了一个全局的类对象，可以通过类对象来访问类中的属性和方法。当通过 Person.name（至于为什么可以直接这样访问属性后面再解释，这里只要理解类对象这个概念即可）来访问时，Person.name 中的 Person 称为类对象，这一点和 C++ 中的类有所不同。

2. 对象的创建和使用

类是抽象的，要使用类定义的功能，就必须将类实例化，即创建类的对象。在 Python 中，用赋值的方式创建类的实例，一般格式为

对象名 = 类名(参数列表)

创建对象后,可以使用“.”运算符,通过实例对象来访问这个类的属性和方法(函数),一般格式为

对象名.属性名

对象名.函数名( )

例如,可以对前面定义的 Person 类进行实例化操作,语句“p=Person( )”产生一个 Person 的实例对象,此时也可以通过实例对象 p 来访问属性或方法,用 p.name 来调用类的 name 属性。

4.4.2 属性和方法

在上面 Person 类的定义中,name 是一个属性,printName( )是一个方法,与某个对象进行绑定的函数称为方法。一般在类中定义的函数与类对象或实例对象绑定,所以称为方法,而在类外定义的函数一般没有同对象进行绑定,就称为函数。

1. 属性和方法的访问控制

(1) 属性的访问控制

在类中可以定义一些属性。例如:

```
class Person:
    name='brenden'
    age=18
p=Person( )
print(p.name,p.age)
```

定义了一个 Person 类,其中定义了 name 和 age 属性,默认值分别为 'brenden' 和 18。在定义了类之后,就可以用来产生实例化对象了,语句“p=Person( )”实例化了一个对象 p,然后就可以通过 p 来读取属性。这里的 name 和 age 都是公有的,可以直接在类外通过对象名访问,如果想定义成私有的,则需在前面加两个下画线“__”。例如:

```
class Person:
    __name='brenden'
    __age=18
p=Person( )
print(p.__name,p.__age)
```

运行这段程序时,会出现 AttributeError 错误:

```
AttributeError:'Person' object has no attribute '__name'
```

提示找不到该属性,因为私有属性是不能够在类外通过对象名来进行访问的。在 Python 中,没有 public 和 private 这些关键字来区别公有属性和私有属性,它是以属性命名方式来区分的。

如果在属性名前面加了两个下画线“__”，则表明该属性是私有属性；否则为公有属性。方法也一样，如果在方法名前面加了两个下画线，则表示该方法是私有的；否则为公有的。

(2) 方法的访问控制

在类中可以根据需要定义一些方法，定义方法采用 def 关键字，在类中定义的方法至少会有一个参数，一般以名为“self”的变量作为该参数（用其他名称也可以），而且需要作为第一个参数。

2. 类属性和实例属性

(1) 类属性

顾名思义，类属性（class attribute）就是类对象所拥有的属性，它被所有类对象的实例对象所共有，在内存中只存在一个副本，这个和C++中类的静态成员变量有点类似。对于公有的类属性，在类外可以通过类对象和实例对象访问。例如：

```
class Person:
    name='brenden'              # 公有的类属性
    __age=18                    # 私有的类属性
p=Person( )
print(p.name)                   # 正确，但不提倡
print(Person.name)              # 正确
print(p.__age)                  # 错误，不能在类外通过实例对象访问私有的类属性
print(Person.__age)             # 错误，不能在类外通过类对象访问私有的类属性
```

类属性是在类中方法之外定义的，它属于类，可以通过类访问。尽管也可以通过对象来访问类属性，但不建议这样做，因为这样做会造成类属性值不一致。

类属性还可以在类定义结束之后通过类名增加。例如，下列语句给 Person 类增加属性 id：

```
Person.id='2100512'
```

再来看下面的语句：

```
p.pn='82100888'
```

在类外对类对象 Person 进行实例化之后，产生了一个实例对象 p，然后通过上面语句给 p 添加了一个实例属性 pn，赋值为 '82100888'。这个实例属性是实例对象 p 所特有的。

注意：类对象 Person 并不拥有它，所以不能通过类对象来访问 pn 属性。

(2) 实例属性

实例属性（instance attribute）是不需要在类中显式定义的，而是在 __init__ 构造函数中定义的，定义时以 self 作为前缀。在其他方法中也可以随意添加新的实例属性，但并不提倡这么做，所有的实例属性最好在 __init__ 中给出。实例属性属于实例（对象），只能通过对象名访问。例如：

```
class Car:
    def __init__(self,c):
```

```
        self.color=c            # 定义实例对象属性
    def fun(self):
        self.length=1.83        # 给实例添加属性，但不提倡
s=Car('Red')
print(s.color)          # 输出:Red
s.fun()
print(s.length)         # 输出:1.83
```

如果需要在类外修改类属性，必须通过类对象引用后进行修改。如果通过实例对象去引用，会产生一个同名的实例属性，这种方式修改的是实例属性，不会影响到类属性，并且之后如果通过实例对象引用该名称的属性，实例属性会强制屏蔽类属性，即引用的是实例属性，除非删除了该实例属性。

例如：

```
class Person:
    place='Changsha'
print(Person.place)         # 输出:Changsha
p=Person()
print(p.place)              # 输出:Changsha
p.place='Shanghai'
print(p.place)              # 实例属性会屏蔽掉同名的类属性，输出:Shanghai
print(Person.place)         # 输出:Changsha
del p.place                 # 删除实例属性
print(p.place)              # 输出:Changsha
```

3. 类的方法

(1) 类中内置的方法

在 Python 中有一些内置的方法，这些方法命名都有特殊的约定，其方法名以两个下画线开始和以两个下画线结束。类中最常用的就是构造方法和析构方法。

① 构造方法。构造方法 __init__(self, …)在生成对象时调用，可以用来进行一些属性初始化操作，不需要显式调用，系统会默认执行。构造方法支持重载，如果用户自己没有重新定义构造方法，系统就自动执行默认的构造方法。

② 析构方法。析构方法 __del__(self)在释放对象时调用，支持重载，可以在其中进行一些释放资源的操作，不需要显式调用。

(2) 类方法、实例方法和静态方法

① 类方法。类方法是类对象所拥有的方法，需要用修饰器“@classmethod”来标识其为类方法，对于类方法，第一个参数必须是类对象，一般以“cls”作为第一个参数。当然可以用其他名称

的变量作为第一个参数，但是人们大多习惯以“cls”作为第一个参数的名字，所以一般用“cls”。通过实例对象和类对象可以访问类方法。

② 实例方法。实例方法是类中最常定义的成员方法，它至少有一个参数并且必须以实例对象作为第一个参数，一般以名为 self 的变量作为第一个参数，当然可以以其他名称的变量作为第一个参数。在类外实例方法只能通过实例对象调用，不能通过其他方式调用。

③ 静态方法。静态方法需要通过修饰器“@staticmethod”来进行修饰，静态方法不需要多定义参数。

例如：

```
class Person:
    place='Changsha'
    @staticmethod
    def getPlace():                # 静态方法
        return Person.place
print(Person.getPlace())           # 输出：Changsha
```

对于类属性和实例属性，如果在类方法中引用某个属性，则该属性必定是类属性。而如果在实例方法中引用某个属性（不做更改），并且存在同名的类属性，此时若实例对象有该名称的实例属性，则实例属性会屏蔽类属性，即引用的是实例属性。若实例对象没有该名称的实例属性，则引用的是类属性；如果在实例方法中更改某个属性，并且存在同名的类属性，此时若实例对象有该名称的实例属性，则修改的是实例属性，若实例对象没有该名称的实例属性，则会创建一个同名称的实例属性。想要修改类属性，如果在类外，可以通过类对象修改；如果在类里，只有在类方法中进行修改。

从类方法、实例方法以及静态方法的定义形式可以看出，类方法的第一个参数是类对象 cls，那么通过 cls 引用的必定是类对象的属性和方法；而实例方法的第一个参数是实例对象 self，那么通过 self 引用的可能是类属性，也有可能是实例属性，不过在存在相同名称的类属性和实例属性的情况下，实例属性优先级更高。静态方法中不需要额外定义参数，因此在静态方法中引用类属性时，必须通过类对象来引用。

4.4.3　继承和多态

1. 继承

面向对象程序设计带来的主要好处之一是代码的重用。当设计一个新类时，为了实现这种重用，可以继承一个已设计好的类。一个新类从已有类那里获得其已有特性，这种现象称为类的继承（inheritance）。通过继承，在定义一个新类时，先把已有类的功能包含进来，然后再给出新功能的定义或对已有类的某些功能重新定义，从而实现类的重用。从另一角度说，从已有类产生新类的过程就称为类的派生(derivation),即派生是继承的另一种说法,只是表述问题的角度不同而已。

在继承关系中,被继承的类称为父类或超类,也可以称为基类,继承的类称为子类。在Python中,类继承的定义格式为

```
class 子类名(父类名):
    类体
```

在定义一个类时,可以在类名后面紧跟一对括号,在括号中指定所继承的父类,如果有多个父类,多个父类名之间用逗号隔开。

2. 多重继承

前面所介绍的继承都属于单继承,即子类只有一个父类。实际上,常常有这样的情况:一个子类有两个或多个父类,子类从两个或多个父类中继承所需的属性。Python 支持多重继承,允许一个子类同时继承多个父类,这种行为称为多重继承(multiple inheritance)。

多重继承的定义格式为

```
class 子类名(父类名 1,父类名 2, … ):
    类体
```

此时有一个问题就是,如果子类没有重新定义构造方法,它会自动调用哪个父类的构造方法呢? Python 2.x 采用的规则是深度优先,即先是第一个父类,然后是第一个父类的父类,以此类推。但 Python 3.x 不会深度搜索,而是搜索后面的父类。如果子类重新定义了构造方法,需要显式去调用父类的构造方法,此时调用哪个父类的构造方法由程序决定。若子类没有重新定义构造方法,则只会执行第一个父类的构造方法,并且若父类 1、父类 2 等中有同名的方法,通过子类的实例化对象调用该方法时,调用的是第一个父类中的方法。

对于普通的方法,其搜索规则和构造方法是一样的。

3. 多态

多态即多种形态,是指不同的对象收到同一种消息时会产生不同的行为。在程序中消息就是调用函数,不同的行为就是指不同的实现方法,即执行不同的函数。

Python 中的多态和 C++、Java 中的多态不同,Python 中的变量是弱类型的,在定义时不用指明其类型,它会根据需要在运行时确定变量的类型和状态,在编译阶段无法确定其类型,这就是多态的一种体现。此外,Python 本身是一种解释型语言,不进行编译,因此它就只在运行时确定状态,故也有人说 Python 是一种多态语言。在 Python 中,很多地方都可以体现多态的特性,例如内置函数 len( ),不仅可以计算字符串的长度,还可以计算列表、元组等对象中的数据个数,在运行时通过参数类型确定其具体的计算过程,正是多态的一种体现。

4.5 文件操作

文件操作是一种基本的输入输出方式，在实际问题求解过程中经常遇到。数据以文件的形式进行存储，操作系统以文件为单位对数据进行管理，文件系统仍是一般高级语言普遍采用的数据管理方式。

4.5.1 文件的打开与关闭

在对文件进行读写操作之前首先要打开文件，操作结束后应该关闭文件。Python 提供了文件对象，通过 open( ) 函数可以按指定方式打开指定文件并创建文件对象。

1. open( ) 函数

Python 提供了基本的函数和对文件进行操作的方法。要读取或写入文件，必须使用内置的 open( ) 函数来打开它。该函数创建一个文件对象，并使用它来完成各种文件操作。open( ) 函数的一般调用格式为

文件对象 =open(文件说明符[,打开方式][,缓冲区])

其中，文件说明符指定打开的文件名，可以包含盘符、路径和文件名，它是一个字符串。文件路径中的“\”要写成“\\”，例如，要打开 E:\MyPython 中的 test.dat 文件，文件说明符要写成“E:\\MyPython\\test.dat”；打开方式指定打开文件后的操作方式，该参数是字符串，必须小写。文件操作方式是可选参数，默认为 r(只读操作)。文件操作方式用具有特定含义的符号表示，如表 4–1 所示。缓冲区设置表示文件操作是否使用缓冲存储方式。如果缓冲区参数被设置为 0，表示不使用缓冲存储。如果该参数设置为 1，表示使用缓冲存储。如果指定的缓冲区参数为大于 1 的整数，则使用缓冲存储，并且该参数指定了缓冲区的大小。如果缓冲区参数指定为 –1，则使用缓冲存储，并且使用系统默认的缓冲区大小，这也是缓冲区参数的默认设置。

表 4–1　文件操作方式

打开方式	含义	打开方式	含义
r(只读)	为输入打开一个文本文件	r+(读写)	为读写打开一个文本文件
w(只写)	为输出打开一个文本文件	w+(读写)	为读写建立一个新的文本文件
a(追加)	向文本文件尾增加数据	a+(读写)	为读写打开一个文本文件(追加方式)
rb(只读)	为输入打开一个二进制文件	rb+(读写)	为读写打开一个二进制文件
wb(只写)	为输出打开一个二进制文件	wb+(读写)	为读写建立一个新的二进制文件
ab(追加)	向二进制文件尾增加数据	ab+(读写)	为读写打开一个二进制文件(追加方式)

open( )函数以指定的方式打开指定的文件，文件操作方式符的含义如下。

① 用“r”方式打开文件时，只能从文件向内存输入数据，而不能从内存向该文件写数据。以“r”方式打开的文件应该已经存在，不能用“r”方式打开一个并不存在的文件(即输入文件)；否则将出现 FileNotFoundError 错误。这是默认打开方式。

② 用“w”方式打开文件时，只能从内存向该文件写数据，而不能从文件向内存输入数据。如果该文件原来不存在，则打开时建立一个以指定文件名命名的文件。如果原来的文件已经存在，则打开时将文件删空，然后重新建立一个新文件。

③ 如果希望向一个已经存在的文件的尾部添加新数据(保留原文件中已有的数据)，则应用“a”方式打开。如果该文件不存在，则创建并写入新的文件。打开文件时，文件的位置指针在文件末尾。

④ 用“r+”“w+”“a+”方式打开的文件可以写入和读取数据。用“r+”方式打开文件时，该文件应该已经存在，这样才能对文件进行读 / 写操作。用“w+”方式打开文件时，如果文件存在，则覆盖现有的文件。如果文件不存在，则创建新的文件并可进行读取和写入操作。用“a+”方式打开的文件，则保留文件中原有的数据，文件的位置指针在文件末尾，此时，可以进行追加或读取文件操作。如果该文件不存在，它创建新文件并可进行读取和写入操作。

2. 关闭文件

文件使用完毕后，应当关闭，这意味着释放文件对象以供别的程序使用，同时也可以避免文件中数据的丢失。用文件对象的 close( )方法关闭文件，其调用格式为

close( )

close( )方法用于关闭已打开的文件，将缓冲区中尚未存盘的数据写入磁盘，并释放文件对象。此后，如果再想使用刚才的文件，则必须重新打开。应该养成在文件访问完之后及时关闭的习惯，一方面是避免数据丢失；另一方面是及时释放内存，减少系统资源的占用。

4.5.2 文本文件的操作

1. 文本文件的读取

Python 对文件的操作都是通过调用文件对象的方法来实现的，文件对象提供了 read( )、readline( )和 readlines( )方法用于读取文本文件的内容。

(1) read( )方法

read( )方法的用法为

变量 = 文件对象 .read( )

其功能是读取从当前位置直到文件末尾的内容，并作为字符串返回，赋给变量。如果是刚打开的文件对象，则读取整个文件。read( )方法通常将读取的文件内容存放到一个字符串变量中。

read( )方法也可以带参数,其用法为

变量 = 文件对象 .read(count)

其功能是读取从文件当前位置开始的 count 个字符,并作为字符串返回,赋给变量。如果文件结束,就读取到文件结束为止。如果 count 大于文件从当前位置到末尾的字符数,则仅返回这些字符。

用 Python 解释器或 Windows 记事本建立文本文件 data.txt,其内容如下。

```
Python is very useful.
Programming in Python is very easy.
```

则下列语句:

```
>>> fo=open("data.txt","r")
>>> fo.read( )
'Python is very useful.\nProgramming in Python is very easy.\n'
>>> fo=open("data.txt","r")
>>> fo.read(6)
```

的执行结果为

```
'Python'
```

例 4-3　已经建立文本文件 data.txt,统计文件中元音字母出现的次数。

分析:先读取文件的全部内容,得到一个字符串,然后遍历字符串,统计元音字母的个数。

程序如下:

```
infile=open("data.txt","r")            #打开文件,准备输出文本文件
s=infile.read( )                       #读取文件全部字符
print(s)                               #显示文件内容
n=0
for c in s:                            #遍历读取的字符串
    if c in 'aeiouAEIOU':n+=1
print(n)
infile.close( )                        #关闭文件
```

运行结果如下:

```
Python is very useful.
Programming in Python is very easy.
(空一行)
15
```

(2) readline( )方法

readline( )方法的用法为

变量 = 文件对象 .readline( )

其功能是读取从当前位置到行末（即下一个换行符）的所有字符，并作为字符串返回，赋给变量。通常用此方法来读取文件的当前行，包括行结束符。如果当前处于文件末尾，则返回空串。

（3）readlines( )方法

readlines( )方法的用法为

变量 = 文件对象 .readlines( )

其功能是读取从当前位置直到文件末尾的所有行，并将这些行构成列表返回，赋给变量。列表中的元素即每一行构成的字符串。如果当前处于文件末尾，则返回空列表。

2. 文本文件的写入

当文件以写方式打开时，可以向文件写入文本内容。Python 文件对象提供两种写文件的方法：write( )方法和 writelines( )方法。

（1）write( )方法

write( )方法的用法为

文件对象 .write(字符串)

其功能是在文件当前位置写入字符串，并返回字符的个数。例如：

```
>>> fo=open("file1.dat","w")
>>> fo.write("Python 语言 ")
8
>>> fo.write("Python 程序 \n")
9
>>> fo.write("Python 程序设计 ")
10
>>> fo.close( )
```

上面的语句执行后会创建 file1.dat 文件，并会将给定的内容写到该文件中，并最终关闭该文件。用编辑器查看该文件内容如下：

```
Python 语言 Python 程序
Python 程序设计
```

从执行结果看，每次 write( )方法执行完后并不换行，如果需要换行则在字符串最后加换行符“\n”。

（2）writelines( )方法

writelines( )方法的用法为

文件对象 .writelines(字符串元素的列表)

其功能是在文件当前位置处依次写入列表中的所有字符串。

实　验　篇

实验1　图灵机演示

1. 实验目的

(1) 了解图灵机的概念。
(2) 掌握图灵机的运行规则。
(3) 结合实例分析图灵机的工作过程。

2. 实验内容和步骤

(1) 图灵机的工作过程

图灵机如图实 1-1 所示。

纸带(tape)被划分为一个个小格子,用于记录符号,可两端无限伸展;读写头(head)可以在纸带上左右移动,能读出或改写当前所指格子中的符号;图灵机依据控制规则进行工作,控制规则由控制规则表(table)构成,根据当前机器所处的状态与当前读写头所指的格子中的符号来确定读写头下一步的动作,令机器进入一个新的状态。

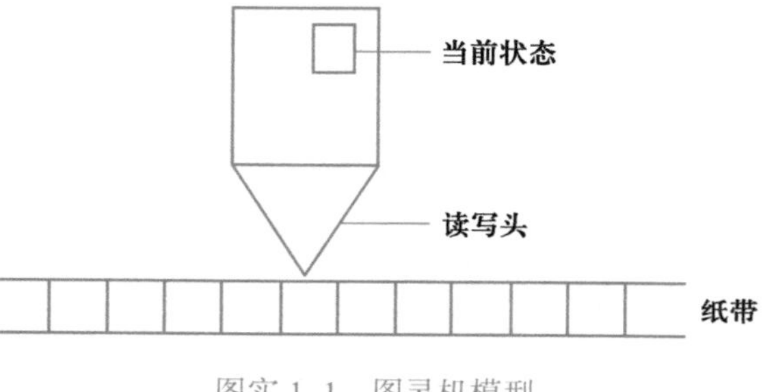

图实 1-1　图灵机模型

图灵机所有可能状态的数目是有限的,并且有一个特殊的状态,称为停机状态。

图灵机操作涉及 3 个动作:改写当前格、左移一格或右移一格。

表实 1-1 为图灵机的控制规则表,表明利用图灵机进行计算可以进行的操作。

表实 1-1　图灵机的控制规则表

行号	输入		响应		
	当前状态	当前符号	新符号	读写头移动	新状态
1	start	*	*	Left	add
2	add	0	1	Left	noncarry
3	add	1	0	Left	carry
4	add	*	*	Right	halt
5	carry	0	1	Left	noncarry
6	carry	1	0	Left	carry
7	carry	*	1	Left	overflow

续表

行号	输入		响应		
	当前状态	当前符号	新符号	读写头移动	新状态
8	noncarry	0	0	Left	noncarry
9	noncarry	1	1	Left	noncarry
10	noncarry	*	*	Right	return
11	overflow	0 或 1	*	Right	return
12	return	0	0	Right	return
13	return	1	1	Right	return
14	return	*	*	Stay	halt

下面以计算“5+1”为例，模拟图灵机的运行过程，描述从运行开始的每一步骤的结果和工作过程。

① 初始状态。箭头表示读写头当前所在的位置，执行情况如图实 1–2 所示。

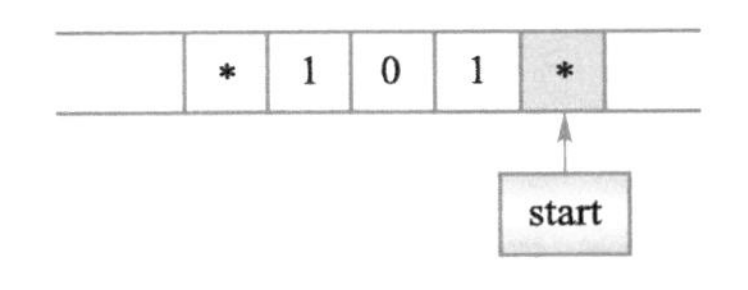

输入		响应		
当前状态	当前符号	新符号	读写头移动	新状态
start	*	*	Left	add

图实 1–2　初始状态

此时图灵机按第 1 行动作：从读写头位置读当前符号 *，再写入新符号 *，读写头左移一格，进入新状态 add。

② 第①步完成后，按当前状态 add 和读写头位置的当前符号 1，确定按第 3 行动作，如图实 1–3 所示。

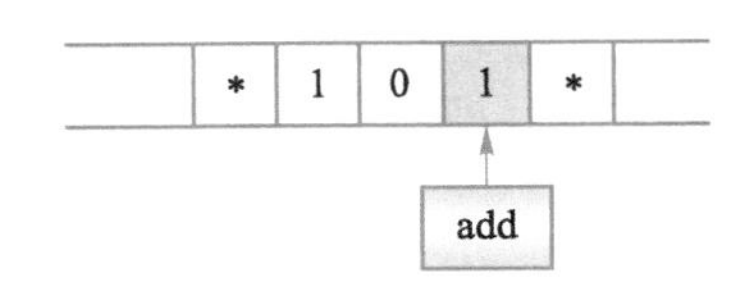

输入		响应		
当前状态	当前符号	新符号	读写头移动	新状态
add	1	0	Left	carry

图实 1–3　进行第②步动作

动作：读当前符号 1，写新符号 0，读写头左移一格，进入新状态 carry。

③ 根据第②步完成后状态，确定第③步按第 5 行动作，如图实 1–4 所示。

输入		响应		
当前状态	当前符号	新符号	读写头移动	新状态
carry	0	1	Left	noncarry

图实 1–4　确定第③步动作

动作：读当前符号 0，写新符号 1，读写头左移一格，进入新状态 noncarry。

④ 根据第③步完成后状态，确定第④步按第 9 行动作，如图实 1–5 所示。

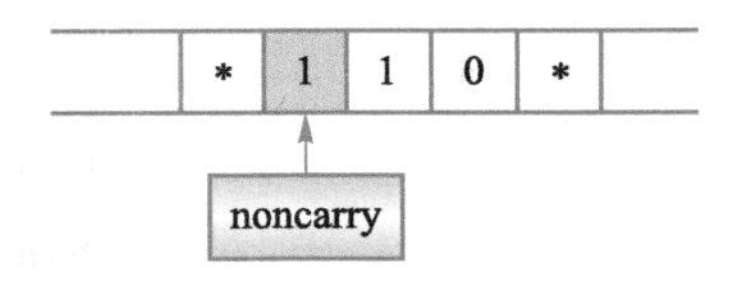

输入		响应		
当前状态	当前符号	新符号	读写头移动	新状态
noncarry	1	1	Left	noncarry

图实 1–5　确定第④步动作

动作：读当前符号 1，写新符号 1，读写头左移一格，进入新状态 noncarry。

⑤ 根据第④步完成后状态，确定第⑤步按第 10 行动作，如图实 1–6 所示。

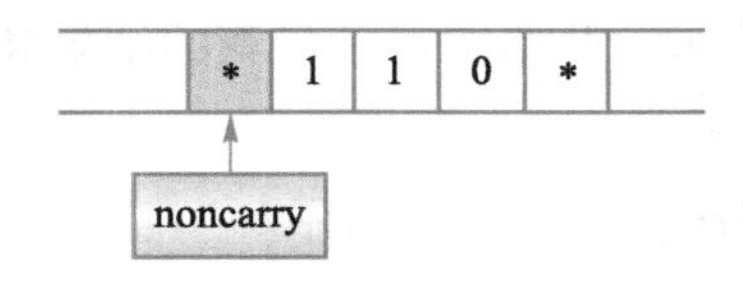

输入		响应		
当前状态	当前符号	新符号	读写头移动	新状态
noncarry	*	*	Right	return

图实 1–6　确定第⑤步动作

动作：读当前符号 *，写新符号 *，读写头右移一格，进入新状态 return。

⑥ 根据第⑤步完成后状态，确定第⑥~⑨步按第 12~14 行动作，如图实 1–7 所示。

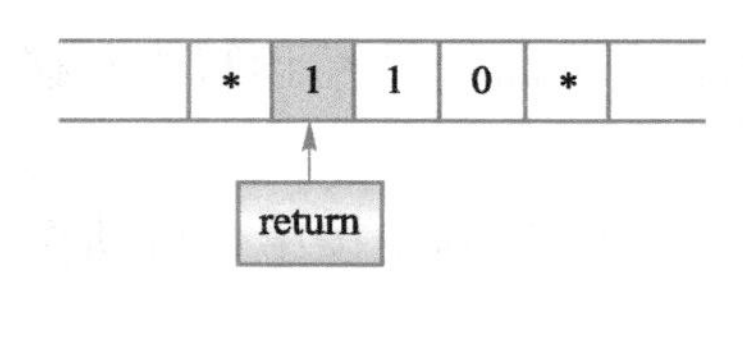

输入		响应		
当前状态	当前符号	新符号	读写头移动	新状态
return	1	1	Right	return
return	1	1	Right	return
return	0	0	Right	return
return	*	*	Stay	halt

图实 1–7　确定第⑥~⑨步动作

动作：读写当前符号，读写头连续右移，最后读当前符号 *，进入停止状态。

⑦ 停机状态。

(2) 分析并说明图灵机的功能

运行以下 Python 程序，输入二进制数据“111”和“1011”，分析其实现功能，以及得到结果的过程。

```
import time
s= [[ "start","s","*","*","L","a" ], [ "add","a","0","1","L","n" ],
    [ "add","a","1","0","L","c" ], [ "add","a","*","*","R","h" ],
```

```
        ["carry","c","0","1","L","n"], ["carry","c","1","0","L","c"],
        ["carry","c","*","1","L","o"], ["noncarry","n","0","0","L","n"],
        ["noncarry","n","1","1","L","n"], ["noncarry","n","*","*","R","r"],
        ["overflow","o"," ","*","R","r"], ["return","r","0","0","R","r"],
        ["return","r","1","1","R","r"], ["return","r","*","*","S","h"]]
str=input('输入加数(格式为*101*):')                          #输入加数
tape="   "+str
head=len(tape)                                              #确定读写头位置
space=''
tape1=space*head+" △ "                                      #产生n个空格
num=0
j=1
while j>0:
    tape=tape[:head-1]+s[num][3]+tape[head:]               #纸带
tape1=space*(head-1)+" △ "                                  #读写头字符串
print(tape)                                                 #显示纸带信息
print(tape1,s[num][0])                                      #显示读写头+状态
time.sleep(1)                                               #设置1s延迟
if s[num][4]=="L":
    head=head-1
if s[num][4]=="R":
    head=head+1
if s[num][4]  =="S":
    print(tape1,"halt")                                     #读写头+状态(halt)
    break                                                   #此处要退出循环
for i in range(14):                                         #在规则表中查找下一条指令
    if s[i][1]==s[num][5]and s[i][2]==tape[head-1:head]:
        num=i
        break                                               #此处退出内循环
```

提示:time库函数用于获取当前时间戳(从世界标准时间的1970年1月1日00:00:00开始到当前这一时刻为止的总秒数),即计算机内部时间值。本例用于实现程序运行时的延迟操作。

3. 实验思考

(1) 尝试修改表实1-1的控制规则,写出计算“11+2”的图灵机工作过程。

(2) 分析计算器的工作过程与冯·诺依曼计算机工作过程的异同。

实验 2 运算与表达式

1. 实验目的

(1) 熟悉 Python 程序的运行环境与运行方式。

(2) 掌握 Python 的基本数据类型。

(3) 掌握 Python 的算术运算规则及表达式的书写方法。

2. 实验内容和步骤

(1) 熟悉 Python 环境

① 启动 Python 解释器,在命令和程序两种方式下执行下列语句。

```
a=2
b="1234"
c=a+int(b)% 10
print(a,'\t',b,'\t',c)
```

在执行命令后回答以下问题:

a. 在 Python 中如何表示字符串?

b. “\t”是什么字符? 有何作用?

c. int( )函数的作用是什么?

d. % 是什么运算符? 有何作用?

② 先导入 math 模块,再查看该模块的帮助信息,具体语句如下。

```
>>> import math
>>> dir(math)
>>> help(math)
```

根据语句执行结果,写出 math 模块包含的函数,并说明 log( )、log10( )、log1p( )、log2( )等函数的作用及它们的区别。

(2) 执行语句

```
>>> a=list(range(15))
>>> b=tuple(range(1,15))
```

完成如下操作。

① 显示变量 a、b 的值,并说出变量 a、b 的数据类型。

② range( )函数的作用是什么? range(15)与 range(1,15)有何区别?

③ 生成由 100 以内的奇数构成的列表 c,写出语句并验证。

(3) 编程求表达式的值

① 求下列表达式的值。

a. $\frac{4}{3}\pi^3$

b. $\frac{2}{1-\sqrt{7i}}$ (其中 i 为虚数单位)

② 已知 $x=12, y=10^{-5}$,求下列表达式的值。

a. $1+\frac{x}{3!}-\frac{y}{5!}$

b. $\frac{2\ln|x-y|}{e^{x+y}-\tan y}$

(4) 程序填空

① 计算并输出 π^2。

```
import math
p=________
print(p)
```

② 从键盘输入一个整数 n,输出其十位上的数字 b。例如,输入 n=537,则 b=3。

```
n=int(input("n="))
b=________
print("b=",b)
```

(5) 程序改错

下面的程序用于求一元二次方程 $2x^2+5x-3=0$ 的根,其中有 4 处错误,请改正。

```
a,b,c=2,5,-3
import math
q=b * b-4a*c
q_sr=sqrt(q)
x1=(-b+q_sr)/ 2*a
x2=(-b-q_sr)/ 2*a
print(x1,x2)
```

3. 实验思考

(1) 在 Python 环境下求$\sqrt{2}\times\sqrt{2}$的值,并和数值 2 进行比较,看它们的值是否相等;或者计算$\sqrt{2}\times\sqrt{2}-2$ 的值是否为 0,并分析原因。

(2) 有同学为了求 e^2(e 是自然对数的底)采用了以下 4 种方法,请分析它们之间的区别,说明哪种方法更合理。

方法 1:

```
>>> e=2.71828
>>> e**2              # 或 e*e
7.389 046 158 4
```

方法 2：

```
>>> e=2.71828
>>> pow(e,2)
7.389 046 158 4
```

方法 3：

```
>>> e=2.71828
>>> import math
>>> math.pow(e,2)
7.389 046 158 4
```

方法 4：

```
>>> import math
>>> math.exp(2)
7.389 056 098 930 65
```

(3) 设 $x=\sqrt[3]{5}$, $y=6!$ ，求下列表达式的值。

a. $\dfrac{\sin x+\cos y}{x^2+y^2}+\dfrac{x^y}{xy}$　　　　b. $e^{\frac{\pi}{2}x}+\dfrac{\lg|x-y|}{x+y}$

实验 3　实现选择判断

1. 实验目的

(1) 理解选择结构的概念。

(2) 能用 if 语句实现选择判断。

2. 实验内容和步骤

(1) 程序阅读

① 以下两个程序的执行结果有何不同？

程序 1：

```
x,y=10,20
if x>y:
    x,y=y,x
print(x,y)
```

程序 2：

```
x,y=10,20
```

```
if x > y:
    x,y=y,x
    print(x,y)
```

② 若从键盘输入 55，写出以下程序的执行结果。

```
a=int(input())
if a>40:
    print("a1=",a)
    if a<50:
        print("a2=",a)
if a>30:
    print("a3=",a)
```

③ 分析以下程序的输出结果，说明出现该结果的原因，应该如何修改程序。

```
x=2.1
y=2.0
if x-y==0.1:
    print("Equal")
else:
    print("Not Equal")
```

(2) 程序填空

① 判断一个整数是否能被 3 或 7 整除，若能被 3 或 7 整除，则输出“Yes”；否则输出“No”。

```
m=int(input())
if ________:
    print("Yes")
else:
    print("No")
```

② 输入 a、b、c 三个值，输出其中最大值。

```
a=int(input('输入第 1 个数:'))
b=int(input('输入第 2 个数:'))
c=int(input('输入第 3 个数:'))
________
if b > max_num:
    max_num=b
if c > max_num:
    max_num=c
print(max_num)
```

③ 实现一个简单的出租车计费系统，当输入行程的总里程时，输出乘客应付的车费（车费保留一位小数）。计费标准为起步价每 3 km 10 元，超过 3 km 后，每千米费用为 1.2 元，超过 10 km 后，每千米的费用为 1.5 元。

```
km=float(input("请输入千米数:"))
if km <=0:
    print("数据输入错误,请重新输入")
else:
    if km <=3:
        cost=10
    elif km <=10:
        cost=________
    else:
        cost=18.4+(km-10)* 1.5
    print("需要支付车费",________,"元")
```

3. 实验思考

(1) 程序填空。输入整数 x、y、z，若 $x^3+y^3+z^3>1\,000$，则输出 $x^3+y^3+z^3-1\,000$ 的值；否则输出 3 个数之和。

```
x,y,z=eval(input("please input three numbers:"))
t=________
if t > 1000:
    print(t-1000)
else:
    print(x+y+z)
```

(2) 输入一个整数，若为奇数则输出其平方根；否则输出其立方根。分别用单分支、双分支 if 语句编写程序。

实验 4　控制重复操作

1. 实验目的

(1) 理解循环结构的概念。

(2) 掌握循环的实现方法。

2. 实验内容和步骤

(1) 程序阅读

① 写出下列程序的运行结果。

```
i=1
while i+1:
    if i>4:
        print(i)
        i+=1
        break
    print(i)
    i+=2
```

② 写出下列程序的运行结果。

```
s=0
for i in range(1,13):
    if i%2==1:
        continue
    if i%9==0:
        break
    s=s+i
print(s)
```

③ 下面是张明同学编写的判断 n 是否为素数的程序。

```
n=int(input("输入整数:"))
if n<2:
    print(n,"不是素数")
for i in range(2,n):
    if n%i==0:
        print("这个数不是素数")
        break                          # 执行 break 语句退出循环
    else:
        print("这个数是素数")
```

第 1 次运行程序的结果如下:

```
输入整数:12↙
这个数不是素数
```

第 2 次运行程序的结果如下：

输入整数：15↙

这个数是素数

这个数不是素数

显然第 2 次的结果不正确，请帮助张明同学改正程序的错误。

(2) 程序填空

① 使用两种不同的方法计算 100 以内所有奇数的和。

方法 1：

```
MySum=0
for i in range(101):
    if ________:
        MySum+=i
print(MySum)
```

方法 2：

```
lst= [ i for i in ________ ]
print(sum(lst))
```

② 从键盘输入 5 组数，每组有 6 个数，求各组中元素绝对值之和的最大者和最小者。

```
max1=min1=0
for i in range(1,6):
    MySum=0
    for j in range(1,7):
        x=int(input( ))
        MySum+= ________
    if MySum > max1:
        ________
    if i==1  or  MySum < min1:
        min1=MySum
print(max1,min1)
```

完成以下操作。

a. 在空白处填上适当语句以使程序实现要求的功能。

b. 将第 1 句“max1=min1=0”中 0 改为 100，即用 100 作为两个变量的初值行不行？为什么？

c. 将第 3 句“MySum=0”移到第 2 句行不行？为什么？

d. 简要说出“for i in range(1,6)”循环和“for j in range(1,7)”循环的作用。

3. 实验思考

(1) 程序填空。程序功能是输入一个整数,使其反向输出。

```
n=int(input('n='))
total=0
while n > 0:
    total=total * 10+n % 10
    ________        # 去掉 n 的最低位数字
print(total)
```

(2) 有数列$\frac{2}{1},\frac{3}{2},\frac{5}{3},\frac{8}{5},\frac{13}{8}$,…,求该数列前 20 项之和。

实验 5 Matplotlib 绘图

1. 实验目的

(1) 熟悉 NumPy、Matplotlib 等第三方库的安装方法。
(2) 掌握 NumPy、Matplotlib 的基本操作。

2. 实验内容和步骤

(1) 第三方库的安装方法
安装 NumPy、Matplotlib,安装成功后导入相关模块库。
(2) 程序填空
① 绘制一个单位圆。

```
import numpy as np
import matplotlib.pyplot as plt
t=np.linspace(0,2*np.pi,1000)
x=np.sin(t)
y=np.cos(t)
________
plt.axis('equal')
plt.show()
```

② 绘制 5 个同心圆。

```
import numpy as np
```

```
import matplotlib.pyplot as plt
t=np.linspace(0,2*np.pi,1 000)
for r in ________:
    x=r*np.sin(t)
    y=r*np.cos(t)
    plt.plot(x,y)
plt.axis('equal')
plt.show()
```

③ 分别绘制曲线 $y_1=3x+5$ 和 $y_2=x^2$，并标注两条曲线的交点。

```
import numpy as np
import matplotlib.pyplot as plt
x=np.linspace(-5,5,1000)
y1=3 * x+5
y2=x * x
plt.plot(x,y1,'b',x,y2,'g',linewidth=1)                 # 绘制两条曲线
for k in np.arange(len(x)):
    if np.________< 0.02:                               # 判断交点
        plt.plot(x[k],y1[k],'ro')                       # 标注交点
plt.grid                                                # 加网格线
plt.show()
```

④ 绘制二次函数 $f(x)=2x^2+3x+4$ 的曲线，同时画出求定积分时的各个梯形（假定积分区间为[-5,5]）。

```
def Quadratic(x):                                       # 定义二次函数
    return 2*x**2+3*x+4
import numpy as np
import matplotlib.pyplot as plt
x=np.linspace(-5,5,30)                                  # 将积分区间 30 等分
y=Quadratic(x)
plt.plot(x,y)                                           # 绘制函数曲线
plt.plot(________,color="b")                            # 绘制 x 轴
for i in range(len(x)):
    plt.plot([x[i],x[i]], [0,y[i]])                     # 绘制梯形的上底和下底
for i in range(________):
    plt.plot([x[i],x[i+1]], [y[i],y[i+1]])              # 把梯形的斜腰连起来
plt.show()
```

程序运行后得到如图实 5-1 所示的图形。

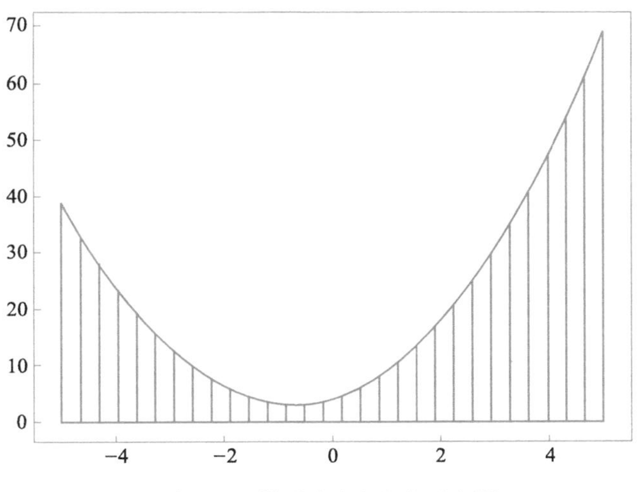

图实 5-1 梯形法求定积分示意图

完成以下操作。

a. 在空白处填上适当语句，使程序实现要求的功能。

b. 用不同的颜色填充各个梯形，请修改程序。

⑤ 在 Oxy 平面内选择区域[−5,5] × [−5,5]，绘制曲面 z=6。

```
import numpy as np
from matplotlib import pyplot as plt
from mpl_toolkits.mplot3d import Axes3D
fig=plt.figure( )
ax=Axes3D(fig,auto_add_to_figure=False)
fig.add_axes(ax)
x=np.arange(−5,5,0.4)
y=np.arange(−5,5,0.4)
X,Y=np.meshgrid(x,y)
Z1=np.ones([ np.size(X,0),np.size(X,1)])          # 产生和 X 同样大小的全 1 数组
Z= ________
ax.plot_surface(X,Y,Z,cmap='rainbow')             # 设置 rainbow(彩虹)色图
plt.show( )
```

3. 实验思考

(1) 以下程序利用极坐标绘制函数 polar( )绘制单位圆，修改程序绘制 5 个同心圆。

```
import numpy as np
import matplotlib.pyplot as plt
plt.axes(projection='polar')                    # 创建极坐标轴对象
theta=np.arange(0,2*np.pi,0.01)
rho=np.ones(len(theta))
plt.polar(theta,rho,'r-')
plt.show()
```

(2) 分别绘制正弦曲线和余弦曲线,并标注两曲线的交点。

实验 6 常用算法设计

1. 实验目的

(1) 掌握求解一元方程根的迭代算法。
(2) 掌握排序算法。
(3) 掌握绘制科赫曲线的方法及递归算法。

2. 实验内容和步骤

(1) 程序填空

① 利用简单迭代公式 $x_n=(3-2x_{n-1}^2)/5$ 求一元二次方程 $2x^2+5x-3=0$ 的根,直到满足 $|x_n-x_{n-1}| \leqslant 10^{-6}$ 为止,x 初值取 1.5。

程序如下:

```
a, b, c = 2, 5, -3
x0, x1 = 0, 1.5
import math
while math.fabs(x1 - x0) > ________:
    x0 = x1
    x1 = (3 - 2 * x0 * x0) / 5
print(x1)
```

② 编写将向量 x 元素按从小到大排序的函数,然后调用该函数实现排序。

程序如下:

```
def mysort(x):
    y=[]
    for k in range(len(x)):
```

```
        m=________          # 求最小元素
        y.________          # 添加最小元素
        ind=x.index(m)      # 求最小元素第一次出现的下标
        x.pop(ind)          # 删除最小值,或者使用语句 del x[ind]
    return y
m=mysort([32,-54,2,4,-54,32,0,-43])
print(m)
```

(2) 绘制科赫曲线

科赫曲线是典型的分形曲线,由瑞典数学家科赫(Koch)于 1904 年提出。科赫曲线的构造过程是:取一条直线段 L_0,将其三等分,保留两端的线段,将中间的一段用以该线段为边的等边三角形的另外两边代替,得到曲线 L_1,如图实 6-1 所示。再对 L_1 中的 4 条线段都按上述方式修改,得到曲线 L_2,如此继续下去进行 n 次修改得到曲线 L_n,当 $n\to\infty$时得到一条连续曲线 L,这条曲线 L 就称为科赫曲线。

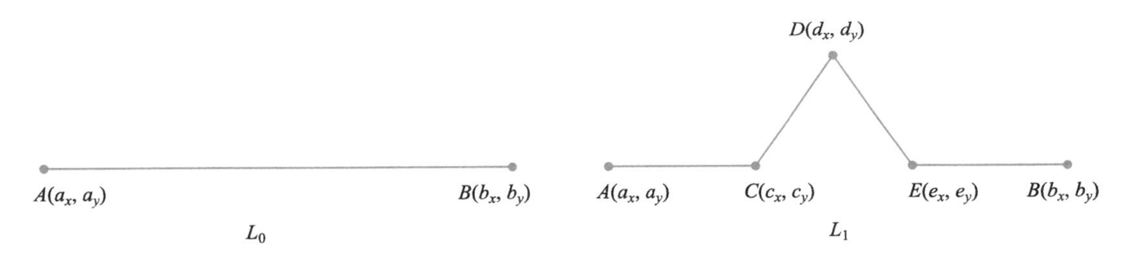

图实 6-1 科赫曲线构造过程

科赫曲线的构造规则是将每条直线用一条折线替代,通常称之为该分形的生成元,分形的基本特征完全由生成元决定。给定不同的生成元,就可以生成各种不同的分形曲线。分形曲线的构造过程,是通过反复用一个生成元来取代每一直线段,因而图形的每一部分都和它本身的形状相同,这就是自相似性,这是分形最为重要的特点。分形曲线的构造过程也决定了制作该曲线可以用递归方法,即函数自己调用自己的过程。

对于给定的初始直线 L_0,设两端点为 $A(a_x,a_y)$、$B(b_x,b_y)$,按照科赫曲线的构成原理计算出 C、D、E 各点坐标如下。

C 点坐标:$c_x=a_x+(b_x-a_x)/3$,$c_y=a_y+(b_y-a_y)/3$。

D 点坐标:$d_x=(a_x+b_x)/2+\sqrt{3}(a_y-b_y)/6$,$d_y=(a_y+b_y)/2+\sqrt{3}(b_x-a_x)/6$。

E 点坐标:$e_x=b_x-(b_x-a_x)/3$,$e_y=b_y-(b_y-a_y)/3$。

定义对直线 L_0 进行替换的函数 koch( ),然后利用函数的递归调用(即在函数实现过程中又调用了该函数自身),分别对 AC、CD、DE、EB 线段调用 koch( )函数,通过递归来实现“无穷”替换,由于不能像数学家的设想那样运算至无穷,所以根据显示的最小长度来作为递归的终止条件。

程序如下：

```
def koch(ax,ay,bx,by,depth):
    if depth < 1:
        plt.plot([ax,bx], [ay,by],'k',linewidth=0.5)
    else:
        cx=ax+(bx-ax)/ 3                                    # 计算替换点坐标
        cy=ay+(by-ay)/ 3
        dx=(ax+bx)/ 2+sqrt(3)*(ay-by)/ 6
        dy=(ay+by)/2+sqrt(3)*(bx-ax)/ 6
        ex=bx-(bx-ax)/ 3
        ey=by-(by-ay)/ 3
        koch(ax,ay,cx,cy,depth-1)                           # 递归调用
        koch(cx,cy,dx,dy,depth-1)
        koch(dx,dy,ex,ey,depth-1)
        koch(ex,ey,bx,by,depth-1)
from math import *
import matplotlib.pyplot as plt
depth=4
koch(20,40,480,40,depth)
plt.axis('equal')
plt.show()
```

程序运行结果如图实 6-2 所示，改变 depth 的值可以获得不同细腻程度的科赫曲线。

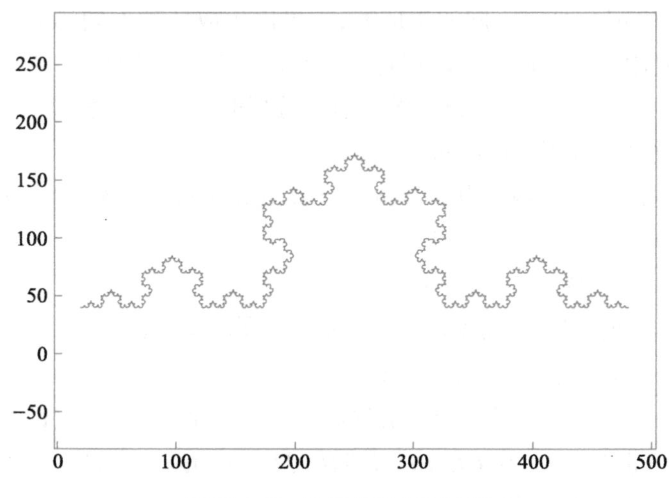

图实 6-2　科赫曲线运行结果

在程序中 3 次调用 koch( )函数,实现三角形 3 条边各自的科赫曲线,形成科赫雪花曲线效果。将程序最后 4 句改为以下 6 条语句,程序运行结果如图实 6-3 所示。

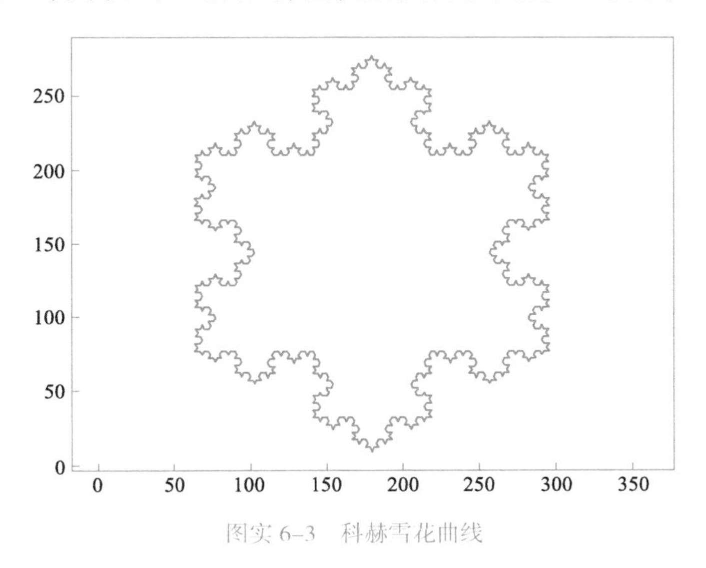

图实 6-3 科赫雪花曲线

```
depth=4
koch(180,10,64.5,210,depth)
koch(64.5,210,295.5,210,depth)
koch(295.5,210,180,10,depth)
plt.axis('equal')
plt.show( )
```

3. 实验思考

(1) 在求解一元方程根的迭代算法程序中,修改迭代的初值,程序运行过程会有什么变化。

(2) 编写将向量 x 元素按从大到小排序的程序。

(3) 运行科赫曲线程序,发现随着 depth 值的增大,可以获得更加细腻程度的科赫曲线,但程序运行时间也在增加,请据此总结函数递归调用的优缺点。

(4) 查找其他分形曲线的构成规则,并利用 Python 实现。

实验 7 线性表的存储及基本操作

1. 实验目的

(1) 掌握线性表的概念。

(2) 掌握线性表链式存储的方法及基本操作。

(3) 掌握在 Python 中实现单链表的方法。

2. 实验内容和步骤

(1) 创建单链表结点类

依照链表结点的结构，定义一个结点类 Node。Node 类中包含两个域：数据域 data 与指针域 next，调用 Node 类的构造函数 __init__(self,data)，可对类的结点初始化。类的定义如下：

```
class Node(object):                    # 创建结点类
    def __init__(self,data):           # 初始化结点函数
        self.data=data
        self.next=None
```

(2) 创建单链表

单链表是每一个结点只包含一个指针域的链表，其指针域用来指出其后继结点的位置。定义一个单链表 SingleLinkedList 类，为操作方便，在第一个结点之前增加了头结点 head，调用其构造函数 __init__(self) 初始化头结点：头结点的数据域不存放任何数据，故不考虑数据域的处理，指针域存放第一个结点的地址，故指针域初始化为空 None。再定义创建单链表函数 CreateSingleLinkedList(self)，该函数采用尾插法添加新结点。单链表的最后一个结点无后继结点，指针域为空 None。类的定义如下：

```
class SingleLinkedList(object):                  # 定义单链表 SingleLinkedList 类
    def __init__(self):                          # 初始化头结点函数
        self.head=Node(None)
    def CreateSingleLinkedList(self):            # 创建单链表函数
        cNode=self.head
        Element=input(" 请输入当前结点的值：")      # 若想结束输入，可按“#”
        while Element!="#":                      # 输入值不为“#”，说明是待插入结点
            nNode=Node(int(Element))             # 插入结点
            cNode.next=nNode
            cNode=cNode.next
            Element=input(" 请输入当前结点的值：")  # 若想结束输入，可按“#”
```

(3) 在指定位置插入一个结点

函数定义如下：

```
def InsertElement(self,i):                       # 带头结点的单链表的插入操作
    x=input(" 请输入待插入结点的值：")
    if x=="#":                                   # 输入“#”表示插入结束
        return
```

```
    p=self.head                           # 从链表头结点开始遍历
    j=-1
    while p is not None and j<i-1:        # 寻找插入点
        p=p.next
        j=j+1
    if j>i-1 or p is None:                # 判断插入位置是否正确
        print(" 插入位置不合法 ")
    nNode=Node(x)                         # 插入结点
    nNode.next=p.next
    p.next=nNode
```

(4) 求链表长度

获取单链表长度函数,实质上就是求结点个数,从头结点开始遍历链表中的每个结点,每指向一个结点,计数器加 1。函数定义如下:

```
def GetLength(self):                      # 求链表长度函数
    p=self.head                           # 计数从头结点开始
    length=0                              # 计数器赋初值 0,头结点不计入结点总数
    while p.next!=None:                   # 当链表没有结束时,遍历每个结点
        length=length+1                   # 每遍历一个结点,计数器加 1
        p=p.next                          # 指向下一个结点
    return length                         # 返回结点个数
```

(5) 判断单链表是否为空函数

根据返回的元素个数,判断一个单链表是否为空链。函数定义如下:

```
def IsEmpty(self):
    if self.GetLength()==0:               # 元素个数为 0,说明是空链
        return True
    else:
        return False
```

(6) 查找

查找指定元素,并返回其在链表中的位置。函数定义如下:

```
def FindElement(self):
    Pos=0
    p=self.head
    key=int(input(" 请输入想要查找的元素值:"))
    if self.IsEmptyList():                # 链表为空,说明待查元素不存在
        print(" 当前单链表为空! ")
```

```
        return
    while p.next!=None and p.data!=key:
    # 若链表没有结束,且结点值与待查值不同,指针前移,结点个数加 1
        p=p.next
        Pos=Pos+1
    if p.data==key:
    # 结点值与待查元素值相等,查找成功,返回结点位置
        print(" 查找成功,值为 ",key," 的结点位于该单链表的第 ",Pos," 个位置。")
    else:
        print(" 查找失败！当前单链表中不存在含有元素 ",key," 的结点 ")
```

(7) 遍历

遍历单链表中所有元素与求链表的长度的操作方式类似。两者区别在于,在遍历的过程中,一个是统计结点的个数;另一个是输出结点的数据值,或对结点进行某种操作。函数定义如下:

```
def TraverseElement(self):
    p=self.head
    if p.next==None:
        print(" 当前单链表为空！")
        return
    print(" 当前的单链表的元素值为:")
    while p.next!=None:
        p=p.next
        self.VisitElement(cNode)
```

(8) 主程序

程序如下:

```
LinkList=SingleLinkedList()                # 定义单链表对象 LinkList
LinkList.CreateSingleLinkedList()          # 创建单链表
LinkList.TraverseElement()                 # 遍历单链表
i=int(input(" 输入待插入结点的位置:"))
LinkList.FindElement()                     # 查找结点指定位置
```

3. 实验思考

(1) 怎样判断链表为空链表?

(2) 如何利用插入元素的函数,在链表第一个结点和最后一个结点间插入元素?

(3) 如何删除单链表中的指定元素?

实验 8 栈和队列的基本操作

1. 实验目的

(1) 掌握栈的基本概念及相关操作。

(2) 掌握队列的基本概念及相关操作。

2. 实验内容和步骤

(1) 判定左、右括号是否匹配

判定左、右括号是否匹配,是分析一个四则运算的表达式是否正确的要素之一,现编写一个程序,判定输入的表达式括号是否匹配。如匹配输出 True;否则输出 False。

在判定算法中,可利用堆栈的先进后出特性读取字符串。若遇到字符串中的左括号,就将左括号压入堆栈;倘若遇到右括号,则将堆栈的栈顶元素(左括号)弹出,此时会出现两种可能:一种是栈顶元素左括号与右括号匹配,则继续读下一个符号;另一种是栈顶元素左括号与右括号不匹配,则返回匹配失败。

判定左、右括号是否匹配的程序如下:

```
SYMBOLS={'}': '{', ']': '[', ')': '(', '>': '<'}          # 设置括号:花括号、中括号、圆括号、尖括号
SYMBOLS_L, SYMBOLS_R=SYMBOLS.values(), SYMBOLS.keys()   # 获取左、右括号
#SYMBOLS_L =dict_values(['{', '[', '(', '<'])
#SYMBOLS_R=dict_keys(['}', ']', ')', '>'])
def check(s):                              # 定义检测字符串的函数,被检测字符串为 s
    arr=[]                                 # 设置堆栈为空
    for c in s:                            # 从开始读入每个字符
        if c in SYMBOLS_L:                 # 如果读入的字符包含在 SYMBOLS_L 中,说明是左括号
            arr.append(c)                  # 左括号入栈
        elif c in SYMBOLS_R:               # 如果字符在 SYMBOLS_R 中,说明是右括号
            # 因为是右括号,应该检测栈顶的符号(左括号)是否与之匹配
            # 栈顶的符号即左括号如果与读入的右括号匹配,则出栈;否则匹配失败
            if arr and arr[-1]==SYMBOLS[c]:
            # 栈顶元素的右值与 c 相等,说明左、右括号匹配
                arr.pop()                  # 左括号出栈
            else:
                return False               # 返回匹配出错信息
```

```
        return True
print(check("3 * {3 +[(2 -3) * (4+5)]}"))          # 调用匹配函数
print(check("3 * {3+ [4 - 6}]"))
```

(2) 银行排队问题

银行排队问题是模拟人们到银行后按照先来先服务的原则,合理分配业务窗口。假设:

① 银行有 nWin 个窗口,总的工作时间为 servTime。

② 在工作时间的每时每刻都有可能有顾客到来,每个到来的顾客都需要一定的时间办理业务。对于是否有顾客到来,利用随机函数产生,若有,则利用随机函数产生该顾客办理业务时所需要的时间。

③ 顾客选择等待时间最短的队列加入。

④ 每过一个时刻,(若该队列不为空)则队头的顾客所需服务时间 -1,当其时间为 0 时,出队。

银行排队问题程序如下:

```
import random                                  # 需要使用随机函数,导入随机库
class Queue(object):                           # 队列实现
    def __init__(self):                        # 初始化队列
        self.items=[]
    def is_empty(self):
        return self.items==[]
    def enqueue(self, item):                   # 进队列
        self.items.append(item)
    def dequeue(self):                         # 出队列
        return self.items.pop(0)
    def size(self):                            # 返回队列人数
        return len(self.items)
    def get_head(self):                        # 获取队头元素
        if self.is_empty():
            return False
        else:
            return self.items[0]
    def travle(self):
        return self.items
class Customer():
    def __init__(self, w=-1, t=-1):
        self.window=w                          # 顾客应当排在第几窗口
        self.time=t                            # 顾客所需要的服务时间
    def __str__(self):
```

```
            return f "leave from window: {self.window}"
def bestWindow(windows, nWin):                  # 找出目前等待总时间最短的窗口号
    # 返回最合适的窗口号
    min_sum=1e10                                # 最小时间总和,设一个相对比较大的数据即可
    min_win=1e10                                # 最小时间对应的窗口号,可与 min_sum 的设置对应
    for i in range(nWin):                       # 遍历所有窗口号,找出等待时间最短的窗口号
        if windows[i].is_empty():               # 队列为空,说明该窗口无人排队
            return i                            # 返回无人排队的窗口号
        else:                                   # 有人排队,统计排队人员所需的总服务时间
            list=[j.time for j in windows[i].travle()]
            # 遍历队列中每个人所有的服务时间,形成列表
            sum=0
            for k in list:                      # 统计总服务时间
                sum=sum + k
        if sum < min_sum:                       # 若 i 窗口的总服务时间小于 min_sum
            min_sum=sum                         # 修改队列等待的最短时间
            min_win =i                          # 修改等待最短时间的窗口号
    return min_win
def simulate(nWin: int, servTime: int):         # 模拟排队函数
    windows=[Queue() for _ in range(nWin)]      # 生成一个有 n 个链队列的列表
    for now in range(servTime):                 # 遍历每一个时刻
        print( " 现在是第 ",now," 时刻 " )        # 针对每个时刻随机产生顾客
        if random.randint(0,1):                 # 有顾客
            print(" 有顾客来了 !")
            bsetWin=bestWindow(windows,nWin)    # 找出最佳窗口,等待时间最短
            a=random.randint(1, 10)             # 产生随机服务时间
            # 这里假设顾客所需服务时间为 [1,10]
            customer=Customer(bsetWin,a)        # 给出排队的窗口号、服务时间
            windows[bsetWin].enqueue(customer)
            print("TA 的窗口是:",bsetWin,"TA 所需服务时间是:",a)
            print(" 第 ", now, " 个客人到第 ",bsetWin, " 个窗口排队中 ")
        else:
            print(" 此刻没有客人来 !")
        for i in range(nWin):                   # 针对每个窗口,按时间进行清理
            if not windows[i].is_empty():
```

```
                if windows[i].get_head().time==0:
                    windows[i].dequeue()
                    print(" 第 ",i," 个窗口的客人已经离开 ")
                else:
                    windows[i].get_head().time=windows[i].get_head().time-1
    for i in range(nWin):                        # 当工作时间结束,给出各窗口最后的状态
        list=[]
        for j in windows[i].travle():
            list.append(j.time)
        print(" 第 ",i, " 个窗口的目前排队状态:",list)
    print( " 第 ",now, " 时刻结束 ")
# 调用排队函数
nWin=int(input(" 输入窗口数:"))               # 窗口序号为 0~ nWin-1
servTime=int(input(" 输入工作时间:"))         #servTime-1 时刻结束
simulate(nWin, servTime)
```

3. 实验思考

(1) 一个双向栈 S 是在同一向量空间内实现的两个栈,它们的栈底分别设在向量空间的两端。试为此双向栈设计初始化 __init__(self)、入栈 PushStack(self, i, x) 和出栈 PopStack(self, i) 等算法,其中 i 为 1 或 2,用以表示栈号。

(2) 设计一个算法利用栈的基本运算将一个整数链栈中所有元素逆置。例如,链栈 st 中元素从栈底到栈顶为(1,2,3,4,5),逆置后为(5,4,3,2,1)。

(3) 带表头结点链队列的队头和队尾指针分别为 front 和 rear,请写出判断队空的条件。

(4) 在具有 m 个单元的循环队列中,队头和队尾指针分别为 front 和 rear,请写出队满的条件。

实验 9　二叉树的存储及其遍历

1. 实验目的

(1) 掌握二叉树的概念。

(2) 掌握二叉树的存储方法及其基本操作。

2. 实验内容和步骤

定义二叉树结点类,并在该类下定义先序、中序、后序遍历的非递归函数。

(1) 定义二叉树的结点类

类的定义如下：

```
class NodeTree:
    def __init__(self, root=None, lchild=None, rchild=None):
        self.root=root
        self.lchild=lchild
        self.rchild=rchild
```

(2) 二叉树先序遍历的非递归函数

设T是二叉树根结点,非递归算法的思路是:若二叉树结点T为空,则返回;不为空,则将堆栈置为空。当T不为空或堆栈不为空时,重复下述步骤。

① 若二叉树结点T不为空,访问T结点,T进栈,且令T=T.lchild。

② 若二叉树结点T为空而栈不为空,获取栈顶结点,栈顶元素出栈,且令T=T.rchild。

③ 直到结点T和堆栈都为空为止。

先序遍历的非递归函数定义如下：

```
def pre_order_non_recursive(self, T):       # 借助栈实现先序遍历
    if T==None:                             # 二叉树为空
        return                              # 返回,遍历结束
    stack=[]                                # 二叉树不为空,置堆栈为空
    while T or len(stack)>0:                # 二叉树不为空,或栈不为空
        if T:                               # 二叉树不为空
            print(T.root, end=' ')          # 访问T结点
            stack.append(T)                 # T结点进栈
            T=T.lchild                      # 取T的左孩子
        else:                               # 栈不为空
            T=stack[-1]                     # 获取栈顶结点
            stack.pop()                     # 栈顶元素出栈
            T=T.rchild                      # 取T的右孩子
    print()                                 # 换行
```

(3) 二叉树中序遍历的非递归函数

中序遍历的非递归算法思路与先序遍历的非递归算法思路类似,其遍历函数定义如下：

```
def mid_order_non_recursive(self, T):       # 借助栈实现中序遍历
    if T==None:
        return
    stack=[]
    while T or len(stack)>0:
```

```
        if T:
            stack.append(T)
            T=T.lchild
        else:
            T=stack.pop()
            print(T.root, end=' ')
            T=T.rchild
    print()
```

(4) 二叉树后序遍历的非递归函数

后序遍历的非递归算法采用两个堆栈处理各个结点。堆栈 stack1 记录每一个结点处理的情况,按照先遍历根结点,再遍历左子树,最后遍历右子树(与先序遍历类似)的顺序将遇到的二叉树结点压入堆栈 stack1 中。依照后序遍历规则,当堆栈 stack1 的元素弹出,将其压入堆栈 stack2 中,根据堆栈的“先进后出”的特点逆序输出结果,实现二叉树的后序遍历。处理步骤如下:

当二叉树不为空时,将堆栈 stack1 和堆栈 stack2 初值置为空,并将二叉树的根结点 T 压入堆栈 stack1 中。当堆栈 stack1 不为空时,重复下列操作:

① 弹出堆栈 stack1 栈顶结点给 node。

② 判断结点 node 是否有左孩子,若有 node=node.lchild,则将左孩子压入堆栈 stack1。

③ 判断结点 node 是否有右孩子,若有 node=node.rchild,则将右孩子压入堆栈 stack1。

④ 将①中弹出的栈顶结点 node 压入堆栈 stack2,回到步骤①,直到堆栈 stack1 为空。

当堆栈 stack1 为空、stack2 不为空时,弹出栈中元素,并处理。其函数定义如下:

```
def post_order_non_recursive(self, T):                # 借助两个栈实现后序遍历
    if T==None:
        return
    stack1=[]
    stack2=[]
    stack1.append(T)
    while stack1:
        node=stack1.pop()
        if node.lchild:
            stack1.append(node.lchild)
        if node.rchild:
            stack1.append(node.rchild)
        stack2.append(node)
    while stack2:
        print(stack2.pop().root, end=' ')
```

```
print()
```

(5) 主程序

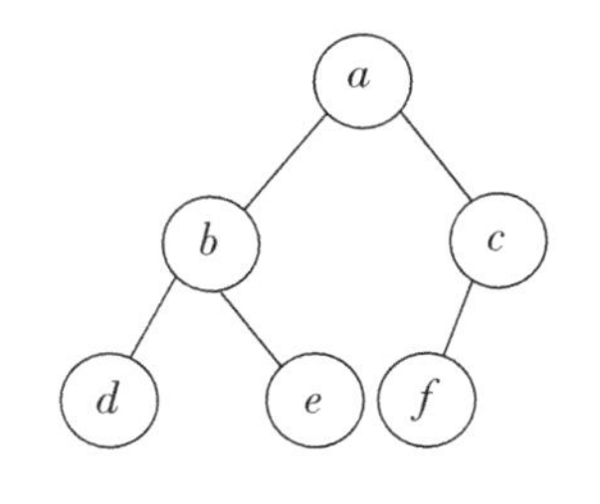

图实 9-1 测试用的二叉树

针对图实 9-1 所示的二叉树,定义二叉树对象,并调用先序遍历、中序遍历、后序遍历的非递归函数得到遍历结果。

程序如下:

```
T=NodeTree('a',lchild=NodeTree('b',lchild=NodeTree('d'),rchild=NodeTree('e')),
rchild=NodeTree('c',lchild=NodeTree('f')))
T.pre_order_non_recursive(T)
T.mid_order_non_recursive(T)
T.post_order_non_recursive(T)
```

3. 实验思考

(1) 怎样采用递归算法实现先序遍历、中序遍历和后序遍历。

(2) 试编写二叉树横向遍历程序。所谓横向遍历,是指从二叉树的根结点开始,从上到下,从左到右地遍历二叉树的每个结点。

实验 10　图的基本操作

1. 实验目的

(1) 掌握图的基本概念。

(2) 掌握图的深度优先搜索算法。

(3) 掌握图的广度优先搜索算法

2. 实验内容和步骤

(1) 深度优先搜索

图的深度优先搜索类似树的先序遍历,是树的先序遍历的推广。深度优先搜索是一个递归过程,设置一个堆栈,采用非递归方式实现递归。从某个顶点(编号)为 source 开始深度优先搜索的函数,遍历前将 source 压入堆栈,存放访问过顶点的列表 travel 为空。

当堆栈不为空时,说明还有顶点可能没有访问,将栈顶顶点出栈,判断刚出栈的顶点是否被访问。若没有访问,将其加入 travel 列表,表示访问过。然后,按邻接表存储方式搜索从该顶点出发的所有邻接点,如果没有被访问,则将其压入堆栈,直到堆栈为空。

函数定义如下:

```
def dfsTravel(graph, source):
```

```
    # 传入的参数为邻接表存储的图和一个开始遍历的源顶点
    travel=[]                          # 存放访问过的顶点的列表
    stack=[source]                     # 构造一个堆栈
    while stack:                       # 堆栈空时结束
        current=stack.pop()            # 堆栈顶点出队
        if current not in travel:      # 判断当前结点是否被访问过
            travel.append(current)     # 如果没有访问过，则将其加入访问列表
        for next_adj in graph[current]: # 遍历当前结点的下一级
            if next_adj not in travel: # 没有访问过的全部入栈
                stack.append(next_adj)
return travel
```

针对图实 10–1 中的图，深度优先搜索的测试程序如下：

```
graph={'1':['3','2'], '2':['4','3'], '3':['5'],'4':['6','5','3'], '5':['6'], '6':[]}  # 用字典表示图
print(dfsTravel(graph, '1'))                                                           # 调用深度优先搜索函数
```

程序中图采用邻接表存储，从顶点 1 出发进行深度优先搜索，得到的顶点序列为 123564。

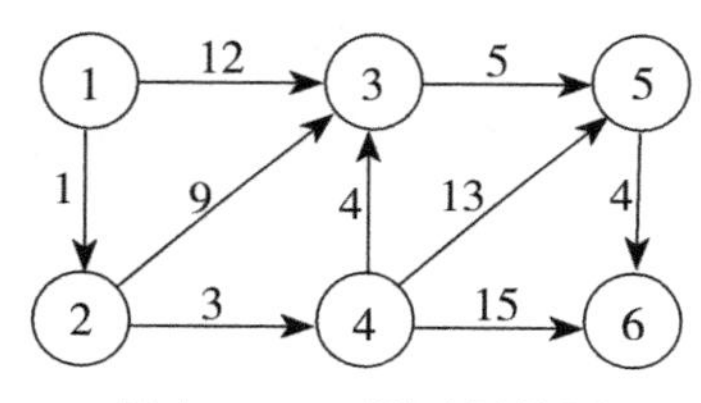

图实 10–1 测试用的图

(2) 广度优先搜索

广度优先搜索遍历类似于树的层次遍历的过程，可采用队列方式实现。从某个顶点(编号)为 source 开始广度优先搜索，遍历前将 source 进队，存放访问过顶点的列表 travel 为空。

当队列不为空时，说明还有顶点可能没有访问，将队头顶点出队放入 frontiers，按邻接矩阵存储方式搜索从该顶点出发的所有邻接点，即遍历与 frontiers 层次邻接的顶点，若没有被访问，将其加入 nexts 列表。然后将 nexts 的队头顶点设置为 frontier，直到 frontiers 为空。

函数定义如下：

```
def bfsTravel(graph, source):
    # 传入的参数为邻接表存储的图和一个开始遍历的源结点
    frontiers=[source]                 # 表示前驱顶点
    travel=[source]                    # 表示遍历过的顶点
    # 当前驱结点为空时停止遍历
    while frontiers:
```

```
        nexts=[]                              # 当前层的顶点(相比 frontier 是下一层)
        for frontier in frontiers:
            for current in graph[frontier]:   # 遍历当前层的结点
                if current not in travel:     # 判断是否访问过
                    travel.append(current)    # 没有访问过则加入已访问
                    nexts.append(current)     # 当前结点作为前驱结点
        frontiers=nexts                       # 更改前驱结点列表
    return travel
```

针对图实 10–1 中的图,广度优先搜索的测试程序如下:

```
graph={'1':['2','3'], '2':['3','4'], '3':['5'],'4':['3','5','6'], '5':['6'], '6':[]}    # 用字典表示图
print(bfsTravel(graph, '1'))                                                             # 调用广度优先搜索函数
```

程序中的图采用邻接表存储,从顶点 1 出发进行广度优先搜索,得到的顶点序列为 123456。

3. 实验思考

(1) 如果图不是连通的,如何修改实验内容中的两种遍历算法,完成对图中所有顶点的遍历。

(2) 一个图的边集为 {<1,2>,<1,4>,<2,5>,<3,1>,<3,5>,<4,3>},从顶点 1 开始对该图进行深度优先搜索和广度优先搜索,分别写出得到的顶点序列。

实验 11 数制转换与信息编码

1. 实验目的

(1) 掌握数制的特点和数制转换的方法。
(2) 掌握字符数据的编码方法。
(3) 掌握多媒体数据的编码方法。
(4) 掌握计算机中数据存储的方法。

2. 实验内容和步骤

(1) 数制转换

① $(178)_{10}$=(________ $)_2$=(________ $)_8$=(________ $)_{16}$。

② $(110100101)_2$=(________ $)_{10}$。

③ 已知在某进制下,等式 312+1231=2203 成立,则该进制是________进制。

④ 已知在某进制下,等式 25 × 4=94 成立,则在该进制下,77+55=________。

(2) 补码运算

用 8 位补码运算,并写出下列各算式在机内的补码加法表达式、运算结果的补码形式、运算结果的真值,并判断哪些情况发生了溢出。

① –5+6　　② –80–42

③ 126–128　　④ –2–127

(3) 数制转换

① 完善程序,将十进制数显示为二、八、十六进制数。

Python 程序如下:

```
dx=int(input("输入十进制数:"),10)
print("二进制            八进制            十六进制")
print(bin(dx),'   ',________(dx),'   ',________(dx))
```

程序运行如下:

```
输入十进制数:124
二进制          八进制          十六进制
0b1111100       0o174           0x7c
```

提示:函数 int(x,base=10)用于将一个字符串或数字转换为整型数。其中,x 为字符串或数字,base 为进制数,默认为十进制。

② 完善程序,将二进制数转换为八进制数。

二进制整数转换为八进制整数采用的方法是“3 位变 1 位”。例如二进制数 1101110001,可以分组为 001 101 110 001;每 3 位二进制数转换为 1 位八进制数,结果为 1561。转换后八进制数仍以字符串的方式保存。

要取得 3 位二进制数,可以用该二进制数除以 8 取余的方法,而要去掉二进制数低 3 位,可以用该二进制数整除 8 实现。

Python 程序如下:

```
c=''
bx=int(input("输入二进制数:"),2)
while bx > 0:
    a=________                          # 除以 8 取余数
    c=________+c                        # 将余数以字符串方式连接起来
    bx=bx//8                            # // 为整除运算符
c='0o'+c                                # 转换后加上八进制前缀 0o
print("八进制数:",c)
```

程序运行如下:

```
输入二进制数:1101110001
八进制数:0o1561
```

(4) 音频信息处理

使用手机录一段 3 分钟语音,存为文件 a.mp3,分别剪辑该文件的 15~31.5 s 和 115~121 s 的声音数据,拼接后保存到 b.mp3 中。

Python 程序如下:

```
from pydub import AudioSegment
s=AudioSegment.from_file("a.mp3",format="mp3")        # 打开 a.mp3 文件数据到 s
s1=s[15 000:31 500]                                   # 截取 s 的 15~31.5 s 音频数据到 s1
s2=________                                           # 截取 s 的 115~121 s 音频数据到 s2
uns=________                                          # 拼接 s1 与 s2 到 uns
outfile=uns.export("b.mp3",format="mp3")              # 输出到 b.mp3 文件
outfile.close()                                       # 关闭音频文件
```

提示:假定两个剪辑片段分别为 s1 和 s2,可以使用 s1+s2 进行拼接。

(5) 图片信息处理

根据图片特点,从图实 11-1(a)的绿色背景中抠出如图实 11-1(b)所示的图片。

(a) 原图

(b) 抠出图

图实 11-1 图片处理

Python 程序如下:

```
from PIL import Image
p=Image.open('y.jpg')
p=p.convert('RGBA')
w,h=p.size                                            # w、h 存储图像的宽度和高度
for x in range(0,w):
    for y in range(0,h):
        r,g,b,a=p.getpixel((x,y))                     # 取出(x,y)处的颜色
        if(g-r >________ and g-b>________ ):          # 判断像素的颜色是否为绿色
            p.putpixel((x,y), (r,g,b,0))              # 修改(x,y)处颜色
p.save('w.png')
```

提示:g-r 或 g-b 的数值选择需要根据图片背景的这两项数据的范围进行确定。

(6) 二维码的生成

使用 Python 编程生成二维码,微信扫码后显示自己的学号、姓名、所在院系等信息。

Python 程序如下:

```
import qrcode
img=qrcode.make("________")                           # 创建包含所需信息的二维码对象
img.save('qr.png')                                    # 二维码保存
img.________()                                        # 显示二维码
```

3. 实验思考

(1) 如何将二进制数转换为十六进制数、十进制数转换为十六进制数?

(2) 如何将小字字母转换为对应的大写字母?

实验 12 文件与文件操作

1. 实验目的

(1) 理解文件的概念。

(2) 熟悉文件操作的基本方法。

2. 实验内容和步骤

(1) 利用 Windows 记事本程序建立一个文本文件

启动 Windows 记事本程序,输入以下内容,并以 myfile1.txt 文件名存盘。

```
Python is very useful.
Programming in Python is very easy.
```

(2) 文件复制

将 C:\123\myfile1.txt 复制到 F:\新建文件夹,分别利用 shutil 模块和 Python 文件操作实现。

① shutil 模块提供了一些文件操作函数,其中 copy( )函数可以实现文件的复制,move( )函数实现文件的移动。

Python 程序如下:

```
import os
import os.path
from shutil import copy
dest_dir='F:\\新建文件夹'                    #目标文件夹
if not os.path.isdir(dest_dir):             #如果目标文件夹不存在,则创建该文件夹
    os.makedirs(dest_dir)
file_path='C:\\123\\myfile1.txt'            #源文件
copy(file_path,dest_dir)                    #文件复制
```

② 使用 Python 文件的读写函数实现文件的复制。

Python 程序如下:

```
src=open("C:\\123\\myfile1.txt","r+")
des=open("F:\\新建文件夹\\myfile1.txt","w+")
```

```
str1=src.readlines()                          # 读取源文件的内容
des.writelines(str1)                          # 写入目标文件
src.close()
des.close()
```

(3) 提取两个文本文件中相同的内容

文本文件 C:\123\A.txt 的内容如下：

```
430103200301162731
430104200521160351
430103200205261521
43010320001105853x
430103200212305321
```

文本文件 C:\123\B.txt 的内容如下：

```
430103200301162731
4301042006121656982
43010320001105853x
430103201009074321
```

把两个文件中相同的部分提取出来写入 C:\123\C.txt 中，Python 程序如下：

```
fa=open('C:\\123\\A.txt')                     # 默认以读方式打开
a=fa.readlines()                              # 读取文件内容
fb=open('C:\\123\\B.txt')
b=fb.readlines()
c=[s for s in a if s in b]                    # 取两个文件共同的内容
fc=open('C:\\123\\C.txt','w')
fc.writelines(c)
fa.close()
fb.close()
fc.close()
```

程序中语句“c=[s for s in a if s in b]”等价于以下程序段：

```
c=[]
for s in a:
if s in b:
    c.append(s)
```

3. 实验思考

(1) 对比分析 Windows 文件复制、Windows 命令提示符下的文件复制命令和本实验中的文件复制程序在操作上的特点。

(2) 建立文本文件 data.txt,统计其中元音字母出现的次数。

实验 13 获取计算机的 IP 地址

1. 实验目的

(1) 理解 IP 地址。

(2) 掌握 IPv4 和 IPv6 的地址格式。

(3) 掌握利用 Python 获取本机 IP 地址的方法。

2. 实验内容和步骤

(1) 获取本机 IP 地址

① 在 Windows 命令提示符下输入 ipconfig 命令查看本机的 IP 地址。

② 利用 socket 库获取本机 IP 地址。

Python 程序如下:

```
import socket
myname=socket.getfqdn(socket.gethostname())        # 获取本机名
myaddr=socket.gethostbyname(myname)                # 获取本机 IP
print(myname)
print(myaddr)
```

③ 用 subprocess 库获取本机的 IP 地址、MAC 地址等信息。

Python 程序如下:

```
import subprocess
output=subprocess.Popen(["ipconfig","/all"],stdout=subprocess.PIPE).communicate()[0].decode("gbk")
print(output)
```

(2) 获取其他网站的 IP 地址

利用 socket 库获取其他网站的 IP 地址,例如百度的 IP 地址。

Python 程序如下:

```
import socket
myaddr=socket.gethostbyname('baidu.com')           # 获取百度的 IP
print(myaddr)
```

3. 实验思考

(1) 通过控制面板如何查看本机的 IP 地址?
(2) 利用 socket 库获取中南大学网站的 IP 地址。
(3) 第(2)题获取的 IP 地址属于哪一类?

实验 14 电子邮件的接收

1. 实验目的

(1) 掌握电子邮件的格式。
(2) 了解 SMTP 和 POP3 协议。
(3) 掌握利用 Python 接收邮件的方法。

2. 实验内容和步骤

Python 中的 poplib 模块实现了 POP3 协议,因此可以利用 poplib 模块和 POP3 服务器进行通信,从而实现邮件接收功能,主要包括登录邮箱、查看邮箱、关闭邮箱。

(1) 查看邮件统计信息

以 QQ 邮箱为例,先在邮箱中通过"设置"→"账户"开启"POP3/SMTP 服务"选项,然后进行手机短信验证,并返回一个授权码。

Python 程序如下:

```
import poplib
email='××@qq.com'                          # 邮箱地址
password='××'                              # 邮箱授权码
pop3_server='pop.qq.com'                   # POP3 服务器
# 登录邮箱
server=poplib.POP3(pop3_server,110)        # 创建 POP3 对象
server.user(email)                         # 身份认证
server.pass_(password)
# 查看邮件统计信息
info=server.stat()                         # 获取邮件统计信息
print('邮件总数:',info[0])
print('邮件总字节数:',info[1])
# 关闭邮箱
```

```
server.close( )
```

程序首先创建 POP3 对象 server,此过程需要设定 POP3 服务器的地址和端口,POP3 服务器地址一般可在电子邮箱中找到,默认端口号为 110。然后利用函数 user( )和 pass_( )发送账号和密码进行登录。登录邮箱后,可以使用 stat( )函数获取邮箱中邮件的统计信息,该函数返回一个元组,元组包含两个元素,第 0 号元素为邮箱中的邮件数,第 1 号元素为邮件的总字节数,最后关闭邮箱。

(2) 接收邮件的原始文本

利用 poplib 中的 retr(*i*)函数接收邮箱中的第 *i* 封邮件。

接收邮件原始文本的 Python 程序如下:

```
import poplib
email='××@qq.com'                                    #邮箱地址
password='××'                                        #邮箱授权码
pop3_server='pop.qq.com'                             #POP3 服务器
#登录邮箱
server=poplib.POP3_SSL(pop3_server)                  #创建 POP3 对象
server.user(email)                                   #身份认证
server.pass_(password)
## 获取并打印第 3 封邮件
mail=server.retr(3)
for line in mail [ 1 ]:
    print(line.decode('utf-8'))
#关闭邮箱
server.close( )
```

程序利用 retr( )函数获取了邮箱中的第 3 封邮件,并将其赋给变量 mail,mail 为元组类型,其中,第 1 号元素是一个列表,存放了邮件的内容,这些内容是 Bytes 类型,所以程序利用 UTF-8 格式对其进行解码,转换成字符串类型,然后再进行打印。

(3) 对邮件内容进行解析

POP3 协议接收的是邮件的原始文本,为了能把 POP3 收取的文本变成可以阅读的邮件,还需要用 email 模块提供的各种类来解析原始文本,使之转变成可阅读的邮件对象。因此,一般用 poplib 获取邮箱的邮件信息,用 email 解析原始文本,还原为邮件对象。

Python 程序如下:

```
import poplib
from email.parser import Parser
email='××@qq.com'                                    #邮箱地址
password='××'                                        #邮箱授权码
```

```
pop3_server='pop.qq.com'                                   # POP3 服务器
# 登录邮箱
server=poplib.POP3_SSL(pop3_server)                        # 创建 POP3 对象
server.user(email)                                         # 身份认证
server.pass_(password)
# 获取并打印第 3 封邮件
mail=server.retr(3)                                        # 获取第 3 封邮件
msg_content=b'\n'.join(mail[1]).decode('utf-8')            # 获得邮件的原始文本
msg=Parser().parsestr(msg_content)                         # 解析邮件
print('From:',msg['From'])
print('To:',msg['To'])
print('Subject:',msg['Subject'])
print('Text:',msg.get_payload())
# 关闭邮箱
server.close()
```

函数 parsestr( )的功能就是对邮件内容进行解析，但该函数的参数是字符串，而 mail [1] 的类型为列表，列表中每个元素为邮件中的一行，所以程序在对邮件内容进行解析之前，先利用 join( )函数和 decode( )函数将 mail[1]列表转换成字符串。mail[1]是 Bytes 类型列表，利用“\n”（前面加上 b 表示 \n 是 Bytes 类型）对 mail [1] 中各 Bytes 类型的元素进行连接，然后再利用 decode( )函数对其进行解码，形成字符串 msg_content。然后就可以利用 parsestr( )函数对 msg_content 进行解析，解析的结果赋给变量 msg。利用解析后的 msg 就可以获取邮件各部分内容，例如，msg ['From'] 是获取发件人，get_payload( )函数是获取邮件正文。

3. 实验思考

(1) 利用 Python 实现其他邮箱（比如 163 邮箱）的邮件收发。

(2) 查阅相关资料，了解能实现邮件收发的其他 Python 模块。

实验 15 加密算法

1. 实验目的

(1) 了解加密的概念。

(2) 掌握利用 Python 实现移位加密或异或加密的方法。

2. 实验内容和步骤

任何保密数据即使被非法获取,也无法理解其内容,就能起到保密的作用。数据加密正是源于这种思想而提出的。加密是将原文信息进行伪装处理的过程,即使这些数据被偷窃,非法使用者得到的也只是一堆杂乱无章的数据,而合法者只要通过解密处理,将这些数据还原即可使用。

加解密过程可用图实 15-1 简单地进行描述,其中 P 为原信息,C 为加密后的信息,E 为加密算法,则有 $E(P)=C$,即 P 经过加密后变成 C。若将解密算法记为 D,则 $D(C)=P$,即 C 经过解密又变成了 P,整个过程可写成 $D(E(P))=P$。

图实 15-1 加密和解密过程

现代的加解密算法一般都是公开的,因此也就要有密钥(Key,记作 K)。加解密一个信息源是算法和密钥的组合,算法可公开,但密钥不公开,仍可满足保密性的要求。这种情况下,其过程如图实 15-2 所示,即 $E_K(P)=C, D_K(C)=P, D_K(E_K(P))=P$。

图实 15-2 带密钥 K 的加密和解密过程

如果加密方和解密方使用同一个密钥去加密和解密数据,称为对称加密;否则称为非对称加密。本实验展示移位和异或两种对称加密算法。

(1) 移位加密算法

移位密码就是指原文中的字母按照指定的数量做移位形成密文,例如,将字母移动 13 个位置,则字母 A 与 N 互换、B 与 O 互换,以此类推。实验中,定义函数 MyEncode( )和 MyDecode( )分别实现加密和解密过程。

① 移位加密过程。

利用 Python 实现移位加密算法的程序如下:

```
def MyEncode( ):
    list_s= [ ]
    r_move=int(input('请输入加密移位参数(右移):'))    # 输入移位的位数,也就是加密密钥
    s=input('请输入需要加密的字符:')                  # 输入需要加密的原文
    for c in s:
        list_s.append(ord(c))                        # 函数 ord( )返回对应字符的 ASCII 码
```

```
    for i in list_s:
        if i==32:
            print(' ',end='')                        # 处理空格
        elif 65 <=i <=90:                            # 对大写字母进行处理
            i+=r_move
            if i > 90:
              i-=26
        elif 97 <=i <=122:                           # 对小写字母进行处理
            i+=r_move
            if i > 122:
              i-=26
        print(chr(i),end='')                         # 函数 chr( )返回 ASCII 码对应的字符
```

程序中用关系表达式“65<=i<=90”来判断大写字母，这是 Python 特有的表达方式，通常应写成逻辑表达式“65<=i and i<=90”。通过下列语句的执行结果熟悉不同表达式的功能：

```
>>> i=ord('B')
>>> 65 <=i <=90
True
>>> 65 <=i and i <=90
True
>>> i=ord('2')
>>> 65 <=i <=90
False
>>> 65 <=i and i <=90
False
>>> i=ord('b')
>>> 65 <=i <=90
False
>>> 65 <=i and i <=90
False
```

② 移位解密过程。

利用 Python 实现移位解密的程序如下：

```
def MyDecode( ):
    l_move=int(input('请输入解密移位参数:'))           # 输入移位的位数，也就是密钥
    s=input('请输入需要解密的字符:')                   # 输入需要解密的密文
    list_s=[ ]
```

```
    for i in s:
        list_s.append(ord(i))
    for i in list_s:
        if i==32:
            print(' ',end='')
        elif 65 <=i <=90:
            i-=l_move
            if i < 65:
              i+=26
        elif 97 <=i <=122:
            i-=l_move
            if i < 97:
              i+=26
        print(chr(i),end='')
```

③ 加密和解密算法的主程序。

利用 Python 实现移位加密和解密的主程序如下：

```
answer=input('请输入所需的操作:E(加密)/D(解密):')
if answer.upper( )=='E':
    MyEncode( )
elif answer.upper( )=='D':
    MyDecode( )
else:
    print('输入错误！')
```

(2) 异或加密算法

异或加密是一种很简单的对称加密算法。在二进制中，进行异或操作的两位不相同时结果为 1，相同时结果为 0。异或运算具有可逆性，若 a 与 b 异或结果为 c，则 b 与 c 异或结果为 a，利用这个特点可以实现加密和解密。程序中定义函数 crypt( )实现加密和解密。

① 加密或解密过程。

Python 程序如下：

```
def crypt(source,key):
    from itertools import cycle
    result=''
    temp=cycle(key)
    for ch in source:
        result=result+chr(ord(ch)^ord(next(temp)))  # 加密或解密
```

```
    return result
```

将原字符串的每个字符与密钥 key 的每一位进行异或运算后，再利用 chr( )函数转为字符，最后返回加密的密文或解密的原文。

程序中利用了 itertools 模块的 cycle( )函数，它可以输出重复参数的值，例如 cycle('abc')返回的结果是无限长的字符序列['a','b','c','a','b','c', …]，利用 next( )函数可以得到各个字符。例如：

```
>>> from itertools import cycle
>>> cycle('abc')
<itertools.cycle object at 0x00000125EC679AC0>
>>> temp=cycle('abc')
>>> next(temp)
'a'
>>> next(temp)
'b'
```

② 主程序。

```
source='Central South University'          # 需要加密的原文
key='123'                                  # 密钥
print('Before Encrypted:'+source)          # 打印原文
encrypted=crypt(source,key)                # 加密
print('After Encrypted:'+encrypted)        # 打印密文
decrypted=crypt(encrypted,key)             # 解密
print('After decrypted:'+decrypted)        # 打印解密后的原文
```

程序的运行结果如下：

```
Before Encrypted:Central South University
After Encrypted:rW ]E@R ]`^GGYf_ [ ET@@XFJ
After decrypted:Central South University
```

3. 实验思考

(1) 移位加密算法中的数字 32、97、122 如何理解？

(2) 修改异或加密程序，使得可以从键盘输入任意加密原文和密钥。

(3) cycle('10')的返回值是什么？

(4) 简析异或加密算法的基本思路。

实验 16 数据库与表的操作

1. 实验目的

(1) 掌握创建 Access 2016 数据库的方法。

(2) 掌握创建表的方法。

(3) 掌握设置表属性的方法。

(4) 理解表间关系的概念,并掌握建立表间关系的方法。

2. 实验内容和步骤

(1) 建立空的“图书管理”数据库

① 在 Access 2016 主窗口中选择“文件”→“新建”命令。

② 单击“空白数据库”按钮,在空白数据库“文件名”区域中输入数据库文件名,例如“图书管理”,再单击右侧文件夹图标,在弹出的“文件新建数据库”对话框中设置存储位置(例如 E:\AccessDB),单击“确定”按钮回到 Access 窗口,再单击“创建”按钮。

③ 要关闭一个已经打开的数据库文件,可以选择“文件”→“关闭”命令。要打开一个已经存储在磁盘中的数据库文件,既可以在数据库所在磁盘位置直接双击该文件,也可以通过选择“文件”→“打开”命令实现。

(2) 使用设计视图在“图书管理”数据库中创建“读者”表和“图书”表

创建“图书管理”数据库时,约定任何读者可借多种图书,任何一种图书可被多个读者所借阅,所以“读者”实体和“图书”实体的联系是多对多的关系,其 E–R 图如图实 16–1 所示。

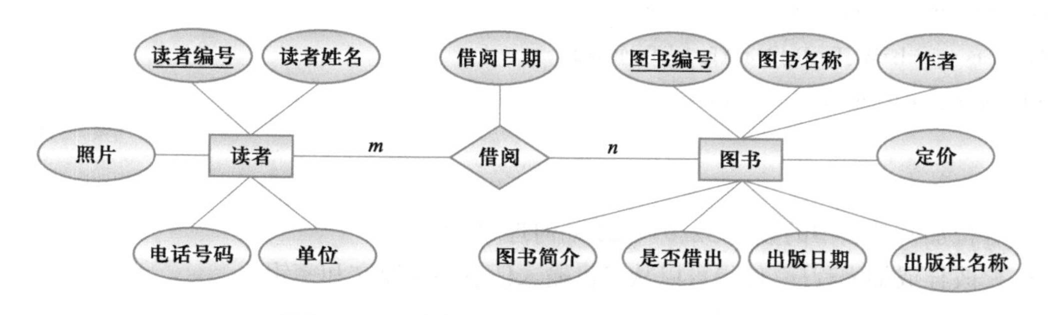

图实 16–1 “读者”实体和“图书”实体的 E–R 图

将 E–R 图转换为等价的关系模型:

读者(<u>读者编号</u>,读者姓名,单位,电话号码,照片)

图书(<u>图书编号</u>,图书名称,作者,定价,出版社名称,出版日期,是否借出,图书简介)

借阅(读者编号,图书编号,借阅日期)

3 个表的结构分别如表实 16–1~ 表实 16–3 所示。

表实 16–1 "读者"表的结构

字段名称	数据类型	字段大小	字段名称	数据类型	字段大小
读者编号	短文本	6	电话号码	短文本	8
读者姓名	短文本	10	照片	OLE 对象	
单位	短文本	20			

表实 16–2 "图书"表的结构

字段名称	数据类型	字段大小	字段名称	数据类型	字段大小
图书编号	短文本	5	出版社名称	短文本	20
图书名称	短文本	50	出版日期	日期 / 时间	
作者	短文本	10	是否借出	是 / 否	
定价	货币		图书简介	长文本	

表实 16–3 "借阅"表的结构

字段名称	数据类型	字段大小	字段名称	数据类型	字段大小
读者编号	短文本	6	借阅日期	日期 / 时间	
图书编号	短文本	5			

① 打开"图书管理"数据库,单击"创建"选项卡,在"表格"组中单击"表设计"按钮,打开表的设计视图。

② 在表设计视图中定义数据表中的所有字段,即定义每一个字段的字段名、数据类型,并设置相关的字段属性。例如,将"图书"表中的"出版日期"格式设置为"长日期"显示格式,并且为该字段定义一个验证规则,规定出版日期不得早于 2020 年,此规定要用验证文本"不许输入 2020 年以前出版的图书"加以说明,"出版日期"字段设置为"必需"字段。

③ 选择"文件"→"保存"命令,或在快速访问工具栏中单击"保存"按钮,保存"图书"表。

(3) 使用数据表视图在"图书管理"数据库中创建"借阅"表

① 单击"创建"选项卡,在"表格"组中单击"表"按钮,进入数据表视图。

② 选中 ID 字段列,在"表格工具 / 字段"选项卡中的"属性"组中单击"名称和标题"按钮,弹出"输入字段属性"对话框,在"名称"文本框中输入字段名"读者编号",或双击 ID 字段列,使其处于可编辑状态,将其改为"读者编号"。

③ 选中"读者编号"字段列,在"表格工具 / 字段"选项卡中的"格式"组中,把"数据类型"由"自动编号"改为"短文本",在"属性"组中把"字段大小"设置为"6"。

④ 单击“单击以添加”列标题，选择字段类型，然后在其中输入新的字段名并修改字段大小，这时在右侧又添加了一个“单击以添加”列。用同样的方法输入其他字段。

⑤ 保存“借阅”表。

(4) 向表中输入记录数据

记录内容分别如表实 16-4~ 表实 16-6 所示。要求使用查阅向导对“读者”表中的“单位”字段进行设置，输入时从“经济学院”“管理学院”“法学院”“文学院”4 个值中选取。“读者”表中的“照片”字段任选 2~3 个记录输入，内容自定(需要准备 bmp 图形文件)。

表实 16-4 “读者”表的内容

读者编号	读者姓名	单位	电话号码	照片
200001	李富益	经济学院	82658123	
300002	陈嘉伟	管理学院	82659213	
400003	李毅恒	法学院	82657080	
200004	刘思成	经济学院	82658991	
100005	蔡盼盼	文学院	82657332	

表实 16-5 “图书”表的内容

图书编号	图书名称	作者	定价	出版社名称	出版日期	是否借出	图书简介
N1001	《企业资金管理》	董博欣	58.00	电子工业出版社	2021-07-01	否	
N1003	《审计学》	韩晓梅	46.00	高等教育出版社	2021-03-01	否	
N1012	《经济优化方法与模型》	费 威	49.00	清华大学出版社	2020-12-01	否	本书介绍经济优化的常用模型及其构建方法
D1002	《高级财务会计》	张宏亮	59.00	清华大学出版社	2020-11-01	是	
D1004	《客户沟通技巧(第 2 版)》	邵雪伟	49.80	电子工业出版社	2021-07-01	是	
D1005	《人力资源管理》	李业昆	72.00	电子工业出版社	2021-03-01	是	
M1006	《金融学(第三版)》	盖 锐	59.00	清华大学出版社	2020-09-01	是	

表实 16-6 “借阅”表的内容

读者编号	图书编号	借阅日期	读者编号	图书编号	借阅日期
200001	N1001	2021-08-10	200004	D1005	2021-6-27
200001	D1002	2020-12-15	200004	M1006	2021-10-18
300002	N1003	2022-04-11	100005	N1003	2022-05-11
400003	D1004	2021-08-15	100005	M1006	2021-12-10
200004	N1012	2022-02-15			

(5) 定义“图书”表、“读者”表和“借阅”表之间的关系

① 单击“数据库工具”选项卡，在“关系”组中单击“关系”按钮，打开“关系”窗口，同时弹出“显示表”对话框，依次在其中添加“图书”表、“读者”表和“借阅”表，再关闭“显示表”对话框。

② 从“图书”表中将“图书编号”字段拖动到“借阅”表中的“图书编号”字段上，在弹出的“编辑关系”对话框中选中“实施参照完整性”复选框，单击“创建”按钮。同样，可建立“读者”表与“借阅”表间的关系。

(6) 将“图书”表中的数据按“定价”字段升序排列

在数据表视图中打开“图书”表，选定“定价”字段，单击“开始”选项卡，在“排序和筛选”组中单击“升序”按钮。

3. 实验思考

(1) 在“商品供应”数据库中，“供应商”实体与“商品”实体之间存在“供应”联系，每个供应商可供应多种商品，每种商品可由多个供应商供应，画出 E–R 图，并将 E–R 图转换为关系模型。

请读者自行画出数据库系统的 E–R 图，相应的 E–R 图可转换成如下 3 个关系模式：

供应商(供应商号，供应商名，地址，联系电话，银行账号)

商品(商品号，商品名，单价，出厂日期，库存量)

供应(供应商号，商品号，供应数量)

在“商品供应”数据库中创建以上 3 个表，并输入相关数据(见表实 16–7~ 表实 16–9)。

表实 16–7 “供应商”表的内容

供应商号	供应商名	地址	联系电话	银行账号
GF01	梅斯莱斯公司	芙蓉中路 114 号	82764576	213501298455
GF02	通达公司	南二环路 353 号	85490666	237654278543
DY03	华美达公司	黄鹤大道 91 号	88809544	348754267633
ZL04	布雷顿公司	湘府大道 88 号	85467367	752589266787

表实 16–8 “商品”表的内容

商品号	商品名	单价	出厂日期	库存量
XYJ750	洗衣机	1 200	2021–03–14	120
XYJ756	洗衣机	2 400	2022–05–07	90
YX430	音响	3 100	2021–12–07	554
YX431	音响	1 500	2022–04–23	67
DBX12	电冰箱	1 500	2020–10–21	67
DBX31	电冰箱	3 100	2021–01–17	39
DSJ120	电视机	5 600	2021–06–27	187
DSJ121	电视机	12 000	2021–07–05	180

表实 16-9 “供应”表的内容

供应商号	商品号	供应数量	供应商号	商品号	供应数量
GF01	XYJ750	20	GF02	DSJ121	6
DY03	XYJ750	35	DY03	DSJ120	47
GF01	XYJ756	12	DY03	DBX12	15
ZL04	YX430	6	DY03	DBX31	5
ZL04	YX431	29			

(2) 在“供应”表中增加“供货日期”字段,并将该字段的输入掩码设置为“×××× 年 ×× 月 ×× 日”。将“供应”表中“供应数量”字段的验证规则设置为小于 10,验证文本为“供应数量应小于 10”。

(3) “供应商”表、“商品”表和“供应”表的主关键字、外部关键字及表间的联系类型是什么?将 3 个表按相关的字段建立联系,并为建立的联系实施参照完整性,设置级联更新和级联删除。

(4) 验证参照完整性

① 级联更新相关字段。主表中关键字值改变时,相关表中的相关记录会用新值更新。例如,“商品”表原商品号为 XYJ750 的商品,将其商品号改为 XYJ755,保存并关闭“商品”表后,打开“供应”表,发现原商品号为 XYJ750 的记录的商品号均变为 XYJ755。

② 级联删除相关记录。删除主表中的记录时,会删除相关表中的相关记录。例如,打开“商品”表,定位到“商品”表的 5 号记录,删除 5~7 号记录,观察“供应”表中相关记录是否级联删除。

实验 17 查询与 SQL

1. 实验目的

(1) 了解查询的概念与功能。

(2) 掌握创建各种查询的方法。

(3) 掌握应用 SELECT 语句进行数据查询的方法。

(4) 掌握使用 SQL 语句进行数据定义和数据操纵的方法。

2. 实验内容和步骤

(1) 在“图书管理”数据库查询“经济学院”读者的借阅信息

要求显示读者编号、读者姓名、图书名称和借阅日期,并按书名排序。

① 打开“图书管理”数据库,单击“创建”选项卡,在“查询”组中单击“查询设计”按钮,打开查询设计视图窗口,并弹出“显示表”对话框。

② 在“显示表”对话框中，双击“图书”表、“读者”表和“借阅”表，单击“关闭”按钮关闭“显示表”对话框。

③ 分别双击“读者”表中的“读者编号”“读者姓名”和“单位”字段，双击“图书”表中的“图书名称”字段，双击“借阅”表中的“借阅日期”字段，将它们添加到“字段”行的第 1 列到第 5 列。

④“读者”表的“单位”字段只作为查询条件，不显示其内容，因此应该取消“单位”字段的显示，即单击“单位”字段的“显示”行中的复选框，这时复选框内变为空白。在“单位”字段的“条件”行中输入“经济学院”。

⑤ 保存并运行查询。

(2) 创建一个名为“借书超过 60 天”的查询

要求查找读者编号、读者姓名、图书名称、借阅日期等信息。

操作步骤与第(1)题类似。在查询设计视图中设置“借书超过 60 天”的条件可以表示为“Date( )- 借阅日期 >60”。

(3) 创建一个名为“平均价格”的查询

要求统计各出版社图书价格的平均值，查询结果中包括“出版社名称”和“平均定价”两项信息，并按“平均定价”降序排列。

操作步骤与第(1)题类似。需要在“显示 / 隐藏”组中单击“汇总”按钮，在设计网格中插入一个“总计”行。该查询的分组字段是“出版社名称”，要实施的总计方式是“平均值”，选择“定价”字段作为计算对象。

(4) 创建一个名为“查询部门借书情况”的生成表查询

要求将“经济学院”和“法学院”两个单位的借书情况(包括读者编号、读者姓名、单位、图书编号)保存到一个新表中，新表的名称为“部门借书登记”。

① 打开查询设计视图，并将“读者”表和“借阅”表添加到查询设计视图的字段列表区中。

② 双击“读者”表中的“读者编号”“读者姓名”和“单位”字段，将它们添加到设计网格第 1 列到第 3 列中。双击“借阅”表中的“图书编号”字段，将它添加到设计网格第 4 列中。在“单位”字段的“条件”行中输入“经济学院 Or 法学院”，也可以利用“或”条件，在“单位”字段的“条件”行中输入“经济学院”，同时，在“单位”字段的“或”行中输入“法学院”。

③ 在“查询工具 / 设计”选项卡的“查询类型”组中单击“生成表”按钮，弹出“生成表”对话框。在“表名称”下拉列表中输入生成新表的名称，选中“当前数据库”单选按钮，将新表放入当前打开的“图书管理”数据库中，然后单击“确定”按钮。

④ 运行查询后将生成一个新的表对象。在导航窗格中找到新生成的表，双击打开并查看其内容。

(5) 使用 SQL 语句定义 Reader 表，其结构与“读者”表相同

① 打开“图书管理”数据库，单击“创建”选项卡，在“查询”组中单击“查询设计”按钮，在弹出的“显示表”对话框中不选择任何表，进入空白的查询设计视图。

② 在“查询工具 / 设计”选项卡的“结果”组中单击“视图”按钮，在下拉列表中选择“SQL 视图”命令，即进入 SQL 视图窗口并输入 SQL 语句。也可以在“查询工具 / 设计”选项卡的“查询

类型”组中单击“数据定义”按钮，即打开相应的查询窗口，在窗口中输入如下 SQL 语句。

```
CREATE TABLE Reader
( 读者编号 Char(6) Primary Key,
  读者姓名 Char(10),
  单位 Char(20),
  电话号码 Char(8),
  照片 Image
 )
```

③ 将创建的数据定义查询存盘并运行该查询。

④ 查看 Reader 表的结构。

(6) 在 Reader 表中插入两条记录（内容自定）

在 SQL 视图中输入并运行如下语句：

```
INSERT INTO Reader(读者编号,读者姓名,单位,电话号码)
     VALUES("231109","朱智为","法学院","82656636")
INSERT INTO Reader(读者编号,读者姓名,单位,电话号码)
     VALUES("230013","蔡密斯","经济学院","82656677")
```

(7) 在 Reader 表中删除编号为“231109”的读者记录

在 SQL 视图中输入并运行如下语句：

```
DELETE FROM Reader WHERE 读者编号 ="231109"
```

(8) 利用 SQL 命令，在“图书管理”数据库中完成下列操作

① 查询“图书”表中定价在 25 元以上的图书信息，并将所有字段信息显示出来。

```
SELECT * FROM 图书 WHERE 定价 >25
```

② 查询至今没有人借阅的图书的书名和出版社。

```
SELECT 图书名称,出版社名称 FROM 图书 WHERE Not 是否借出
```

③ 查询姓“张”的读者姓名和所在单位。

```
SELECT 单位,读者姓名 FROM 读者 WHERE 读者姓名 LIKE '张%'
```

④ 查询“图书”表中定价在 50 元以上，并且是今年或去年出版的图书信息。

```
SELECT * FROM 图书 WHERE 定价 >50 And Year(Date( ))-Year(出版日期)<=1
```

⑤ 求“读者”表中的总人数。

```
SELECT Count(*) AS 人数 FROM 读者
```

⑥ 求“图书”表中所有图书的最高价、最低价和平均价。

```
SELECT Max(定价) AS 最高价,Min(定价) AS 最低价,Avg(定价) AS 平均价 FROM 图书
```

3. 实验思考

(1) 针对“商品供应”数据库，完成下列操作

① 查询各个供应商的供货信息,包括供应商号、供应商名、联系电话及供应的商品名称、供应数量。

② 求“商品”表中所有商品的最高单价、最低单价和平均单价。

③ 查询高于平均单价的商品。

④ 查询电视机(商品号以 DSJ 开头)的供应商名和供应数量。

(2) 针对“商品供应”数据库,利用 SQL 命令完成下列操作

① 显示各个供应商的供应数量。

② 查询高于平均单价的商品。

③ 查询电视机(商品号以 DSJ 开头)的供应商名和供应数量。

④ 查询各个供应商的供货信息,包括供应商号、供应商名、联系电话及供应的商品名称、供应数量。

实验 18 数据分析

1. 实验目的

(1) 掌握常用的统计分析方法。

(2) 掌握简单的回归分析方法。

(3) 掌握简单的数据拟合技术。

(4) 掌握简单的文本分析方法。

2. 实验内容和步骤

(1) 生成随机数序列并进行统计分析

① 在 Python 中,利用 random 模块的 random( )函数可以随机产生[0,1)区间均匀分布的实数。生成 100 个这样的随机数并组成一个列表,然后进行简单数据统计分析。

Python 程序如下:

```
from random import *                 # 导入 random 模块
list_1=[ ]                           # 建立空列表
for i in range(100):                 # 循环 100 次
    x=random( )                      # 生成随机数,并赋值给 x
    list_1.append(x)                 # 将随机数 x 添加到列表中
MySum=sum(list_1)                    # 求和
MyMax=max(list_1)                    # 求最大值
MyMin=min(list_1)                    # 求最小值
```

```
Avg=sum(list_1)/len(list_1)            #求平均值
print("Sum=", MySum)                   #输出统计结果
print("Max=" ,MyMax)
print("Min=", MyMin)
print("Average=",Avg)
```

若要随机产生[a,b)范围内的实数,则可以利用 random 模块中的函数 uniform( ),也可以利用 random( )函数,其表达式为 a+(b−a)*random( )。

② NumPy 中的 random 模块包含了很多函数和方法,可以用来产生随机数,例如,下列语句产生在[0,1)区间均匀分布的 3 行 2 列随机数组。

```
>>> import numpy as np
>>> np.random.rand(3,2)
array([[0.33662655,0.42070569],
    [0.3276643 ,0.77168321],
    [0.5039367 ,0.36060372]])
```

生成 100 个随机数组成的数组,然后进行统计分析,Python 程序如下:

```
import numpy as np
a=np.random.rand(1,100)
np.sum(a)                              #求和
np.amax(a)                             #求最大值
np.amin(a)                             #求最小值
np.mean(a)                             #求算术平均值
np.median(a)                           #求中位数
np.prod(a)                             #求积
np.std(a)                              #求标准差
np.var(a)                              #求方差
```

③ 验证随机数是否服从均匀分布。

均匀分布是指数据均匀地分布在区间内,即所生成的数据个数在随机数范围内的任何一段等长子区间应该大体相等。

NumPy 中的 percentile(a,q)函数用于计算百分比分位数,即在数组 a 中,至少有 q% 个数据小于或等于这个值。利用这个函数,可以验证这些数据是否均匀分布,Python 程序如下:

```
import numpy as np
a=np.random.rand(1,100)
for i in range(1,11):
    print(np.percentile(a,i * 10))
```

程序运行结果是什么?如何解读?

将生成的随机数个数增加到 1 000 个、10 000 个甚至更多，用同样的方法去分析，能发现什么变化？

(2) 家庭收入与储蓄规律分析

表实 18-1 是某市家庭收入 x 与家庭储蓄 y 之间的一组调查数据，试利用回归分析法建立 x 与 y 的线性函数公式。

表实 18-1　家庭收入与储蓄　　单位：万元

x	y	x	y	x	y
0.6	0.08	2.2	0.48	3.8	0.8
1.0	0.22	2.6	0.56	4	1.0
1.4	0.31	3.0	0.67		
1.8	0.4	3.4	0.75		

Python 程序如下：

```
import numpy as np
from sklearn.linear_model import LinearRegression                    # 导入模块
X=np.array([0.6,1.0,1.4,1.8,2.2,2.6,3.0,3.4,3.8,4]).reshape(10,1)   # 转换成二维数组
Y=[0.08,0.22,0.31,0.4,0.48,0.56,0.67,0.75,0.8,1.0]
model=LinearRegression()                                             # 模型初始化
model.fit(X,Y)                                                       # 拟合模型
print(model.coef_)                                                   # 输出系数
print(model.intercept_)                                              # 输出截距
```

根据程序运行结果写出线性函数公式。

(3) 线性拟合

用线性拟合的方式实现上述功能，并对比分析结果。

Python 程序如下：

```
import numpy as np
X=[0.6,1.0,1.4,1.8,2.2,2.6,3.0,3.4,3.8,4]
Y=[0.08,0.22,0.31,0.4,0.48,0.56,0.67,0.75,0.8,1.0]
z1=np.polyfit(X,Y,1)                                                 # 对数据进行线性拟合
print(z1)
```

(4) 简单文本分析

分析《三国演义》文本中哪些人物名字出现的次数最多，利用停用词表，将出现频率最高的前 10 个分词中与人名无关的分词自动剔除。

提示：通过对文本进行分词并统计词频，发现在出现频率最高的前 10 个分词中，“却说”“二人”“不可”“荆州”4 个分词与人名无关，因此将其放入停用词表，不再进行统计。

Python 程序如下：

```
import jieba
txt=open('三国演义.txt','r',encoding='utf-8').read()                    #读入文本
words=jieba.lcut(txt)                                                    #对文本进行分词
counts={}
stop_word=['却说','二人','不可','荆州']                                  #设置停用词表
for word in words:                                                       #对分词进行挑选
    if len(word)==1:continue                                             #去掉单字符的分词
    elif word in stop_word:continue                                      #略过停用词表中的词
    elif '诸葛亮'==word or '孔明曰'==word:rword='孔明'                   #合并同类含义的词
    elif '关公'==word or '云长'==word:rword='关羽'
    elif '玄德'==word or '玄德曰'==word:rword='刘备'
    elif '孟德'==word:rword='曹操'
    else:rword=word
    counts[rword]=counts.get(rword,0)+1                                  #词频统计
items=list(counts.items())
items.sort(key=lambda x:x[1],reverse=True)                               #根据词频进行排序
for i in range(10):                                                      #输出排在前列的10个分词
    word,count=items[i]
    print(word,count)
```

从程序的输出结果可以看到，停用词表中的词不再出现。当然，还可以根据需要继续扩充停用词表，以获得想要的结果。

3. 实验思考

(1) 从网上查找我国历年经济统计数据，并进行统计分析。

(2) 某市人口数量统计如表实 18–2 所示，试用回归和拟合两种方法预测该市 2030 年的人口数量，并思考如何才能使预测的数据更加准确。

提示：除了线性回归和线性拟合外，还可以使用多项式回归和多项式拟合。

表实 18–2　某市人口数量统计

年份	人口 / 万人	年份	人口 / 万人
2006	628.8	2014	731.2
2008	645.1	2016	764.5
2010	704.1	2018	815.5
2012	714.7	2020	1 004.8

(3) 在 jieba 库中,分词有全模式、精确模式、搜索引擎模式 3 种,分别用 jieba.lcut(text,cut_all=True)、jieba.lcut(text,cut_all=False)、jieba.lcut_for_search(text)方式,对同一段中文文本进行分词,并比较结果之间的区别。

(4) 试分析《红楼梦》的前八十回和后四十回在写作风格上是否有所不同。

实验 19 数据可视化

1. 实验目的

(1) 掌握常用图形的绘制方法。

(2) 掌握分图的绘制方法。

(3) 掌握词云图的绘制方法。

(4) 学会将数据分析的结果用图形方式表示。

2. 实验内容和步骤

(1) 展示考试成绩的分布

在某次考试中,优秀、良好、中等、及格、不及格人数分别为 8、16、25、18、6,在子图中以散点图、条形图和饼图分别展示成绩的分布情况。

Python 程序如下:

```
import matplotlib.pyplot as plt
X=[1,2,3,4,5]
Y=[8,16,25,18,6]                  #输入数据
p=plt.figure()                    #建立图形对象
p.add_subplot(1,3,1)              #将画布分成 1 行 3 列,添加子图 1
plt.scatter(X,Y)                  #绘制散点图
p.add_subplot(1,3,2)              #添加子图 2
plt.bar(X,Y)                      #绘制条形图
p.add_subplot(1,3,3)              #添加子图 3
plt.pie(Y)                        #绘制饼图
plt.show()
```

(2) 选择自己喜欢的文学作品或新闻文本,绘制词云图

Python 程序如下:

```
from wordcloud import WordCloud   #导入模块
f=open('目标文件','r').read()      #读入文本文件
```

```
wordcloud=WordCloud( ).generate(f)          # 按默认属性生成词云图
wordcloud.to_file('图名')                   # 保存词云图
```

请自行修改程序，选择自己喜欢的图片作为背景，并设置参数，使得词云图更加美观。

(3) 2021年10月公布了当年的诺贝尔经济学奖，获奖的3位学者研究发现，个人收入与其受教育年限紧密相关。现有一组关于受教育时间和个人年收入的数据，如表实19-1所示，请先进行线性回归或拟合，然后绘图展示，其中样本数据用蓝色散点表示，拟合直线用红色实线表示。

表实19-1 个人收入与其受教育年限的关系

受教育时间/年	收入/万元	受教育时间/年	收入/万元
9	4.5	22	15.6
12	6.7	25	19.5
15	8.0	27	21.4
19	10.6		

3. 实验思考

(1) 试对本班某一门课程的成绩进行分析，将分析结果进行可视化展示。

(2) 分别对中英文文本进行词云制作，并比较两者的区别。

实验20 数据爬取及分析

1. 实验目的

(1) 学会查看网站的robots协议。

(2) 掌握网页资源的爬取方法。

(3) 掌握爬取资源的分析方法。

2. 实验内容和步骤

(1) 查看网站的robots协议并进行解读

提示：robots协议文本一般存放在网站的根目录下。要查看robots协议，可以在其主页网址后面添加“/robots.txt”进行访问。

(2) 网页数据爬取

爬取人民网主页的信息，Python程序如下：

```
import requests
```

```
r=requests.get("http://www.people.com.cn")
```

查看网页编码：

```
r.apparent_encoding
```

此时程序结果显示其编码方式是“GB2312”。为了能够查看网页的文本内容，将获取的信息转换为相应编码：

```
r.encoding="GB2312"
r.text
```

此时程序结果会弹出一个压缩文本，将该文本另存为文本文件并打开，可以查看其中的内容。

(3) 网页数据分析

① 将所有的超链接信息提取出来。

```
from bs4 import BeautifulSoup                    # 导入模块
ht=BeautifulSoup(r.content,'html.parser')        # 对内容进行解析，采用解析器 html.parser
for item in ht.find_all("a"):                    # 遍历每一个 a 标签
    print(item.string,":",item.get("href"))      # 输出超链接信息
```

② 剔除非中文词汇。

```
import re                                        # 导入模块
pattern=re.compile(r'[^\u4e00-\u9fa5]')          # 编译正则表达式
chinese=re.sub(pattern,'',r.text)                # 将非中文字符用空字符串进行替换
print(chinese)
```

提示：用正则表达式[^\u4e00-\u9fa5]来实现操作，其中“\u4e00-\u9fa5”表示 Unicode 码中的中文编码范围。

③ 利用 jieba 库对信息进行分词，并通过词云图展示其中的新闻热词。

```
import jieba
import numpy as np
from PIL import Image
from wordcloud import WordCloud
f=open('people.txt','r').read()                  # 读入文本
background=np.array(Image.open('background.jpg'))  # 设置词云背景图片
words=jieba.lcut(f)                              # 分词
rwords=[]
for word in words:                               # 剔除长度为 1 的词
    if len(word)==1:continue
    else:rwords.append(word)
wordcloud=WordCloud(background_color="white",width=1000,height=860,\
```

```
mask=background,font_path=r"C:\Windows\Fonts\msyh.ttc",\
margin=2).generate(" ".join(rwords))                    # 生成词云图
wordcloud.to_file('people.png')                         # 存储图片
```

注意：文本文件需保存为 utf-8 的编码形式。

3. 实验思考

(1) 查看常用网站的 robots 协议文本，了解它们对爬虫有什么限制。

(2) 在 robots 协议允许的情况下，选择自己感兴趣的网页信息进行爬取，并对内容进行分析，提取其中的高频词汇。

实验 21 R 语言的基本操作

1. 实验目的

(1) 熟悉 R 语言的开发环境。

(2) 掌握创建数据对象的方法。

(3) 学会获取 R 包中的数据集。

(4) 学会读写文本文件和分隔符文件。

2. 实验内容和步骤

(1) R 语言的开发环境

① 在 R Console 窗口中输入以下命令，并阅读帮助手册与其他参考资料。

```
> help.start()
```

② 输入以下命令，阅读数据集、函数、符号的帮助文档。

```
> help(iris)
> help(class)
> help("=")
```

③ 输入以下命令，查看已经安装的 R 包，并选择一些特定的 R 包进行详细了解。

```
> library()
```

(2) 基本数据类型及操作

输入以下命令，并分析命令的执行结果。

```
> x=10                # 变量赋值
> is.integer(x)       # 判断 x 是否为整型
> class(x)            # 查看数据类型
```

```
> as.integer(x)->y             # 转换为整型并赋值
> class(y)
> z<-as.logical(y)             # 转换为逻辑型
> class(z)
> class("NA")
> class(NA)
```

(3) 创建向量和矩阵,并对元素进行访问

① 生成等差数列。

```
> x1<-1:10                          # 从 1 到 10,步长为 1,生成等差数列
> seq(from=1,to=100,by=2)->x2       # 从 1 到 100,步长为 2,生成奇数序列
> seq(from=2,to=100,by=2)->x3       # 从 2 到 100,步长为 2,生成偶数序列
```

② 生成重复序列。

```
> rep(1,times=10)->x4               # 生成长度为 10 的全 1 序列
> c(1,2,3)->x5                      # 用组合函数创建向量
> rep(x5,times=3)->x6               # 将 x5 重复 3 次
> rep(x5,length.out=7)->x7          # 重复 x5,直到向量长度为 7
> rep(x5,each=2,length.out=7)->x8   # 重复 x5 中的每个元素两次,直到向量长度为 7
```

③ 生成随机序列。

```
> rnorm(n=10,mean=0,sd=1)->r1       # 按标准正态分布生成长度为 10 的随机向量
> runif(n=10,min=-1,max=1)->r2      # 按均匀分布在 [-1,1] 区间生成长度为 10 的随机向量
> rpois(n=10,lambda=5)->r3          # 按 Poisson 分布生成随机向量, λ 取 5
```

④ 创建矩阵并访问数据。

先创建一个 3 行 4 列的矩阵,并给行和列进行命名,然后进行有关操作。命令如下:

```
> matrix(1:12,nrow=3,ncol=4,dimnames=list(c("r1","r2","r3"),c("c1","c2","c3","c4")))->a1
> a1[1,2]                           # 访问第 1 行第 2 列的元素
> a1[1:3,c(2,4)]                    # 访问第 1 至 3 行、第 2、4 列元素
> a1[-1]                            # 访问除第 1 个元素之外的其他元素
> a1[a1>5]                          # 访问所有大于 5 的元素
> a1[c("r1","r3"),c("c2","c4")]     # 按名称访问元素
> 1:24->a2
> c(4,6)->dim(a2)                   # 用 dim() 函数指定 a2 的维数为 4 行 6 列
> 1:4->a3
> diag(a3)                          # 用 diag() 函数创建对角矩阵
```

(4) 创建数据框,并访问数据框的数据

① 创建数据框。

```
> 1:5->studentID
> c("Zhang","Wang","Zhao","Li","Sun")->name
> c("female","male","male","female","male")->sex
> c(18,19,19,18,18)->age
> data.frame(studentID,name,sex,age)->student   # 创建数据框
```

② 访问数据框的数据。

```
> student[2]                          # 以下标访问数据
> student["name"]                     # 以列名访问数据
> student$name                        # 以指标名访问数据
> student[c(1,3),"name"]              # 访问第 1、3 行的 name 值
> student[age>18,]                    # 访问 age 值大于 18 的行
```

③ 选取数据保存为文本文件。

```
> student[1:4,]->student1             # 选取前 4 行数据
> write.table(student1,"student1.txt")   # 在工作目录下保存为文本文件
```

3. 实验思考

(1) 加载 boot 包中的 acme 数据集,查看 acme 数据集的前 6 项,并通过 help() 函数查看 acme 数据集的数据含义。

(2) 创建一个包含 3 个指标的数据框,其中第一个变量 x 是小写字母 a~j,第二个变量 y 是数字 1~10,第三个变量 z 是大写字母 A~J,用不同方式访问数据框中的数据。

(3) 用函数 write.csv() 将 datasets 包里的数据集 iris 的第 6~10 行导出为一个 csv 文件,然后再用函数 read.csv() 读入该文件,比较读入数据和原始数据集是否存在差异。

实验 22 R 语言的数据分析与绘图

1. 实验目的

(1) 掌握常见的数据分析方法。

(2) 掌握常见图形的绘制方法。

(3) 学会将数据分析的结果用图形方式展示。

2. 实验内容和步骤

(1) 正态分布随机向量的生成及统计分析

先按正态分布生成 100 个数据,其均值为 80、标准差为 20,然后进行统计分析与绘图,查看

结果并分析随机向量的分布情况。命令如下：

```
> rnorm(n=100,mean=80,sd=20)->r
> mean(r)                    # 计算平均值
> median(r)                  # 计算中值
> max(r)                     # 计算最大值
> min(r)                     # 计算最小值
> sd(r)                      # 计算标准差
> hist(r)                    # 绘制直方图
> plot(density(r))           # 绘制密度图
```

（2）绘制正弦函数曲线

在 [0,10] 绘制正弦函数曲线，按 1 行 2 列分别绘制点图和线图，并设置图形属性。建立并运行以下程序脚本文件：

```
x=seq(0,10,0.1)              # 从 0~10，步长为 0.1，生成向量
y=sin(x)                     # 计算正弦函数值
par(mfrow=c(1,2))            # 设置参数，按 1 行 2 列绘图
# 绘制点图，颜色为蓝色，y 轴标记为 sin(x)，上下标题分别为点图、y=sin(x)
plot(x,y,type="p", col="blue",ylab="sin(x)",main=" 点图 ",sub="y=sin(x)")
# 绘制线图，线宽为 1.5，颜色为红色
plot(x,y,type="l",lwd=1.5,col="red",ylab="sin(x)",main=" 线图 ",sub="y=sin(x)")
```

（3）sleep 数据集分析

sleep 数据集给出了两种药物的催眠效果，一共有 20 个观测值，试对其进行数据分析。命令如下：

```
> head(sleep)                # 查看数据集前 6 行
  extra  group  ID
1   0.7      1   1
2  -1.6      1   2
3  -0.2      1   3
4  -1.2      1   4
5  -0.1      1   5
6   3.4      1   6
```

其中 extra 为药物增加的睡眠时间，即效果，group 为药物分组。

```
> table(sleep$group)         # 统计组数
 1   2
10  10
```

由结果可知，一共分为两组，每组有 10 行数据。

```
> aggregate(sleep$extra,list(sleep$group),mean)             # 按组统计效果平均值
  Group.1    x
1       1 0.75
2       2 2.33
> aggregate(sleep$extra,list(sleep$group),median)           # 按组统计效果中值
  Group.1    x
1       1 0.35
2       2 1.75
>  aggregate(sleep$extra,list(sleep$group),sd)              # 按组统计效果标准差
  Group.1        x
1       1 1.789010
2       2 2.002249
> par(mfrow=c(1,2))                                         # 按 1 行 2 列绘图
> plot(sleep[sleep$group==1,"extra"])                       # 绘制第一组效果散点图
> barplot(sleep[sleep$group==2,"extra"])                    # 绘制第二组效果条形图
```

对结果进行数据分析。

(4) 医院急诊入院数据分析

某医院急诊入院的患者中，上呼吸道感染的人占 16.6%，中风的人占 15.8%，外伤的人占 1.2%，昏厥的人占 18.5%，食物中毒的人占 11.5%，其他患者占 36.4%，对数据进行绘图分析。建立并运行以下程序脚本文件：

```
percent<-c(16.6,15.8,1.2,18.5,11.5,36.4)
disease<-c(" 上感 "," 中风 "," 外伤 "," 昏厥 "," 食物中毒 "," 其他 ")
lbs<-paste0(disease,percent,"%")                 # 连接参数组成字符串
pie(percent,labels=lbs)                          # 绘制饼图
```

还可对图形属性进行设置。

3. 实验思考

(1) 用函数 runif() 在 [0,100] 生成 1 000 个随机数，分别用统计和绘图的方法考察该数据的分布情况。

(2) 加载 datasets 包中的数据集 iris，使用适当的图形展示 3 个品种鸢尾花的 4 种数据分布。

(3) 依据 VADeaths 数据集，分别绘制城镇居民与农村居民死亡率的饼图，并添加图例说明。

实验23 真伪问题

1. 实验目的

(1) 了解逻辑推理在人工智能中的作用。

(2) 学会用程序语句表示事实和规则。

2. 实验内容和步骤

谁是100分问题。在一次计算机考试中,已知4位同学中有一位考了100分,当李明询问4位同学是谁考了100分时,4个人的回答如下:A说,“不是我”;B说,“是C”;C说,“是D”;D说,“他乱说”。现在知道,3个人说的是真话,一个人说的是假话,请根据这些信息找出考100分的同学。

(1) 采用面向过程的程序设计方法

① 定义一个列表,存放A、B、C和D这4位同学的代号。

```
StuList=['A','B','C','D']
```

② 定义一个字符串变量,并将其初始化为空,存放考100分同学的代号。

```
ans=''
```

③ 将4位同学所说的话写成关系表达式,即同学A:stu!='A',同学B:stu=='C',同学C:stu=='D',同学D:stu!='D',分别假定考100分的人是A、B、C、D,统计每种情形下有多少人说了真话。如果说真话的人数是3,这时将stu的值赋给ans,即找到了考100分的同学。

主程序如下:

```
for stu in StuList:
    print("若",stu,"同学考了100分")
    if stu!='A':
        print("A同学说了真话")
    else:
        print("A同学说了假话")
    if stu=='C':
        print("B同学说了真话")
    else:
        print("B同学说了假话")
    if stu=='D':
        print("C同学说了真话")
        print("D同学说了假话")
```

```
    else:
        print("C 同学说了假话 ")
        print("D 同学说了真话 ")
    #统计有多少人说了真话
    print(" 共有 ", (stu ! ='A')+(stu=='C')+(stu=='D')+(stu ! ='D')," 人说了真话 ")
    # 如果说真话的人数是 3,表示考了 100 分的人是 stu
    if(stu ! ='A')+(stu=='C')+(stu=='D')+(stu ! ='D')==3:
        ans=stu
print(" 综上所述 ",ans," 同学考了 100 分 ")
```

(2) 采用面向对象的程序设计方法

① 定义一个类,类中定义一个构造函数,初始化实例属性 name 和 logic。name 表示一个同学的姓名,logic 表示这个同学说了真话或者说了假话。定义一个设置 logic 值的函数和获取 logic 值的函数。

```
class Student:
    def __init__(self,name,logic):        # 定义一个构造函数,初始化实例属性 name 和 logic
        self.name=name
        self.logic=logic
    def SetLogic(self,logic):             # 定义一个设置 logic 值的函数
        self.logic=logic
    def GetLogic(self):                   # 定义一个获取 logic 值的函数
        return self.logic
```

② 用类定义 4 个对象,分别表示 4 位同学,每个对象的 logic 值全部初始化为 False。

```
StuA=Student('A',False)
StuB=Student('B',False)
StuC=Student('C',False)
StuD=Student('D',False)
```

③ 将 4 位同学所说的话写成关系表达式。说话人 A:stu! ='A';说话人 B:stu=='C';说话人 C:stu=='D';说话人 D:stu! ='D'。分别假定考了 100 分的人是 A、B、C 和 D,修改这种情形下 4 个对象的 logic 值。如果在某种情形下,4 个对象的 logic 值求和等于 3,表示找到了考 100 分的人即为这种情形下的 stu。

```
for stu in[ 'A','B','C','D' ]:
    if stu ! ='A':
        StuA.SetLogic(True)               # 修改 StuA 的 logic 值为 True
    if stu=='C':
        StuB.SetLogic(True)               # 修改 StuB 的 logic 值为 True
```

```
if stu=='D':
    StuC.SetLogic(True)          # 修改 StuC 的 logic 值为 True
if stu ! ='D':
    StuD.SetLogic(True)          # 修改 StuD 的 logic 值为 True
# 如果这种情形下 4 个对象的 logic 值是 3
# 表示考了 100 分的人即为这种情形下的 stu
if StuA.GetLogic( )+StuB.GetLogic( )+StuC.GetLogic( )+StuD.GetLogic( )==3:
    print(stu," 同学考了 100 分 ")
```

3. 实验思考

(1) 利用 kanren 模块库实现谁是 100 分问题。

(2) 爱因斯坦在 20 世纪初提出一个问题，据说当时世界 98% 的人没有答出来，后来被人们称为“斑马难题”，请查阅相关资料并给出求解方法。

实验 24 音乐分类

1. 实验目的

(1) 掌握 KNN 算法的基本思想。

(2) 掌握应用 KNN 算法进行分类的基本步骤。

2. 实验内容和步骤

假设要给一组 MP3 音乐分类，分成摇滚和民谣两类。摇滚音乐激昂、节奏快，民谣舒缓、节奏慢，但是摇滚中也有可能存在舒缓、节奏慢的旋律，同理民谣中也会有激昂、节奏快的旋律。那么如何区分它们呢？可以根据出现的频率来区分，比如舒缓慢节奏的旋律多半是民谣，激昂节奏快的旋律多半是摇滚。假设每个 MP3 时长 180 s，以快慢节奏作为特征，一组统计数据集如表实 24–1 所示。

表实 24–1 MP3 音乐快慢节奏统计数据集

编号	慢节奏 /s	快节奏 /s	分类	编号	慢节奏 /s	快节奏 /s	分类
1	100	80	民谣	4	110	70	民谣
2	140	40	民谣	5	30	150	摇滚
3	20	160	摇滚				

现在有一个未知分类的MP3，其慢节奏时长为103 s，快节奏时长为77 s，根据K近邻查询(KNN)算法用程序实现分类，判定该MP3是民谣还是摇滚。

(1) 在程序中包含numpy模块、operator模块和tkinter模块。

```
import numpy as np
import operator
from tkinter import *
```

(2) 定义训练数据集函数。训练数据存放在二维数组group和列表labels中，group中每个数据元素为一个列表，其中第1个数据表示“慢节奏”的值，第2个数据表示“快节奏”的值。列表labels中存放每个数据元素对应的标签。二维数组group和列表labels为全局变量，最后返回group和labels的值。

```
def createDataSet( ):
    group=np.array([[100,80], [140,40], [20,160], [110,70], [30,150]])
    labels=['民谣','民谣','摇滚','民谣','摇滚']
    return group,labels
```

(3) 定义命令按钮响应函数。单击命令按钮后执行btnf( )函数，在该函数内继续调用classify0( )函数执行，并输出音乐分类结果。

```
def btnf( ):
    x=eval(var1.get( ))                    # 获取全局变量 var1 的值
    y=eval(var2.get( ))                    # 获取全局变量 var2 的值
    a=[x,y]                                # 定义列表 a,获取测试数据的“慢节奏”和“快节奏”的值
    a__class=classify0(a,group,labels,3)   # 调用 classify0( )函数执行
    print(a__class)                        # 输出分类结果
```

(4) 定义KNN函数。第1个参数表示测试数据，用一个列表表示；第2个参数表示训练数据集，用一个二维数组表示；第3个参数表示训练数据集中每个数据元素对应的分类标签，用一个列表表示；第4个参数表示KNN算法中k的取值，用一个整数表示。

```
def classify0(inX,dataSet,labels,k):
    dataSetSize=dataSet.shape[0]           # 返回数组大小
    # 将 inX 复制 dataSetSize 次,与训练集 dataSet 大小一致,以便与 dataSet 做减法运算
    # 生成一个差值矩阵 diffMat
    diffMat=np.tile(inX, (dataSetSize,1))-dataSet
    sqDiffMat=diffMat * diffMat            # 计算测试数据和训练样本的欧氏距离
    # 将矩阵的每一行相加,axis 用于控制是行相加还是列相加
    sqDistances=sqDiffMat.sum(axis=1)
    distances=np.sqrt(sqDistances)         # 开方
    # 根据距离从小到大排序,返回对应的索引位置
```

```
    sortedDistIndices=distances.argsort( )
    # 选择距离最小的 k 个点
    # 定义字典,用于存放“标签:次数”对
    classCount={}
    for i in range(k):
        voteIlabel=labels [ sortedDistIndices [ i ]]                # 根据下标获取标签
        classCount [ voteIlabel ]=classCount.get(voteIlabel,0)+1    # 累计标签出现次数
    # 字典的 items( )方法,返回一个包含所有(标签,次数)元组的列表
    # 列表按关键字 key 进行降序排序
    #key 取元组中的第 2 个元素,即该标签出现的次数
    sortedClassCount=sorted(classCount.items( ),key=operator.itemgetter(1),reverse=True)
    return sortedClassCount [ 0 ][ 0 ]                              # 返回测试数据的分类标签
```

(5) 定义主函数,创建交互式窗口。

```
def main( ):
    w=Tk( )                                          #tkinter 模块的 Tk( )函数生成窗口
    w.geometry('300×270')                            # 设置窗口的宽和高分别为 300 和 270
    w.title(" 音乐分类器 ")                           # 设置窗口标题
    Label(w,text=" 慢节奏 ").place(relx=0.2,rely=0.1)   # 窗口中添加标签“慢节奏”
    Label(w,text=" 快节奏 ").place(relx=0.2,rely=0.3)   # 窗口中添加标签“快节奏”
    # 定义全局变量 var1、var2,分别表示下面定义的单行文本框 1 和 2 的文本
    global var1
    global var2
    var1=StringVar( )
    var2=StringVar( )
    # 定义全局变量 group 和 labels,分别表示二维数组 group 和列表 labels
    #group 存放训练数据“慢节奏”和“快节奏”的值
    #labels 存放训练数据集中每一个数据元素对应的标签
    global group
    global labels
    # 在窗口中添加单行文本框 1,文本值关联全局变量 var1
    Entry1=Entry(w,textvariable=var1).place(relx=0.5,rely=0.1)
    # 在窗口中添加单行文本框 2,文本值关联全局变量 var2
    Entry2=Entry(w,textvariable=var2).place(relx=0.5,rely=0.3)
    Label(w,text=" 秒数 ").place(relx=0.9,rely=0.1)     # 窗口中添加标签“秒数”
    Label(w,text=" 秒数 ").place(relx=0.9,rely=0.3)     # 窗口中添加标签“秒数”
```

```
    #窗口中添加命令按钮,其文本提示为“查询音乐类型”
    #单击命令按钮时,执行 btnf()函数
    btn=Button(w,text=" 查询音乐类型 ",command=btnf)
    btn.pack()                                    #命令按钮在窗口中布局
    group,labels=createDataSet()                  #执行 createDataSet()函数
    w.mainloop()                                  #程序循环执行,进入等待和处理事件
```

(6) 执行主函数。

```
if __name__=='__main__':
    main()
```

3. 实验思考

(1) 分别利用 sklearn 库中的 neighbors 类和 svm 类实现音乐分类。

(2) 从分类效率和分类效果两方面改进算法。可考虑采用权值的方法(和该样本距离小的邻居权值大)来改进算法。

实验 25　三维空间数据元素聚类

1. 实验目的

(1) 掌握 k 均值聚类(k-means)算法的基本思想。

(2) 掌握应用 k 均值聚类(k-means)算法的基本步骤。

2. 实验内容和步骤

对给定的一个三维空间数据集(共 80 个样本)的数据文件 dataset.txt(每一个样本代表三维空间中的一个点,第 1 个数据表示这个点的 x 轴坐标,第 2 个数据表示这个点的 y 轴坐标,第 3 个数据表示这个点的 z 轴坐标),采用 k 均值聚类,k 取值为 4。

(1) 在程序中包含 random 模块、numpy 模块、math 模块、matplotlib 模块中 pyplot 子库、mpl_toolkits.mplot3d 子模块中的 Axes3D 类、openpyxl 模块和 os 模块。

```
import random
import numpy as np
import math
import matplotlib.pyplot as plt
from mpl_toolkits.mplot3d import Axes3D
from openpyxl import workbook
```

```
from openpyxl import load_workbook                    # 用于绘制 Excel 表格
import os                                             # 用于打开 Excel 文档
```

(2) 数据预处理。

```
file_path=("dataset.txt")                             # 从数据集文件 dataset.txt 中读入数据
with open(file_path,'r')as f:
    file=f.read()
dataset=file.split()                                  # 将读取到的文件内容以空格为分隔符,拆分成一个列表
dataset=np.array(dataset)                             # 把列表中数据转换为矩阵
dataset=dataset.reshape(80,3)                         # 将矩阵变换成特定维数(80 行,3 列)的矩阵
print("原始数据为:")                                   # 输出预处理数据
print(dataset)
print()                                               # 空一行
```

(3) 从 80 个样本中随机选取 4 个样本作为初始质心,将其初始化为 4 个类。

```
s1=random.sample(range(80),4)                         # 列表 s1 中存放这 4 个初始质心的序列号
# 分别提取这 4 个样本的 x,y,z 的值,存放在列表 s2、s3 和 s4 中
s2=[]
s3=[]
s4=[]
for i1 in range(4):
    s2.append(eval(dataset[s1[i1],0]))                # x 的值放在列表 s2 中
    s3.append(eval(dataset[s1[i1],1]))                # y 的值放在列表 s3 中
    s4.append(eval(dataset[s1[i1],2]))                # z 的值放在列表 s4 中
```

(4) 定义 d( ) 函数,用于计算空间中两点间距离。

```
def d(x1,y1,z1,x2,y2,z2):
    d=math.sqrt((x1-x2)*(x1-x2)+(y1-y2)*(y1-y2)+(z1-z2)*(z1-z2))
    return d
```

(5) 定义 center( ) 函数,用于计算和比较每个样本与各个质心之间的距离,并将各个样本分别划分到距离最小的那个类。

```
def center():
    # 定义 6 个全局变量,每个是一个列表
    # 前面 4 个分别存放 4 个质心,dis 存放距离,numb 存放标签
    global group1,group2,group3,group4,dis,numb
    group1=[]
    group2=[]
    group3=[]
```

```
    group4=[ ]
    dis=[ ]                                              # 记录原始点与质心的距离
    numb=[ ]                                             # 记录原始点所处的簇(标签)
    for i2 in range(80):
        # 提取每个点的 x,y,z 的值
        m=eval(dataset[i2,0])
        n=eval(dataset[i2,1])
        p=eval(dataset[i2,2])
        d1=d2=d(s2[0],s3[0],s4[0],m,n,p)                 # 计算样本数据中的每个点到质心的距离
        # 找到距离最短的质心,把样本点存入与其距离最短的质心所对应的类
        flag=0
        for i3 in range(4):
            if d1<=d2:d2=d1
            d1=d(s2[i3],s3[i3],s4[i3],m,n,p)
            if d1<=d2:flag=i3
        d3=min(d1,d2)
        if flag==0:
            group1.append(i2)
            numb.append(1)
        elif flag==1:
            group2.append(i2)
            numb.append(2)
        elif flag==2:
            group3.append(i2)
            numb.append(3)
        else:
            group4.append(i2)
            numb.append(4)
        dis.append(d3)
```

(6) 定义 renew( )函数,用于更新 4 个聚类的聚类中心。

```
def renew( ):
    global group1,group2,group3,group4,s5,s6,s7
    # 更新第 1 个聚类 group1 的聚类中心
    if len(group1)! =0:  # 考虑极端取值情况下列表为空的情况
        sum1=0
```

```
    sum2=0
    sum3=0
    for i4 in range(len(group1)):
        sum1+=eval(dataset[group1[i4],0])          #求出group1中各个点的x值之和
        sum2+=eval(dataset[group1[i4],1])          #求出group1中各个点的y值之和
        sum3+=eval(dataset[group1[i4],2])          #求出group1中各个点的z值之和
    center_x1=sum1/(len(group1))
    center_y1=sum2/(len(group1))
    center_z1=sum3/(len(group1))
#更新第2个聚类group2的聚类中心
if len(group2)!=0:
    sum4=0
    sum5=0
    sum6=0
    for i5 in range(len(group2)):
        sum4+=eval(dataset[group2[i5],0])          #求出group2中各个点的x值之和
        sum5+=eval(dataset[group2[i5],1])          #求出group2中各个点的y值之和
        sum6+=eval(dataset[group2[i5],2])          #求出group2中各个点的z值之和
    center_x2=sum4/(len(group2))
    center_y2=sum5/(len(group2))
    center_z2=sum6/(len(group2))
#更新第3个聚类group3的聚类中心
if len(group3)!=0:
    sum7=0
    sum8=0
    sum9=0
    for i6 in range(len(group3)):
        sum7+=eval(dataset[group3[i6],0])          #求出group3中各个点的x值之和
        sum8+=eval(dataset[group3[i6],1])          #求出group3中各个点的y值之和
        sum9+=eval(dataset[group3[i6],2])          #求出group3中各个点的z值之和
    center_x3=sum7/(len(group3))
    center_y3=sum8/(len(group3))
    center_z3=sum9/(len(group3))
#更新第4个聚类group4的聚类中心
if len(group4)!=0:
```

```
        sum10=0
        sum11=0
        sum12=0
        for i7 in range(len(group4)):
            sum10+=eval(dataset[group4[i7],0])          # 求出 group4 中各个点的 x 值之和
            sum11+=eval(dataset[group4[i7],1])          # 求出 group4 中各个点的 y 值之和
            sum12+=eval(dataset[group4[i7],2])          # 求出 group4 中各个点的 z 值之和
        center_x4=sum10/(len(group4))
        center_y4=sum11/(len(group4))
        center_z4=sum12/(len(group4))
    # 更新存储有新质心的列表,便于探究质心是否变化
    s5=[center_x1,center_x2,center_x3,center_x4]
    s6=[center_y1,center_y2,center_y3,center_y4]
    s7=[center_z1,center_z2,center_z3,center_z4]
```

(7) 主程序。

```
center()                                                # 执行 center()函数
renew()                                                 # 执行 renew()函数
# 定义变量 times 用于记录确定质心的次数
# 把第一次随机选取的质心也计入寻找次数
times=1
# 循环执行 center()函数和 renew()函数,直到质心收敛
while s2!=s5 and s3!=s6 and s4!=s7:
    s2=s5[:]
    s3=s6[:]
    s4=s7[:]
    center()
    renew()
    times+=1
# 输出 4 个质心的位置以及循环次数
print("4 个质心已确定,坐标分别为:")
print("质心 A 为:",s2[0],s3[0],s4[0])
print("质心 B 为:",s2[1],s3[1],s4[1])
print("质心 C 为:",s2[2],s3[2],s4[2])
print("质心 D 为:",s2[3],s3[3],s4[3])
print("本次共通过",times,"次循环确定质心")
```

```
print( )
print(" 已完成聚类,聚类结果如表格所示 ")
print( )
print(" 关闭 cmd 窗口以继续程序,即将为您绘制图像 ...")
print( )
# 将原始数据和聚类后的标签以及距离输出到 Excel 表格
wb=load_workbook('table.xlsx')                                # 打开 Excel 表格,呈现数据
sheet=wb['Sheet1']
for i14 in range(80):                                         # 修改表格内容
    sheet.cell(i14+2,2).value=eval(dataset[i14,0])
    sheet.cell(i14+2,3).value=eval(dataset[i14,1])
    sheet.cell(i14+2,4).value=eval(dataset[i14,2])
    sheet.cell(i14+2,5).value=numb[i14]
    sheet.cell(i14+2,6).value=dis[i14]
wb.save('table.xlsx')
os.system('table.xlsx')                                       # 打开文件 table.xlsx,查看聚类结果
print(" 正在绘图中,请稍等 ...")
fig=plt.figure( )                                             # 使用 Matplotlib 绘图
ax1=Axes3D(fig)
for i8 in range(4):
    # 显示质心,并用区别于原始点的形状(X)表示
    ax1.scatter3D(s2[i8],s3[i8],s4[i8],marker='x',color='red',s=50,label=' 质心 ')
# 显示第一簇散点,标记为绿色
for i9 in range(len(group1)):
    ax1.scatter3D(eval(dataset[group1[i9],0]),eval(dataset[group1[i9],1]),
    eval(dataset[group1[i9],2]),marker='o',color='green',s=45,label=' 原始点 _A 簇 ')
# 显示第二簇散点,标记为蓝色
for i10 in range(len(group2)):
    ax1.scatter3D(eval(dataset[group2[i10],0]),eval(dataset[group2[i10],1]),
    eval(dataset[group2[i10],2]),marker='o',color='blue',s=45,label=' 原始点 _B 簇 ')
# 显示第三簇散点,标记为黄色
for i11 in range(len(group3)):
    ax1.scatter3D(eval(dataset[group3[i11],0]),eval(dataset[group3[i11],1]),
    eval(dataset[group3[i11],2]),marker='o',color='yellow',s=45,label=' 原始点 _C 簇 ')
# 显示第四簇散点,标记为灰色
```

```
for i12 in range(len(group4)):
    ax1.scatter3D(eval(dataset[group4[i12],0]),eval(dataset[group4[i12],1]),
    eval(dataset[group4[i12],2]),marker='o',color='grey',s=45,label='原始点_D簇')
plt.show() #显示图像
```

3. 实验思考

(1) 利用 sklearn 模块库中的 cluster 类实现三维空间数据元素聚类。
(2) 依据车辆轨迹数据实现将同一行驶方向的轨迹聚合。

实验 26 手写数字识别

1. 实验目的

(1) 了解加载 MNIST 数据集、训练模型及评估模型的方法。
(2) 掌握图片灰度化、二值化及转换成特征向量的方法。
(3) 掌握利用 sklearn 模块的 neighbors 类识别图片的方法和流程。

2. 实验内容和步骤

利用 sklearn 模块的 neighbors 类构建机器学习模型,使用训练好的模型对手写体数字图片进行识别。

实验分为两个部分完成:第一部分是加载 MNIST 数据集(包含训练数据集和验证数据集)、训练模型、验证模型并计算精度。

(1) 安装 torchvision、PIL 等模块。

(2) 在程序中包含 torchvision 模块、sklearn 模块中的 neighbors 类、PIL 模块中的 Image 类和 numpy 模块。

```
import torchvision
from sklearn import neighbors
from PIL import Image
import numpy as np
```

(3) 训练数据预处理。

```
#利用 torchvision 模块加载 MNIST 数据集(包含训练数据集和验证数据集)
train_dataset=torchvision.datasets.MNIST(root='./data/',train=True,download=True)
test_dataset=torchvision.datasets.MNIST(root='./data/',train=False,download=False)
#获取 MNIST 训练集,并进行归一化,然后将(28,28)的图片转成(1,784)向量
```

```
train_data=(train_dataset.data/255).view(-1,784)
train_label=train_dataset.targets                       # 获取训练集所有数字的标签
# 获取 MNIST 验证集,并进行归一化,然后将(28,28)的图片转成(1,784)向量
test_data=(test_dataset.data/255).view(-1,784)
test_label=test_dataset. targets                        # 获取验证集所有数字的标签
```

(4) 训练和验证模型。

```
# 定义训练模型,K 取值为 8
model=neighbors.KNeighborsClassifier(n_neighbors=8)
# 把训练集中的数据输入模型里进行训练
model.fit(train_data,train_label)
# 把验证集中数据输入模型进行验证,并使用 sklearn 的 score 函数计算精度
acc=model.score(test_data,test_label)
print(acc)                                              # 输出计算精度
```

实验第二部分是输入测试图片、输出测试图片、图片灰度化、二值化、转换成特征向量、模型识别图片中的数字,并输出识别后的数字。

(5) 测试数据预处理。

```
# 读取所需要识别的图片,用户自己可以改变所需要识别的图片的具体路径
img=Image.open('3.png')
img.show( )                                             # 显示读取的图片
img=img.resize((28,28))                                 # 缩放图片,符合程序要求
Img=img.convert('L')                                    # 转换成灰度图像,模式 L 为灰度图像
Img.save('test1.jpg')                                   # 保存转换为灰度图的图片
# 图片二值化处理
maxvalve=235                                            # 自定义灰度界限
table=[ ]
for i in range(256):
    if i < maxvalve:
        table.append(0)
    else:
        table.append(1)
photo=Img.point(table,'1')
photo.save('test2.jpg')                                 # 保存二值化之后的图片
```

(6) 主程序。

```
img=Image.open('test2.jpg')                             # 读取二值化之后的图片
w,h=img.size                                            # 读取图片的大小
```

```
#将二值化之后的图片的所有像素写入一个 txt 文档
with open("text"+".txt","w") as f:
    for c in range(h):
        for j in range(w):
            f.write(str(int((255-(img.getpixel((j,c))))/255)))
a=np.zeros((1,784))                        # 创建一个空的 1×784 的向量
f=open('text.txt')                         # 读取保存好的 txt 文件
b=f.readline()                             # 读取文件所有内容
for i in range(784):                       # 把转换好的所有数字写入这个向量中
    a[0][i]=b[i]
predict=model.predict(a)                   # 把 1×784 的向量输入模型进行识别计算
print(predict)                             # 输出识别后的数字
f.close()                                  # 关闭文件
```

3. 实验思考

(1) 利用 Tensorflow 构建卷积神经网络模型,使用训练好的模型对手写体数字图片进行识别。大致步骤如下:

① 装入模块库 tensorflow、numpy、os 以及 tensorflow.examples.tutorials.mnist。

② 从文件夹 MNIST_data 中读取 MNIST 数据。

③ 定义卷积神经网络模型(包括层数、权重、偏置、卷积层核及步长、最大池化层核及步长)。

④ 训练模型参数。

⑤ 利用训练好的模型测试图片。

(2) 利用 softmax 回归变换和多层感知机实现手写数字识别。

参考文献

[1] 教育部高等学校计算机基础课程教学指导委员会.高等学校计算机基础核心课程教学实施方案[M].北京:高等教育出版社,2011.

[2] 施荣华,严晖.大学计算机学习与实验指导[M].4版.北京:高等教育出版社,2017.

[3] 刘卫国,杨长兴.大学计算机[M].4版.北京:高等教育出版社,2017.

[4] 刘卫国.Python语言程序设计[M].北京:电子工业出版社,2016.

[5] Langtangen H P.科学计算基础编程:Python版[M].5版.张春元,刘万伟,毛晓光,等译.北京:清华大学出版社,2020.

[6] 裘宗燕.数据结构与算法(Python语言描述)[M].北京:机械工业出版社,2017.

[7] 周海芳,周竞文,谭春娇,等.大学计算机基础实验教程[M].2版.北京:清华大学出版社,2018.

[8] 刘卫国.数据库基础与应用(Access 2016)[M].2版.北京:电子工业出版社,2022.

[9] 宋晖,刘晓强.数据科学技术与应用:基于Python实现[M].2版.北京:电子工业出版社,2021.

[10] 黄红梅,张良均.Python数据分析与应用[M].北京:人民邮电出版社,2018.

[11] 曾剑平.Python爬虫大数据采集与挖掘[M].北京:清华大学出版社,2020.

[12] 黄源,蒋文豪,徐受蓉.大数据可视化技术与应用[M].北京:清华大学出版社,2020.

[13] 赵军. R语言医学数据分析实战[M].北京:人民邮电出版社,2020.

[14] 吕鉴涛.人工智能算法Python案例实战[M].北京:人民邮电出版社,2021.